高 等 学 校 计 算 机 课 程 规 划 教 材

# Java SE与面向对象编程

孟双英 刘海燕 赵洋 编著

U0341901

清华大学出版社
北 京

## 内 容 简 介

本书主要内容包括 Java SE 基础语法,面向对象的核心思想(封装、继承、多态),异常处理和断言机制,I/O,文件操作,多线程编程,网络编程,图形界面编程,反射机制,JDBC 等内容。

本书涵盖了 Java SE 所有的知识点,从 Java 的基础语法到面向对象的设计思想,到具体 Java 项目的设计和编码,讲解由浅入深,覆盖全面,既有理论知识的深入剖析,又有实际应用的举例说明,能够带领读者完全掌握书中所讲知识在现实中的应用。

通过学习本教材及本系列其他教程,能够学习 Java 的各大应用领域核心技术,全面并系统地理解 Java,使读者能够对 Java 领域的应用由陌生到熟悉,进而精通,达到满足企业要求的水平。

本书可作为高等院校、示范性软件学院、高职高专院校的计算机相关课程和软件工程专业的教材,也可作为各大软件培训机构的培训教程,同时也可供从事软件开发及测试工作的人员,以及对软件测试有兴趣的读者参考与学习。

**图书在版编目(CIP)数据**

Java SE 与面向对象编程/孟双英,刘海燕,赵洋编著.--北京:清华大学出版社,2014(2019.2 重印)
高等学校计算机课程规划教材
ISBN 978-7-302-34708-8

Ⅰ.①J… Ⅱ.①孟… ②刘… ③赵… Ⅲ.①JAVA 语言-程序设计-高等学校-教材
Ⅳ.①TP312

中国版本图书馆 CIP 数据核字(2013)第 292373 号

责任编辑:汪汉友
封面设计:傅瑞学
责任校对:白 蕾
责任印制:李红英

出版发行:清华大学出版社
  网  址:http://www.tup.com.cn, http://www.wqbook.com
  地  址:北京清华大学学研大厦 A 座     邮  编:100084
  社 总 机:010-62770175        邮  购:010-62786544
  投稿与读者服务:010-62776969, c-service@tup.tsinghua.edu.cn
  质量反馈:010-62772015, zhiliang@tup.tsinghua.edu.cn
  课件下载:http://www.tup.com.cn,010-62795954
印 装 者:北京九州迅驰传媒文化有限公司
经  销:全国新华书店
开  本:185mm×260mm   印  张:20.5    字  数:493 千字
版  次:2014 年 3 月第 1 版        印  次:2019 年 2 月第 2 次印刷
定  价:39.00 元

产品编号:055444-01

# 序

    面向对象程序设计(OOP)方法,以对象为基础,以消息驱动对象间的交互,从而实现"抽象对象"对虚拟世界的改造(即问题解决)。由于其设计思想与现实世界距离非常近,使面向对象程序设计语言备受欢迎。就面向对象程序设计语言的教学而言,不少老师一直纠结于"知识的传授"与"思想的传授"的关系问题上,即应该更重视语法本身?还是更重视思想?或是两者兼而并重?教师对这一问题的解决方式会直接体现在教学效果上。可见,无论是编写教材还是课堂教学,从根本内容上的定位和思考是很重要的。古人所云"授人以鱼"与"授人以渔"也是基于定位和思考而言的。

    写一本好的面向对象程序设计语言教程,也是我——一个多年在一线从事教学工作的老师的渴望。无奈总是提笔见拙,每每不得满意,故一再搁置。曾经花费很长时间,与几位C++爱好者共同执笔,写了几百页的教材,因未尽期望,所以未付诸于铅字。所谓期望,一来希望能为读者真正提供有用的信息和快速掌握OOP设计思想的方法。二来希望书能在时间和空间中有久远或广泛的流传。

    在河北师范大学软件学院工作的日子里,我认识了一群有志于教学和技术进步的年轻人。孟双英、刘海燕、赵洋就是其中的3位。他们一直致力于研究面向对象程序设计思想和Java语言,有丰富的项目经验和教学经验。这几位老师撰写的《Java SE与面向对象程序设计》一书,其优点体现在两个方面上:其一在于定位,它定位于让学生入门,进入到Java SE编程的殿堂,通过阅读全书,我认为这个目的是能达到的;其二在于教学经验的总结,这样的内容安排、这样的组织结构、这样的知识深度、这样的阐述方式都是实践中检验了的。尽管这样的经验从不同角度看,有这样或那样的瑕疵;但事实上,无论我们自认为有多高明,也无法否定一个被实践多次检验了的经验或真理。

    正因为如此,我又重新燃起了出版C++课程教材的想法。感谢这3位年轻人,他们帮助我重新认识了"适合的就是有用的"。谨希望这本来自于实践的书,对读者有用。

李文斌

2014年2月

# 前　言

本系列教程为"河北师范大学软件学院 Java 教研室"通过长期 Java 项目实践及 5 年实际教学经验的不断积累，多次讨论、修改、精心设计后，形成的一套成熟可行的 Java 课程体系，从中提取精华形成了 Java 应用开发的系列教材。其中包括 Java SE 与面向对象设计思想，Java EE 企业应用开发核心技术（Servlet 规范、JSP 规范），Android 手机应用开发 3 方面内容，其中《Java SE 与面向对象编程》是该系列教材中的基础和核心。

本书主要内容包括 Java SE 基础语法，面向对象的核心思想（封装、继承、多态），异常处理和断言机制，I/O，文件操作，多线程编程，网络编程，图形界面编程，反射机制，JDBC 等。

本书涵盖了 Java SE 所有的知识点，从 Java 的基础语法到面向对象的设计思想，到具体 Java 项目的设计和编码，讲解由浅入深，覆盖全面，既有理论知识的深入剖析，又有实际应用的举例说明，能够带领读者完全掌握书中所讲知识在现实中的应用。

本书的一大特色是理论、实践并存，讲练结合。讲解配备同步训练或上机训练，可让读者进一步巩固、加深和拓展知识。

目前 Java 相关书籍中讲语法的居多，本教材是结合教师最真实的上课授课情况总结而来的，所以更注重的是使初学者学习循序渐进，有理论学习，也有实践练习，能够轻松合理安排理论和实践课程时间，体现理论和实践的完美结合。

通过学习本教材及本系列其他教程，能够学习 Java 的各大应用领域核心技术，全面并系统地理解 Java，使读者对 Java 领域的应用由陌生到熟悉，进而精通，达到满足企业需求的水平。

编　者
2014 年 2 月

# 目　　录

## 基　础　篇

## 扩　展　篇

# 基础篇

# 第1章　Java 概 述

本章学习目标：
（1）了解 Java 语言的发展历史。
（2）熟悉 Java 语言的设计原则。
（3）熟悉 Java 的语言特性。
（4）熟悉 Java 语言的应用范围。
（5）掌握 Java 环境的搭建。
（6）掌握 Java 程序编译运行原理。

## 1.1　Java 的历史

Java 是由 Sun Microsystems 公司于 1995 年 5 月推出的 Java 程序设计语言和 Java 平台（即 Java SE、Java EE 和 Java ME）的总称。

在 1991 年，美国 Sun Microsystems 公司以 James Gosling（詹姆斯·高斯林）为首的一群技术人员创建了一个名为 Oak 的项目。此项目旨在寻找一种能在消费类电子产品上开发应用程序的语言。由于消费类电子产品种类繁多，比如手机、机顶盒、PDA 等，即便是同一类消费电子产品所采用的处理芯片和操作系统也不尽相同，所以 Oak 项目最大的难点就是跨平台问题的解决。当时最流行的编程语言是 C 和 C++ 语言，但是 C++ 语言相对庞大和复杂，对于消费类电子产品来说并不适用，安全性也不令人满意。所以 Oak 项目小组最终采用了许多 C 语言的语法，采用了 C++ 的面向对象的思想，并在安全性做了进一步提升，最终设计开发出了一种语言，并以项目的名字来命名此语言，由此诞生了 Oak 语言。但是 Oak 语言在商业上并没有获得成功。1995 年，互联网在世界上蓬勃发展，Sun 公司发现 Oak 语言所具有的跨平台、面向对象、安全等特点非常符合互联网的需求，于是改进了 Oak 语言的设计，并达到了以下几个目标：

（1）创建一种面向对象的设计语言，而不是面向过程的。

（2）提供一个解释执行的程序运行环境，使程序代码独立于平台。

（3）综合 C 和 C++ 的优点，使程序员容易掌握。

（4）去掉 C 和 C++ 中影响程序健壮性的部分，使程序更安全（例如指针、内存申请和释放）。

（5）实现多线程，使得程序能够同时执行多个任务。

最终，Sun 公司给该语言取名为 Java，在 1995 年 Sun 公司正式向 IT 业界推出了 Java 语言。

Java 语言一面世就引起了程序员和软件公司的极大关注，它的安全性、跨平台、面向对象、简单等特点非常适用于当时 Web 为主要形式的互联网的发展。程序员们纷纷尝试用 Java 编写网络应用程序，并利用网络把程序发布到世界各地进行运行，来验证 Java 的跨平台。IBM、Oracle、微软、Apple、SGI 等大公司纷纷与 Sun Microsystems 公司签订了合同,被授权使用 Java 平台技术。曾经微软的总裁比尔·盖茨先生在经过研究后认为"Java 语言是长时间以来最卓越的程序设计语言",目前,Java 已经成为最流行的网络编程语言之一。在国内,近几年对 Java 技术人员的需求量也是与日俱增,许多高校纷纷开设了 Java 课程,Java 已逐步成为世界上程序员使用最多的编程语言。

## 1.2　Java 语言的特点

Java 具有卓越的通用性、高效性、跨平台性和安全性,广泛应用于 PC、数据中心、游戏控制台、科学超级计算机、移动电话和互联网,同时拥有全球最大的开发者专业社群。在全球云计算和移动互联网的产业环境下,Java 更具备了显著优势和广阔前景。

Java 语言的特点很多,在此归纳以下几个方面:

**1. 简单性**

Java 语言借鉴了 C++ 的成功,其中大部分语法结构都与 C++ 类似,因此一般熟悉 C++ 的编程人员上手 Java 都非常容易,同时 Java 去掉了 C++ 中容易混淆和较少适用的特性(比如指针、运算符重载、多重继承等),特别增加了内存空间自动回收功能,大大简化了 Java 程序的设计和开发。

**2. 跨平台性**

Java 程序运行在虚拟机之上,Java 虚拟机主要用于实现 Java 字节码(Byte Code)的解释和执行等功能,为不同的系统平台提供统一的接口。因此 Java 开发的程序可以运行在不同的系统平台。Java 字节码是一种近似于机器码的中间码,不受计算机硬件设备和操作平台种类的限制,只要计算机中有 Java 运行的环境,Java 字节码就可以在其上运行,这也正是 Java 最为突出的特征:一次编译,到处运行,即跨平台性(有人亦把它称为平台无关性)。配合 Java 本身语法的严格的数据类型和类结构的标准,Java 编写的程序就具有非常良好的可移植性。

**3. 安全性**

Java 的设计目的是提供一个用于网络分布式的计算环境,故 Java 本身特别强调安全性。从内存管理的角度看,Java 不允许用户利用程序强制对内存进行存取操作,即对程序员来说内存分配是透明的,这种机制使内存出错的几率大大减小;此外,Java 的编译器也没有对内存分配的决定权,而是通过系统所在的软硬件平台来决定的,Java 虚拟机在解释 Java 字节码的同时会对每段代码进行安全检测,对所有不合法的数据和无权限的存取操作加以阻止,不合法的字节码是无法被解释和执行的。

**4. 面向对象性**

Java 是纯面向对象的程序设计语言,它吸收了 C++ 面向对象的概念,将数据封装于类中,利用类的优点实现了程序的简洁和便于维护性。用 Java 语言编写程序时,通常以面向对象的思想来思考,程序设计人员只需要把精力用在类和接口的设计以及应用上即可,而不是专注于程序流程。

Java 本身提供了许多一般用途的类,程序中可以通过继承或者直接调用使用这些类的方法,与 C++ 中不同的是 Java 中类的继承是单重继承,即一个类只能有一个父类。

**5. 分布式**

分布式包括数据分布和操作分布。数据分布是指数据可以分散在网络的不同主机上，操作分布是指把一个计算分散在不同主机上处理。

Java 支持 WWW 客户机/服务器计算模式，因此它支持这两种分布性。对于前者，Java 提供了一个叫作 URL 的对象，利用这个对象，可以打开并访问具有相同 URL 地址上的对象，访问方式与访问本地文件系统相同。对于后者，Java 的 applet 小程序可以从服务器下载到客户端，即部分计算在客户端进行，提高系统执行效率。

Java 提供了一整套网络类库，开发人员可以利用类库进行网络程序设计，方便地实现 Java 的分布式特性。

**6. 多线程**

线程是操作系统中的一个概念，它又被称作轻量进程，是比传统进程更小的可并发执行的单位。

C 和 C++ 程序中均采用单线程体系结构，而 Java 却提供了多线程支持。

Java 在两方面支持多线程。一方面，Java 环境本身就是多线程的。若干个系统级线程运行负责无用内存的回收、系统维护等操作；另一方面，Java 语言内置多线程控制，可以大大简化多线程应用程序开发。利用 Java 的多线程编程接口，开发人员可以方便地写出支持多线程的应用程序，提高程序执行效率。但 Java 对多线程的支持在一定程度上受系统平台的限制，若操作系统本身不支持多线程，Java 的多线程特性就表现不出来。

**7. 动态性**

Java 的设计使其适应不断发展的环境，在类库中可以自由地加入各种新的类和方法以适应新的环境要求，并且不会影响用户程序的执行。

# 1.3　Java 平台和主要应用方向

Java 是程序设计语言和平台的统称，也就是说从某种意义上 Java 还是一个开发平台。目前 Java 的平台划分成 Java EE、Java SE 和 Java ME，这 3 个平台主要针对不同的市场目标和设备进行定位。

(1) Java SE(Java Standard Edition)标准版。它的主要目的是为台式机和工作站提供一个开发和运行的平台。包括标准的 Java SDK、工具、运行时环境和 API，是桌面开发和低端商务应用的解决方案。

(2) Java EE(Java Enterprise Edition)企业版。它的主要目的是为企业计算机提供一个应用服务器的运行和开发平台。Java EE 本身是一个开放的标准，任何软件厂商都可以推出自己的符合 Java EE 标准的产品，使用户可以有多种选择。是以企业为环境而开发应用程序的解决方案。IBM、Oracle、BEA、HP 等 29 家企业已经推出了自己的产品，其中以 BEA 公司的 WebLogic 产品和 IBM 的 WebSphare 最为著名。

(3) Java ME(Java Micro Edition)小型版。它主要面向消费类电子产品，为消费电子产品提供一个 Java 的运行平台，使得 Java 程序能够在手机、机顶盒、PDA 等产品上运行包含高度优化的 Java 运行时环境，致力于电子消费产品和嵌入式设备的解决方案。

Java 语言目前在服务器端确立了强大的战略优势，同时由于其独有的一些特性，在嵌入式系统方面的应用前景非常被看好,目前比较主流的智能手机操作系统 Android 就是以 Java 为基础开发语言的,未来 Java 的发展方向更是与互联网和移动互联网发展需求紧密地联系在一起的。

# 1.4  Java 开发环境的搭建

## 1.4.1  JVM

Java 很重要的一个特点是跨平台性,这一特性的关键是通过 Java 虚拟机实现的。

Java 虚拟机(Java Virtual Machine,JVM)是一个想象中的机器,是在物理机上通过软件模拟来实现的,Java 虚拟机有自己想象中的硬件,比如处理器、堆栈、寄存器等,还具有相应的指令系统。

一般的高级语言想在不同的操作系统上运行,至少需要编译成不同的操作系统的目标代码,而 Java 中引入了 Java 虚拟机后,Java 的编译器只需要生成能够在 Java 虚拟机上运行的目标代码(字节码),Java 虚拟机在执行字节码时把字节码解释成具体平台上的机器指令执行。即 Java 程序在不同的平台上运行时不需要重新编译,Java 虚拟机屏蔽了具体平台相关的信息。

Java 虚拟机是 Java 语言底层实现的基础,对 Java 感兴趣的人都应该对 Java 虚拟机有个大概的了解,这有利于理解 Java 语言的一些行为,也有利于更好地使用 Java 语言。

## 1.4.2  JRE 与 JDK

通过第 1.4.1 节已经了解了 Java 程序要运行必须运行在 JVM 之上,但是只有 JVM 还不能完成字节码的程序的运行,因为 JVM 在解释字节码的时候需要用到一些类库,我们把 JVM+JVM 解释所需的类库统称为 Java 运行时环境(Java Runtime Environment,JRE)。

也就是说只有有了 Java 运行时环境(JRE)Java 程序才能正常运行。

但对于开发人员来说只能运行 Java 程序的环境是远远不够的,还需要一个开发的调试环境,Sun 公司为全世界使用 Java 开发的人员提供了一套免费的开发工具集,取名为 JDK (Java Developers Kits),它不仅包含 Java 的运行时环境(JRE),还包括 Java 的开发环境。

JDK 是整个 Java 的核心,除了运行时环境和开发环境外,还包括一些实用 Java 工具和 Java 基础的类库(rt.jar)。不论什么 Java 应用服务器,实质都是内置了某个版本的 JDK。因此掌握 JDK 是学好 Java 的第一步。

最主流的 JDK 是 Sun 公司发布的 JDK,除了 Sun 之外,还有很多公司和组织都开发了自己的 JDK,例如 IBM 公司开发的 JDK,BEA 公司的 Jrocket,还有 GNU 组织开发的 JDK,等等。其中 IBM 的 JDK 包含的 JVM(Java Virtual Machine)运行效率要比 Sun JDK 包含的 JVM 高出许多。而专门运行在 x86 平台的 Jrocket 在服务端的运行效率也要比 Sun JDK 好很多。但不管怎么说,还是需要先把 Sun JDK 掌握好。

要掌握 JDK 就是要弄清楚 Java 程序的编译和运行的整个过程:对于程序员编写的一个完整的 Java 程序(.java 文件),正常的运行需要经过两个过程,首先需要经过编译的过程,生成字节码文件(.class文件),然后JVM再将字节码文件解释成操作系统相关的机器码执行,如图1-1所示。

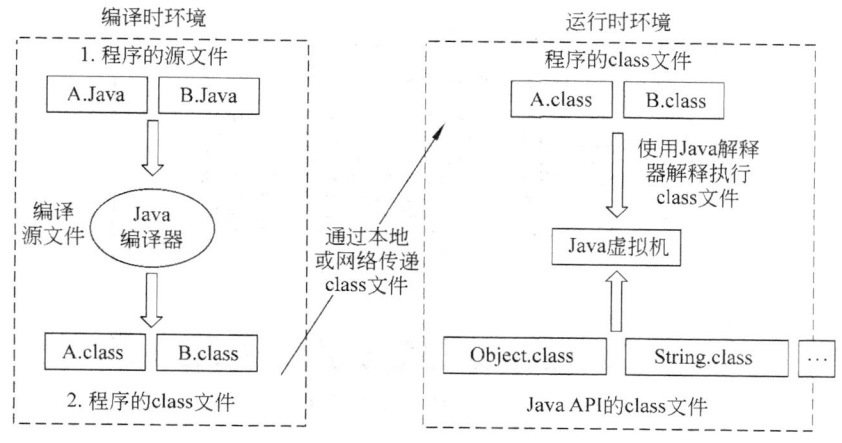

图 1-1　Java 程序运行全过程

JDK 既包括编译时环境又包括运行时环境。

### 1.4.3　JVM、JRE 和 JDK 的关系

JVM、JRE 和 JDK 三者之间是有一个范围上的包含关系,JDK 中包含 JRE,JDK 中除了 JRE 之外还包含开发 Java 程序所需要的编译环境和类库,JRE 中包含 JVM,JRE 中除了 JVM 还包含 JVM 解析字节码时所需要的类库。三者之间的关系如图1-2所示。

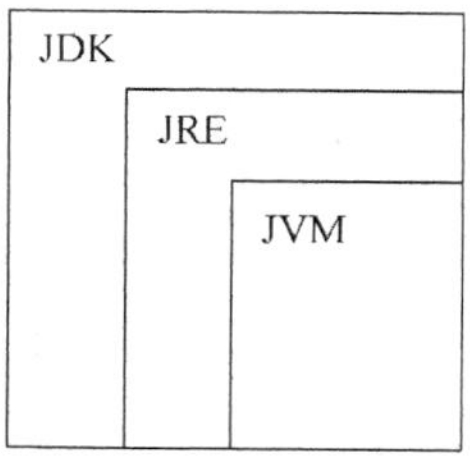

### 1.4.4　JDK 的下载和安装

使用 Java 开发程序,第一步要做的是安装 JDK,本书以安装 JDK 7.0 作为范例,以在 Windows 7 系统中安装为实例做演示,一步步了解 JDK。

图 1-2　JDK、JRE 和 JVM 三者关系

(1)步骤1:下载 JDK,从 2010 年 Java 被 Oracle 收购后,Java 的官网地址变更为 http://www.oracle.com/technetwork/java/index.html。打开官方网站,从网站中下载 JDK 7(注:下载跟自己操作系统相对应的版本,比如操作系统是 Windows 7 的 64 位系统,则下载 jdk-7u7-windows-x64.exe)。

(2)步骤2:下载完成后,双击安装文件,加载文件后出现如图1-3所示的许可协议。

单击"接受"按钮,进入自定义安装界面,如图1-4所示。

单击"更改"按钮选择安装目录。建议安装目录中不要出现中文,不要出现空格,然后单击"下一步"按钮开始解压安装。

安装过程会修改一些注册表信息,一些防护软件会发一些警告,如图1-5所示,选择"允许此动作",单击"确定"按钮。

最终完成安装后,会出现如图1-6所示的界面,单击"完成"按钮完成 JDK 的安装。安装成功后,到设置的安装路径中可以查看 JDK 的目录结构,如图1-7所示。

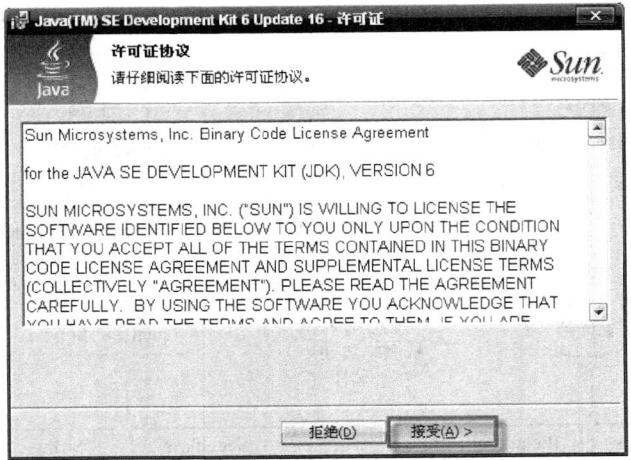

图 1-3　JDK 许可协议

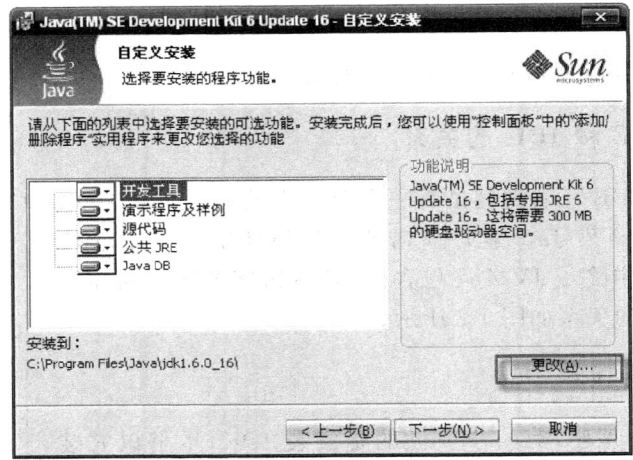

图 1-4　JDK 路径设置

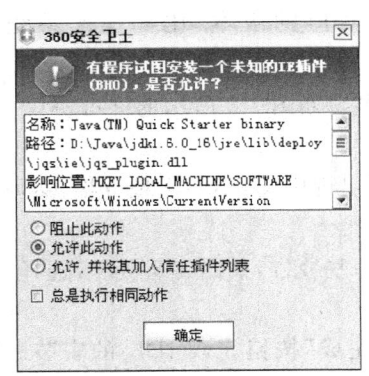

图 1-5　360 阻截

图 1-6　JDK 安装成功

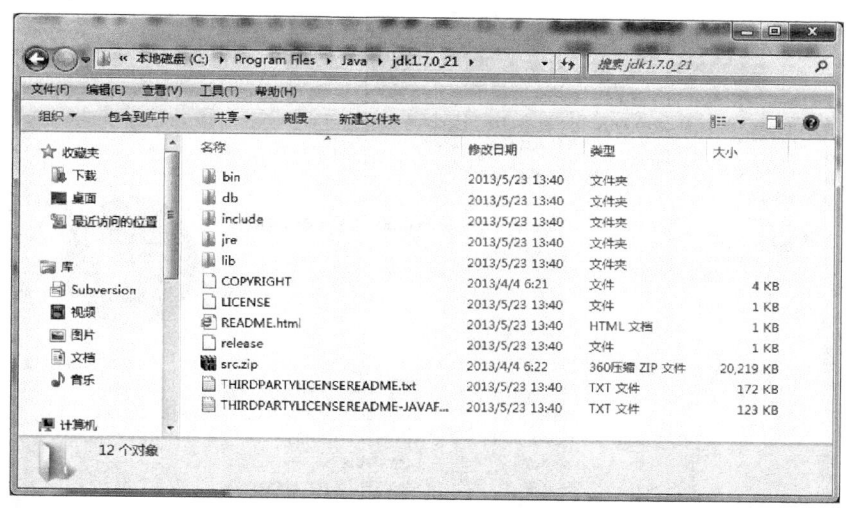

图 1-7　JDK 目录结构

① bin 目录：提供的是 JDK 的工具程序，包括 javac、java、javadoc 等程序。

② jre 目录：JDK 自己附带的 JRE。

③ lib 目录：工具程序实际上会使用的 Java 工具类，比如 javac 工具程序实际上会去使用 tools.jar 中的 com/sun/tools/javac/Main 类。

④ src.zip：Java 提供的 API 类的源代码压缩文件。如果需要查看 Java 的源代码可以查看此文件。

JDK 安装目录下的 bin 目录非常重要，因为所有编写完成的 Java 程序，无论是编译还是运行程序，都需要使用到 bin 目录下提供的工具程序。

（3）步骤 3：设置 Path 环境变量，安装好 JDK 程序之后，在 JDK 安装目录的 bin 目录中提供了一些打开 Java 程序必备的工具程序。对于 Java 初学者，建议从命令行模式下来操作这些工具程序，在 Windows 7 系统里面的"开始"菜单中选择运行选项，输入"cmd"命令来打开命令行模式。

JDK 的工具程序位于 bin 目录下，但操作系统并不知道如何找到这些工具程序。为了能在任何目录中使用 Java 的这些工具程序，应该在系统特性中设置 Path 变量。在 Windows 7 系统下，选择桌面上的"我的电脑"选项并右击，从弹出的快捷菜单中选择"属性"选项，弹出系统设置对话框，如图 1-8 所示。

选择"高级系统设置"选项后切换至高级选项卡，如图 1-9 所示。

并单击下方的"环境变量"按钮，在"环境变量"对话框中编辑 Path 变量，如图 1-10 所示。

在 Path 变量的"编辑系统变量"对话框中，"变量值"文本框先追加一个";"，接着追加 JDK 的 bin 目录（这里设置的是 C:\Program Files\Java\jdk1.7.0_03\bin），然后单击"确定"按钮即可完成设置，如图 1-11 所示。

设置 Path 变量之后重新打开一个命令模式读入 Path 变量内容，新的 Path 变量值才会起作用，接着执行 javac 程序，可以看到图 1-12 所示的效果。

图 1-8　系统设置

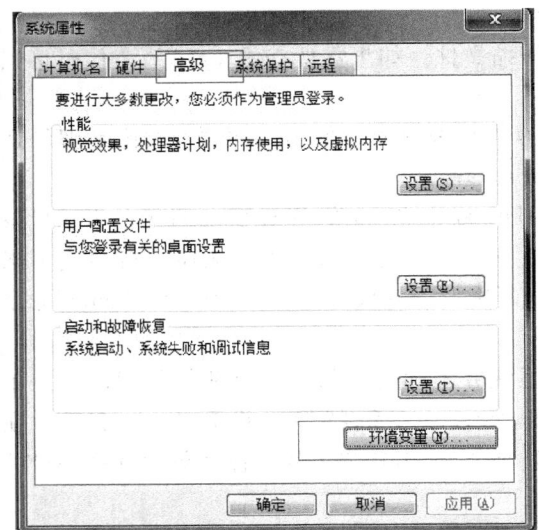

图 1-9　高级系统设置

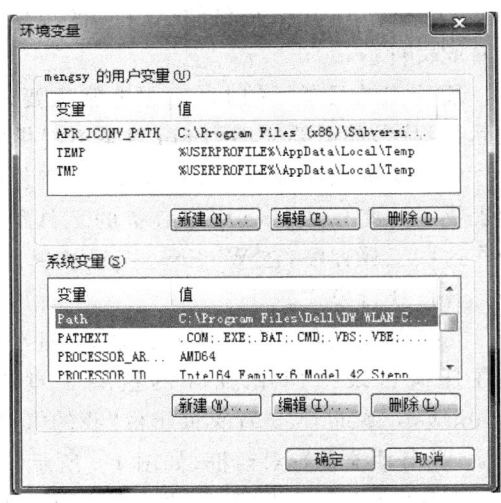

图 1-10　系统环境变量

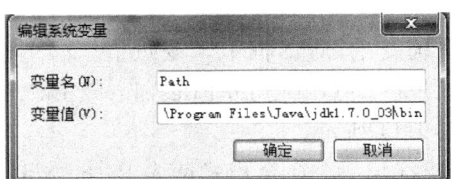

图 1-11　设置 Path 环境变量

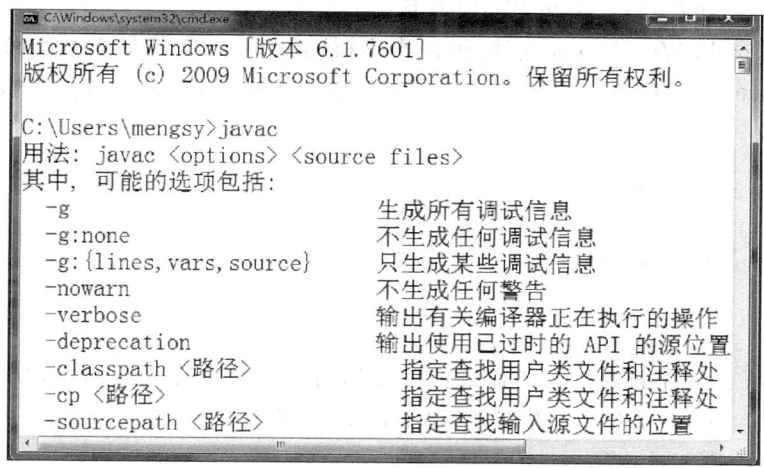

图 1-12　Java 环境配置成功

（4）步骤 4：设置 CLASSPATH 环境变量，Java 环境本身就是一个平台，执行于这个平台上的程序是已经编译完成的 Java 字节码文件。步骤 3 中的 Path 变量是为了让操作系统找到指定的 Java 工具程序，而设置 CLASSPATH 的目的就是让 Java 虚拟机找到要执行的Java 字节码文件（即.class 文件）。

设置 CLASSPATH 变量，最简单的方式是在系统变量里新增 CLASSPATH 环境变量，在图 1-10 中的"系统变量"选项区域下单击"新建"按钮，在弹出的"编辑系统变量"对话框的"变量名"文本框中输入"CLASSPATH"，在"变量值"文本框中输入 Java 类文件所在的位置，例如可以输入".;C:\Program Files\Java\jdk1.7.0_03\lib\tools.jar"，如果进行以上设置，则在 JVM 运行时会在当前工作目录和 C:\Program Files\Java\jdk1.7.0_03\lib\tools.jar 中去寻找字节码文件。

注意：CLASSPATH 中的多个路径之间必须以";"分隔。

事实上从 JDK 5.0 之后 JVM 默认会到当前工作目录（跟上面的"."设置起同样的作用）以及 JDK 的 lib 目录（跟上面的"C:\Program Files\Java\jdk1.7.0_03\lib\"起同样的作用）中寻找 Java 字节码文件，所以如果想运行的 Java 字节码文件在这两个目录中，则可不必设置 CLASSPATH 变量，如果 Java 字节码文件不在以上两个目录，则可以按照上述设置CLASSPATAH。

有些资料中会介绍 Java 环境配置中需要配置 JAVA_HOME 环境变量，这里说明一下，JAVA_HOME 环境变量一般设置为 JDK 的根目录（即 C:\Program Files\Java\jdk1.7.0_03），在 Path 和 CLASSPATH 两个环境变量中可以直接使用 JAVA_HOME 代替 JDK 的根目录（C:\Program Files\Java\jdk1.7.0_03）。这样设置的好处是，当 JDK 的根目录发生变化时只需修改 JAVA_HOME 环境变量即可。

（5）步骤 5：测试环境变量，完成 JDK 相关环境配置之后，可以简单地测试一下环境的设置是否正确，下面运行一个经典的 HelloWorld 程序，程序运行成功后会在控制台打印"Hello World!"。

【例 1-1】 一个简单的 HelloWorld 程序。

新建文件 HelloWorld. java 文件，用记事本（注：Java 源文件是文本类型的，故使用任意一款文本编译器都可以打开，例如 UltraEdit、EditPlus、Notepad 等）打开，在文件中输入以下代码：

```
public class HelloWorld{
  public static void main(String[] args){
    System.out.println("Hello World!");
  }
}
```

保存之后，在系统的运行窗口输入："cmd"，打开系统的命令行窗口，将命令行的当前工作目录指定为.java 源文件所在路径，比如：HelloWorld. java 文件在 D:/，则当前工作目录设置为 D:/，如图 1-13 所示。

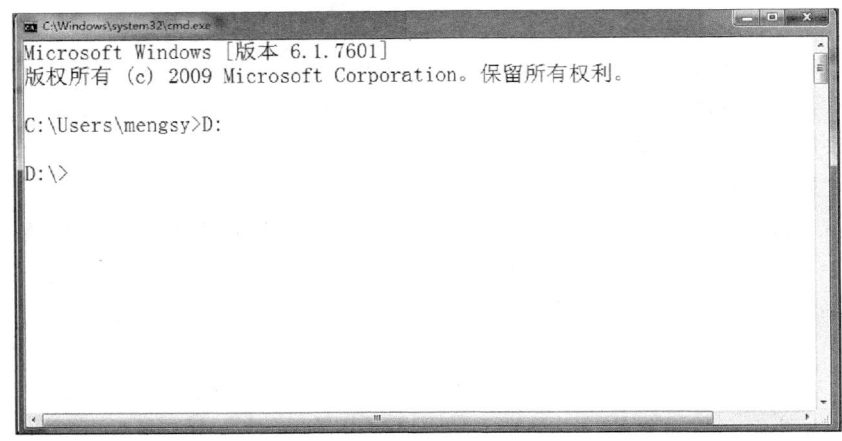

图 1-13　当前目录

输入 javac HelloWorld. java 回车，如果程序没有错误，则窗口提示如图 1-14 所示。

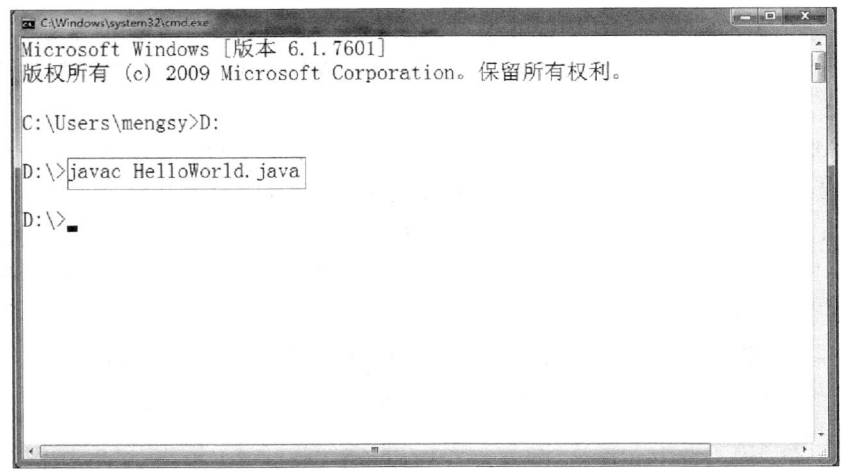

图 1-14　编译源文件

在命令行中再输入 java HelloWorld 回车,程序运行成功如图 1-15 所示。

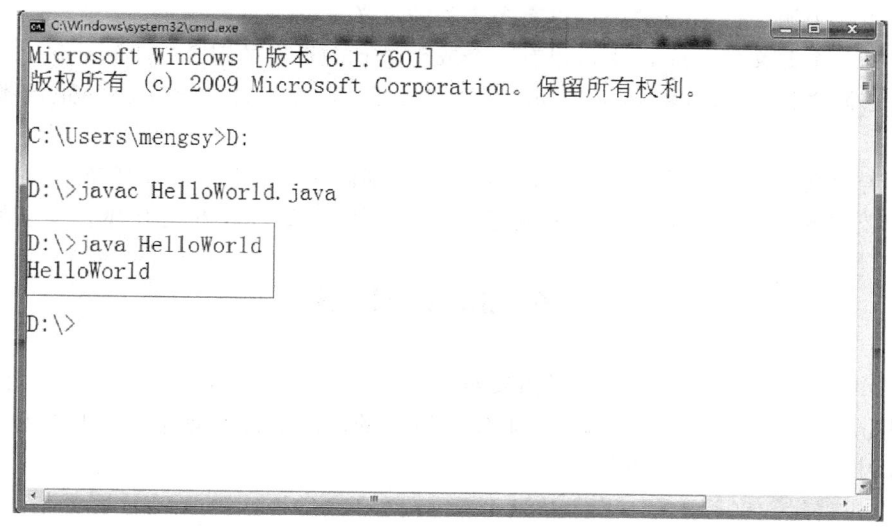

图 1-15　运行程序

至此程序运行成功。

# 1.5　Java 程序的基本结构

通过一个简单的 HelloWorld 程序可以看到 Java 程序编译和运行的全过程,Java 程序的源文件扩展名为.java,Java 源程序必须经过一次编译的过程才能生成字节码文件,这需要用到 JDK 提供的工具软件 javac,通过 javac 工具将源文件编译生成.class 文件,编译成功之后在 Java 源文件的目录下会生成对应名称的.class 文件(例如,HelloWorld 例子中编译成功之后在 D:/目录下会产生一个 HelloWorld.class 的文件),这个.class 文件既是可以运行在 JVM 上的字节码文件,又称为类文件,.class 文件的运行需要借助 JDK 提供的工具软件 java,通过 java 工具可以启动 Java 虚拟机运行.class 字节码文件。

下面简单分析一下 Java 源程序的基本结构。

Java 程序的基本组成是"类",使用 class 关键字声明,在 Java 程序中方法和变量不能单独存在,类中所有的代码都要在一对{ }中定义,Java 中一条语句以分号结束,JVM 在运行 Java 程序时会先寻找程序的入口方法 main 方法,main 方法的固定格式如下:

```
public static void main(String[] args){

}
```

上述 main 方法格式中关键字 public 意味着方法可以由类外部调用,main 方法的参数是一个字符串数组 args,虽然 HelloWorld 程序中没有用到,但是必须列出来。

Java 虚拟机运行 Java 程序会先找 main 方法,然后按照 main 方法中程序的顺序依次执行,所以任何 Java 的程序要想运行必须在类中定义以上述格式的 main 方法。

对于一个 Java 程序的源文件而言,程序员还需要遵守一些固定的规则,对这些规则总结如下：

　　(1) 每一个源文件(.java)中可以有多个类的定义。

　　(2) 每一个源文件(.java)中可以有 0 个或 1 个 public 类的定义。

　　(3) 若源文件(.java)中有一个 public 类的定义，则源文件的名字必须跟此类名保持一致。

　　(4) 若源文件(.java)中没有 public 类的定义，则源文件的名字可以任意。

　　以上就是对于一个最简单的 Java 源程序最基本的要求，无论在何时都应当遵守。

# 1.6　Java 注 释

　　在程序员编写的程序中避免不了需要对程序进行一些解释和说明，故任何一门编程语言中都提供了不同的程序注释的语法，那么在 Java 的语法中又支持哪些形式的注释呢？

　　Java 中支持以下 3 种注释形式：

　　(1) //注释信息(行注释)，表示从这个符号开始到这行结束的所有内容都是注释。

　　(2) /＊注释信息＊/(块注释)，表示从"/＊"开始到"＊/"中间的内容是注释，这是一种传统的 C 语言的注释风格，许多人在连续的注释内容的每一行都以一个"＊"开头，所以经常会看到以下这种注释：

```
/＊注释内容第 1 行
＊注释内容第 2 行
＊注释内容第 3 行
＊/
```

但 Java 编译器进行编译时/＊和＊/之间的所有内容都会被忽略，所以上述注释与下面的注释没有区别：

```
/＊注释内容第 1 行
注释内容第 2 行
注释内容第 3 行
＊/
```

　　(3) /＊＊文档注释信息＊/(文档注释)，表示从"/＊＊"开始到"＊/"中间所有的内容都是注释。

　　块注释和文档注释都表示注释标记符中间的内容为注释内容，两者在形式上唯一的区别是开始标记不同，块注释以"/＊"开始，文档注释以"/＊＊"开始，那么这两种注释有什么本质的区别呢？

　　对于编程人员来说，代码文档的撰写的最大的问题就是对文档的维护了，如果代码和文档是分离的，每次修改代码都需要修改相应文档，这将是一件非常乏味的工作。解决这一问题的最简单的方式就是将文档和代码放在同一文件中，而且还得有能将文档和代码分离开的方式，为了达到这一目的在代码里需要使用一种特殊的注释语法来标记注释，此外还需要一个工具用来提取这些注释的文档信息，并将其转换为有用的形式。

　　在 Java 中用"/＊＊文档注释＊/"注释以及 javadoc 工具来实现以上所说的方案，所以

"/**文档注释 * /"称为文档注释,并且可以借助 JDK 提供的工具软件 javadoc 将某一个程序中的文档注释提取出来,并生成有用格式的程序的帮助文档。

## 1.7    Java JDK 版本的更替

从 Sun 推出 Java 至今,JDK 的版本共经历了如下几次大的版本更新。

(1) JDK 1.0~JDK 1.1。

(2) JDK 1.2~JDK 1.4:产品名为 Java 2。

(3) JDK 1.5:(更名为 JDK 5.0)、Tiger(老虎)。

(4) JDK 1.6:(JDK 6.0)、Mustang(野马)。

(5) JDK 1.7:(JDK 7.0)、Dolphin(海豚)。

在 JDK 1.4 版本中加入了断言机制,在 JDK 1.5 版本中加入了泛型等功能,在这些版本的更替中,从 JDK 1.4 更新到 JDK 1.5 版本变动是最大的,在 JDK 1.5 中除了添加了泛型等非常实用的功能,其版本信息也不再延续以前的 1.2、1.3、1.4,而是变成了 5.0、6.0了。从 JDK 6.0 开始,其运行效率得到了非常大的提高,尤其是在桌面应用方面。

在 2010 年 10 月份 Sun 公司被美国 Oracle 公司收购,在 2011 年 Oracle 推出了 JDK 7.0,JDK 7.0 在之前版本的基础上增加了一些新特性,比如 switch 中可以使用字符串了、新增一些取环境信息的工具方法,Boolean 类型反转,空指针安全,参与位运算,等等。

## 1.8    练    习

1. Java 程序的入口方法 main 方法的正确形式是(      )。

    A. protected static void main(String[] args)

    B. public static void main(String args)

    C. public void main(String[] args)

    D. public static void main(String[] args)

2. JDK 中的编译工具是(      )。

    A. javac        B. java        C. javap        D. jdb

3. Java 源文件和编译生成的字节码文件的扩展名分别是(      )。

    A. .java 和.class    B. .java 和.exe    C. .class 和.exe    D. .class 和.html

4. Java 可以看成是一个开发平台,Java 平台包括 3 个领域的应用,以下不属于这 3 个领域的是(      )。

    A. Java EE        B. Java SE        C. Java ME        D. Java He

5. JDK 环境搭建时需要配置的环境变量分别是_____和_____。

6. 一个 Java 程序的源文件中只能有一个_____类,可以有多个_____类。源文件的名字必须与_____一致。

7. 列举 Java 语言的特点,并简单解释。

8. 简述 JDK、JRE 和 JVM 三者之间的关系。

9. 编写一个简单的 Java 程序,要求在命令窗口输出两行文字"你好 Java"和"我是初学者"。

# 第 2 章　Java 基础

本章学习目标：

(1) 了解 Java 中标识符的表示。

(2) 掌握 Java 中的 8 种基本数据类型。

(3) 熟悉 Java 支持的运算符以及表达式。

(4) 掌握 Java 中的流程控制语句。

程序设计语言本质上还是语言，就像中文、英文一样，所不同的是程序设计语言是人和机器交流的语言。要学习语言必先学习语法和词汇，本章中主要介绍 Java 语言的基本语法，其中包括标识符的规则，数据类型，常量、变量的规则，运算符和表达式的使用，以及程序的流程控制。

针对这些基本的语法，学习者只有多写代码、多练习才能熟练掌握和使用，俗语说的"熟能生巧"便是这个道理。

## 2.1　标识符和关键字

### 2.1.1　标识符

给常量、变量、方法、类或接口所起的名字统称为标识符，也即标识符是程序员自行定义的名字，虽然是自行定义但要符合以下规则：

(1) 标识符可以由一个或多个字符组成，即它是一个字符序列。

(2) 标识符必须以字母、下划线或 $ 为开头，后面可以包含数字、字母，但不包含空格。

(3) 标识符中字母的大小写有区别，不限制长度。

(4) 标识符不能使用 Java 中的关键字。

如果不遵守以上规则会有语法错误，标识符除了需要遵守以上必须遵守的规则之外，还应当遵守 Java 的命名规范：

(1) 类和接口名称的首字母要大写，如果类和接口名称由多个单词组成，则每个单词的首字母也要大写。

(2) 方法和变量的名称首字母小写，如果方法和变量名由多个单词组成，则其余单词的首字母大写。

(3) 如果标识符不遵守以上两条规则，是不会显示语法错误的，但是 Java 程序的基本编码规范中要求遵守此条规则。

### 2.1.2　关键字

在标识符的命名规则中有一条是不能使用 Java 的关键字，那么 Java 中的关键字是什么呢？ Java 的关键字有哪些呢？下面让来讲解一下。

Java 中的关键字是 Java 特意保留的,具有特殊的意义和用途,不可以随意使用或更改,所以程序员在程序中定义的变量名、方法名、类名不能使用这些关键字,以免造成程序编译的错误。

Java 中的关键字如表 2-1 所示。

表 2-1　Java 中的关键字

| abstract | boolean | break | byte | case | catch |
| char | class | const * | continue | default | do |
| double | else | enum | extends | final | finally |
| float | for | goto * | if | implements | import |
| instanceof | int | interface | long | native | new |
| null | package | private | protected | public | return |
| synchronized | static | strictfp | super | switch | short |
| this | throws | transient | try | volatile | void |
| while | | | | | |

# 2.2　数据类型

数据类型实际上是一块内存空间,它可以存储一个特定类型的值。Java 是一种强类型的语言,也就是说 Java 中严格规定了每个数据类型的大小,所以 Java 中不允许任意更换变量的数据类型,即如果变量 i 声明为整数类型,就不能再将 i 改为其他类型,而且占用的内存空间就是 32 位,无法更改,所以 Java 中没有 sizeof 运算符来获取某个变量所占用的内存空间大小。

Java 中的数据类型是有严格分类的,宏观上来分 Java 中分为两种数据类型:一类是基本数据类型,这种数据类型的变量只能代表某一个具体的数值;另一类是引用数据类型,其中包括类、接口、数组、枚举。

## 2.2.1　基本数据类型

Java 中的基本数据类型包括 8 种,表 2-2 列出了 Java 中所有的基本数据类型以及它们所占用的内存空间大小、取值范围、默认值等。

表 2-2　Java 的基本数据类型

| 类 型 | 占用内存空间 | 内 容 | 取 值 范 围 | 默认值 |
| --- | --- | --- | --- | --- |
| Boolean | 16 位 | true/false | true 或 false | false |
| Char | 16 位 | unicode | \u0000～\uFFFF | \u0000 |
| Byte | 8 位 | 整数 | $-128～127$ | 0 |
| Short | 16 位 | 整数 | $-2^{15}～2^{15}-1$ | 0 |
| Int | 32 位 | 整数 | $-2^{31}～2^{31}-1$ | 0 |
| Long | 64 位 | 整数 | $-2^{63}～2^{63}-1$ | 0 |
| Float | 32 位 | 浮点数 | $1.402\,398\,46×10^{-45}～3.402\,823\,47×10^{38}$ | 0.0 |
| Double | 64 位 | 浮点数 | $1.7977×10^{308}～4.9×10^{-324}$ | 0.0 |

基本数据类型对应有字面值,基本数据类型的字面值指基本数据类型的源代码表示,即在编码时所输入的整数、浮点数、布尔值和字符。下面分别介绍 8 种基本数据类型的字面值分别都有哪些。

**1. 整型字面值**

Java 中有 3 种方式可以表示整数。

(1) 十进制:(0~9)这 10 个数字来表示。

(2) 八进制:(0~7)这 8 个数字来表示。

(3) 十六进制:(0~9、a~f)这 16 个数字和字母来表示。

需要注意的是,如果用八进制表示整数,需要在数值前面加一个 0(零)来表示八进制,比如 06 表示八进制的 6(转换成十进制为 6);011,表示八进制的 11(转换成十进制为 9)。如果用十六进制表示整数,需要在数值前面加 0x 或者 0X 来表示十六进制,比如 0x6 表示十六进制的 6(转换成十进制为 6);0X1f,表示十六进制的 1f(转换成十进制为 31)。

整型字面值的后面再加一个 l(小写)或 L(大写)表示长整型字面值,比如 1109L、0X1fL,表示长整型字面值,其中前一个是十进制表示,后一个是十六进制表示。

**2. 浮点型字面值**

浮点型的字面值就是整数字面值的十进制表示加上小数部分,比如 222.32、45.07。需要注意的是,浮点型的字面值默认是双精度的,即 222.32 默认代表的是 double 类型的,如果想表示单精度的字面值(float 型的),则必须在数字后面加上 F 或 f,比如 22.32F 表示单精度的 22.32。

**3. 布尔型字面值**

Java 中布尔型字面值只有两个,true 和 false。

**4. 字符型字面值**

Java 中字符型的字面值也有 3 种表示方式。

(1) 单引号界定的单个字符,比如'a'、'b'等,如果表示特殊字符比如"、'等,需要加转移字符,比如'\"',表示双引号这个字符。

(2) 整数表示,其实字符本身就是一个 16 位的无符号数,比如 98 代表字符 a;99 代表字符 b。

(3) 单引号界定的字符的 unicode 编码,比如'\u004E',表示字符 N。

在 Java 中字面值是不能单独出现在程序中的,字面值的主要用途就是给基本类型的变量赋值,比如,byte b=4;,表示把字面值 4 赋值给了 byte 类型的变量 b。

基本类型的变量赋值时需要注意,只能把字面值赋值给对应类型的变量,比如 float f=22.32;这个赋值是错误的,22.32 隐含是 double 类型的,如果要给 f 赋值,只能使用单精度的字面值,即 22.32f(或者 22.32F)。8 种基本数据类型的字面值上面已经详细说明,这里不再赘述,初学者在变量赋值的时候注意即可。

## 2.2.2 引用数据类型

Java 中的引用类型包括类、接口、枚举、数组,比如:定义了一个 Cat 类,则所声明的 Cat c;,c 变量就是一个引用类型的变量。在 Java 中任何变量在使用之前必须显示的声明并赋值,对于基本数据类型的变量的赋值上一节中已经说明,那么对于引用类型的变量应当如何来赋值呢？

引用类型的变量赋值可以遵循以下 3 条规则：

（1）可以将新创建的对象赋值给引用类型的变量，比如 Cat c＝new Cat( )；，表示将刚创建的 Cat 对象赋值给 c 变量（注：Java 中创建对象的语句为 new）。

（2）可以将 null 赋值给引用类型的变量，比如：

```
Cat c=null;
```

（3）可以将子类的对象赋值给父类型的引用变量，比如 PersianCat（波斯猫）是猫的子类，即可以用

```
Cat c=new PersianCat();
```

将新创建的 PersianCat 的对象赋值给 c 变量。

对于引用数据类型大家目前了解到这个程度就可以了，在介绍完面向对象的基础之后再详细介绍。

### 2.2.3　基本数据类型的类型转换

基本数据类型的值可以从一种类型转换成另一种类型，这种转换被称为类型转换。

在基本数据类的转换中分为以下两种。

（1）隐式转换：不必进行强制转换，转换可以自动完成。

例如：

```
int i=12;
long lo=i;
```

数据在进行加宽转换时会发生隐式转换，所谓加宽转换指从容量小的类型转换到容量大的类型。

（2）显式转换：强制转换。

例如：

```
long lo=12L;
int i=(int)lo;
```

数据在进行收缩转换时必须进行强制转换，所谓的收缩转换指从容量大的类型转换到容量小的类型。

基本数据类型按容量由小到大（其实就是在内存中所占空间由小到大）的顺序排列如下：

$$byte \longrightarrow short \longrightarrow (char) \longrightarrow int \longrightarrow long \longrightarrow float \longrightarrow double$$

其中 short 和 char 类型在内存中都是占用 16 位，所以 int 类型和 char 类型之间互相转换时都需要强制转换。

需要注意的是，在强制转换时可能会导致溢出或者精度降低，比如整型赋值给 byte 时，如果整型值较大会自动取模再赋值，而浮点数赋值给 int 时会去掉小数点；把大于 127 的赋值给 byte 时会发生溢出。

【例 2-1】 强制转换精度降低或溢出。

```
public class Test{
    public static void main(String[] args){
        byte b1=15;
        float f=128.45f;
        int i=(int)f;
        byte b2=(byte)i;
        System.out.println(b1);
        System.out.println(f);
        System.out.println(i);
        System.out.println(b2);
    }
}
```

例 2-1 运行的结果如图 2-1 所示。

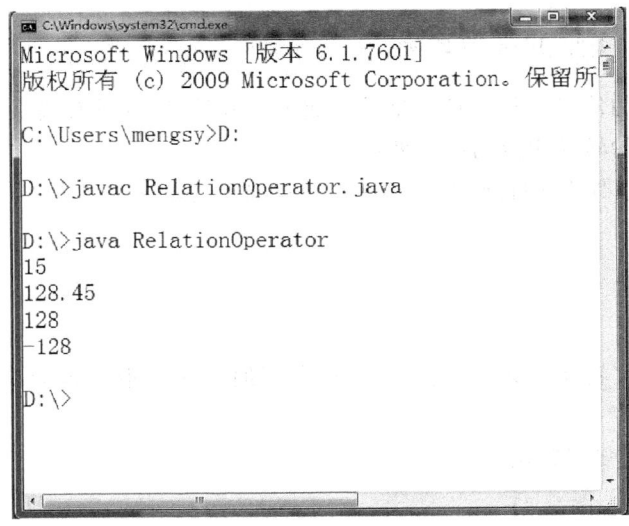

图 2-1　数据类型转换

在 Java 中所有涉及 byte、short、char 类型的运算时,首先会将这些类型的值转换成 int 类型,然后再按 int 型数值进行运算,所以最终的运算结果也是 int 类型。

【例 2-2】 下面程序的运行结果是什么?

```
public class Test{
    public static void main(String[] args){
        byte b1=2;
        byte b2=15;
        byte sum=b1+b2;
        System.out.println(sum);
    }
}
```

分析：程序在 main 方法中定义了 byte 类型的 b1、b2 两个变量，然后计算两个变量的和，并把和赋值给变量 sum，然后打印出 sum 的值，看似很简单的一个题，一不小心得出的答案就是：程序打印的结果是 17；但是这个题考查的是 Java 中 byte 类型的数据在运算时会先转换为 int 型的然后再运算，所以得到的 b1＋b2 的和 17 是 int 类型的，把 int 类型的值赋值给 byte 类型需要进行强制转换（收缩转换需要进行强制转换），在程序中没有进行强制转换，所以这个题的答案应该是程序有编译错误。编译的结果如图 2-2 所示。

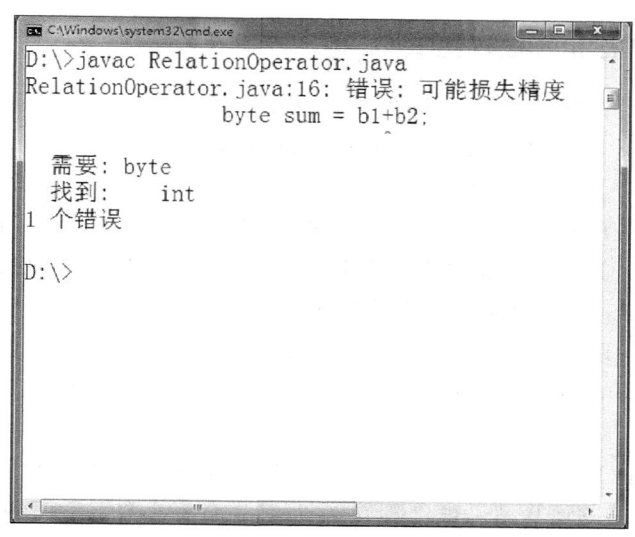

图 2-2　编译数据类型转换错误

**容易混淆概念：**

前面章节提到 Java 程序中变量一经声明类型不能再改变，而这里又提到类型之间的转换，举例如下：

```
int i1=12;
short s=(short) i1;
```

许多初学 Java 的人都会有这样的疑问："Java 中明确强调了变量一经声明类型不能再改变，但是在上面的程序中不是把 i1 强制转换成 short 类型了吗？"

不知道大家是否也有这个疑问，本书在这里给大家澄清这个疑问。

前者，变量类型一经声明不能再改变是指程序中在相同的作用域范围内不能声明两个名称相同的变量，也即在程序中声明一个 int i1 变量之后，就不能在相同的作用域范围内（关于变量的作用域会在后续的章节中介绍）再声明其他类型的 i1 了。

后者，类型转换是指把变量所代表的值进行类型转换，而并不是改变变量本身的类型。short s＝(short)i1;是将 i1 代表的数值 12 强制转换为 short 类型，即把本来占 32 位地址的 12 改成占 16 位地址的 12。

所以类型转换和变量类型不能改变，因为根本没有冲突，希望不要混淆两个概念。

## 2.3 运算符和表达式

Java 提供了丰富的运算符,对于这些运算符大致可以归类为以下几类:算数运算符、关系运算符、逻辑运算符、条件运算符、赋值运算符、位运算符,还有一个特殊的 instanceof 运算符。

### 2.3.1 算数运算符和算数表达式

程序的作用最直白地说就是运算,从小学就开始学习的加、减、乘、除运算,在程序中自然是少不了的。Java 程序中提供运算功能的只有运算符,Java 中的算数运算符包括加(+)、减(-)、乘(*)、除(/)、取模运算(%)。

算数运算符的使用基本上与加减乘除一样,运算符的优先级也是先乘除后加减,必要时可以加上括号表示运算的优先级顺序。初学者往往会犯一个错误,比如:(3+4)/2,由于在数学运算中习惯将分子写在上面,分母写在下面,使初学者经常把程序写成:System. out. println(3+4/2);,程序中这样写实际上会按照 3+(4/2)来运算,所以必要时为表达式加上括号才是最保险的。比如:System. out. println((3+4)/2);。程序打印在控制台的结果为 3。

大家能理解为什么(3+4)/2 结果是 3 吗?原因是 3、4、2 默认都是整型字面值,所以(3+4)/2 这个表达式的运算结果也是整数类型,结果会将小数点后面的位数舍去。

**思考**:如果想得到 3.5 这个结果应该怎么做呢?

关于算数运算符人们在小学就开始学习,在此不再赘述,程序设计中两个比较特殊的运算:递增和递减运算,在 Java 中分别使用"++"、"--"两个运算符来进行运算,这两个运算符除了可以让程序看起来更简洁之外,还可以提高程序的执行效率。

在程序中对变量进行递增 1 或递减 1 是很常见的运算,比如:

```
int i=0;
i=i+1;
System.out.println(i);
i=i-1;
System.out.println(i);
```

上面这段程序会分别打印 i+1 和 i-1 操作的结果为 1 和 0。为了让程序更简洁可以使用"++"、"--"运算符来编写程序。

**【例 2-3】** 递增、递减运算符示例 1。

```
public class IncrementDecrement{
    public static void main(String[] args){
        int i=0;
        System.out.println(++i);
        System.out.println(--i);
    }
}
```

其中写在变量 i 之前的"＋＋"和"－－"表示在使用变量 i 之前先做＋1 和－1 的操作然后再使用,所以例 2-3 最终打印的结果为 1 和 0。

需要说明的是"＋＋"、"－－"放置在变量之前和放置在变量之后是有区别的。

"＋＋"、"－－"放在变量之前,表示先将变量的值＋1(或－1),然后再使用变量;

"＋＋"、"－－"放在变量之后,表示先使用变量,然后再将变量的值＋1(或－1)。

【例 2-4】 递增、递减运算符示例 2。

```java
public class IncrementDecrement{
    int increment(int i){
        return++i;
    }
    int decrement(int i){
        return --i;
    }
    public static void main(String[] args){
        int i=0;
        IncrementDecrement id=new IncrementDecrement();
        int number=id.increment(i);
        System.out.println(i);
        System.out.println(number);
        number=id.decrement(number);
        System.out.println(i);
        System.out.println(number);
    }
}
```

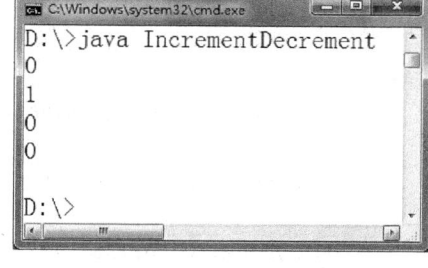

程序运行的结果如图 2-3 所示。

图 2-3 递增、递减运算结果

## 2.3.2 关系运算和条件运算

数学上除了加、减、乘、除运算外,还有＞(大于)、＝(等于)、＜(小于)、≤(小于等于)、≥(大于等于)、≠(不等于)这些比较运算,Java 中也提供了用于这些运算的运算符,这些运算符被称为关系运算符(也被称为比较运算符),有 ＞(大于)、＞＝(大于等于)、＜(小于)、＜＝(小于等于)、!=(不等于)、==(等于)。

在 Java 的关系运算中,当关系成立时返回 true,关系不成立返回 false。

【例 2-5】 实现关系运算的计算器类。

```java
public class RelationOperator {
    int operand1;
    int operand2;
    boolean greaterThan(){
        return operand1>operand2;
    }
    boolean greaterThanOrEqualTo(){
        return operand1>=operand2;
```

```java
    }
    boolean lessThan(){
        return operand1<operand2;
    }
    boolean lessThanOrEqualTo(){
        return operand1<=operand2;
    }
    boolean notEqualTo(){
        return operand1!=operand2;
    }
    boolean equalTo(){
        return operand1==operand2;
    }
    public static void main(String[] args){
        RelationOperator ro=new RelationOperator();
        ro.operand1=8;
        ro.operand2=4;
        System.out.println("8>4 的结果 "
                            +ro.greaterThan());
        System.out.println("8>=4 的结果 "
                            +ro.greaterThanOrEqualTo());
        System.out.println("8<4 的结果 "
                            +ro.lessThan());
        System.out.println("8<=4 的结果 "
                            +ro.lessThanOrEqualTo());
        System.out.println("8 !=4 的结果 "
                            +ro.notEqualTo());
        System.out.println("8==4 的结果 "
                            +ro.equalTo());
    }
}
```

例 2-5 的运行结果如图 2-4 所示。

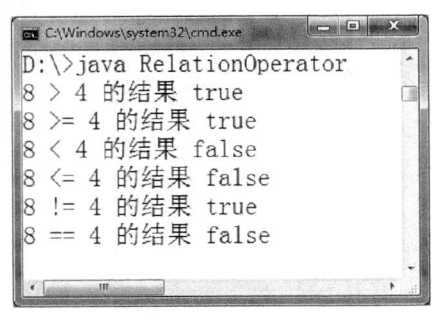

图 2-4　关系运算符示例运行结果

在关系运算符的使用中,有一个即使是个写代码的老手也可能会犯的错误,而且还不容易被察觉,这就是等于"=="运算符。这个运算符由两个"="号组成,这一点稍不留神就会被误写成一个"=",比如:比较 x 和 y 两个变量是否相等,正确的写法应该是 x==y,而不是 x=y,后者是将 y 的值赋值给 x,而不是比较 x 和 y 是否相等。

另外,如果"=="运算符两侧的操作数是引用类型的变量,则比较的是两个变量所引用的内存地址是否相同。

Java 中为了使得程序尽可能的简洁,还提供了一个三操作数运算符——条件运算符,它的基本使用语法如下：

条件式?成立返回值:失败返回值

条件运算符连接的表达式的返回值依条件式的结果而定,如果条件式的结果为 true,则返回":"前面的值;若为 false,则返回":"后面的值。

**【例2-6】** 条件运算符示例。

```java
import java.util.Scanner;
public class ConditionalOperator {
    void performanceRating(int score){
        System.out.println("成绩是否及格?"
                        + (score>=60 ?"及格" : "不及格"));
    }
    public static void main(String[] args){
        Scanner scanner=new Scanner(System.in);
        System.out.println("请输入学生分数:");
        int score=scanner.nextInt();
        ConditionalOperator co=
                        new ConditionalOperator();
        co. performanceRating(score);
    }
}
```

上面的程序会根据输入的分数来判断是否及格,大于等于 60 分的打印及格,小于 60 分的打印不及格。运行结果如图 2-5 所示。

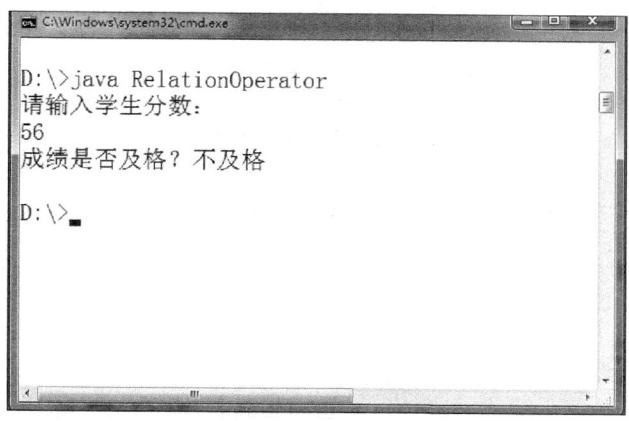

图 2-5　条件运算符示例运行结果

条件运算符完全可以使用 if…else 语句代替,但是条件运算符运用得当可以使程序简洁、精练。

### 2.3.3　逻辑运算和位运算

通过前面的介绍,大家已经了解了关系运算符,但是如果想同时进行多个关系的判断,

应该怎么做呢？比如，查找 60～90 分之间的成绩，如果是数学上的运算可以这样写：60＜score＜90，但在程序中是没有这样的表达式。如果想查找 60～90 分之间的成绩，只能先比较 score＜90，再比较 score＞60，或者前后颠倒，总之要做两次判断，Java 中提供了一组运算符可以使程序简化，这就是逻辑运算符，与(＆＆)、或(||)、非(!)，在上面的例子中就可以使用"＆＆"运算符来表示 score＜90 ＆＆ score＞60。

【例 2-7】 逻辑运算符示例。

```java
import java.util.Scanner;
public class LogicalOperator {
    void performanceRating(int score){
        if(score<60){
            System.out.println("差");
        }
        if(score>60 && score<70){
            System.out.println("及格");
        }
        if(score>70 && score<80){
            System.out.println("中");
        }
        if(score>80 && score<90){
            System.out.println("良");
        }
        if(score>90){
            System.out.println("优");
        }
    }
    public static void main(String[] args){
        Scanner scanner=new Scanner(System.in);
        System.out.println("请输入学生分数:");
        int score=scanner.nextInt();
        LogicalOperator lo=new LogicalOperator();
        lo.performanceRating(score);
    }
}
```

程序的运行结果如图 2-6 所示。

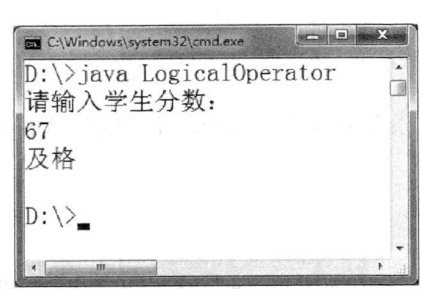

图 2-6　逻辑运算符示例运行结果

逻辑运算符中与、或运算符左右连接的是两个操作数，且都是布尔类型，其中与运算的规则是，当两个操作数都为 true 时，运算的结果为 true，否则为 false；或运算的规则是，当两个操作数都为 false 时，运算结果为 false，否则为 true。非运算符只有右操作数且运算规则是，取反，如果操作数是 true，则运算结果为 false，若操作数为 false，运算结果为 true。

在 Java 中还提供了另外的两个逻辑运算符，与

（&）、或（|），这两个运算符也是用来做逻辑与、逻辑或运算的，但是有别于"&&"、"||"，两者之间的区别是，"&"、"|"在做逻辑运算时不管什么时候左右两个操作数的值都会计算，而"&&"、"||"在某些情况下不会计算第二个操作数的值，那什么情况下不会计算第二个操作数的值呢？在刚才介绍的逻辑运算与、或运算中都提到了运算的规则，就拿与运算来说，只有左右两个操作数都为 true 结果才为 true，故当第一个操作数为 false 时，对于"&&"运算符来说就不会再判断第二个操作数的值，因为不管第二个操作数的值是 true 还是 false，最终的结果都会是 false，所以也称"&&"为短路与运算，"||"为短路或运算。

鉴于"&&"、"||"和"&"、"|"运算的原理不同，所以在写程序的时候更常用的是前者，可以提高程序的运行效率，但是这可能会让程序隐含一些不容发现的小错误，给测试带来麻烦。

【例 2-8】 "&&"运算隐含的小错误。

```
public class BugTest{
public static void main(String[] args){
        int age=20;
        String[] studentName={ "张三","李四","王五" };
        if(age==18 && studentName[3]=="王五"){
            System.out.println(studentName[3]+"的年龄是:"+age);
        }
    }
}
```

分析程序："&&"运算符先判断左操作数的结果为 false，右操作数就不会再判断，所以这个程序的运行结果：什么都没有打印。但是再分析一下"&&"右操作数 studentName[3]根本就不存在，studentName 数组的长度为 3，只能选择 studentName[0]、studentName[1]、studentName[2]（注：数组下标从"0"开始），程序中如果有 studentName[3]出现会报数组下标越界的运行时异常，所以这个程序隐含有一个数组下标越界的错误，通过程序的执行却没有发现这个错误。如果把程序中"&&"的左操作数改成 age==20，则程序的运行结果如图 2-7 所示。

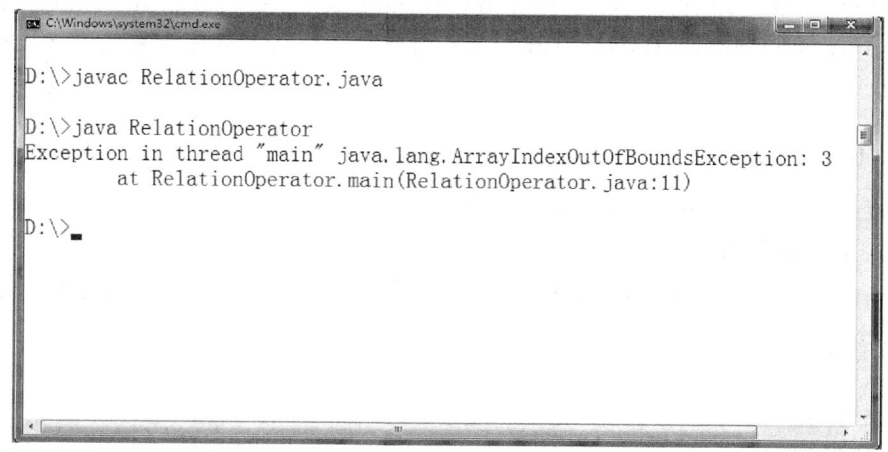

图 2-7　程序修改后的运行结果

Java 中还设计了位运算符(^),所谓的位运其实就是在数字上执行 and、or、not、xor、补码等运算。由于现在 Java 的程序设计中很少用到位运算,在此也不再赘述。

### 2.3.4 赋值运算符

到目前为止 Java 中大部分的运算符都接触到了,还有一类会经常用到的运算符是赋值运算符,Java 中赋值运算有很多,最常用的就是"=",比如:int a=128;就是将 128 赋值给变量 a。除了"="这个赋值运算符之外,还有其他几个复制运算符,如表 2-3 所示。

表 2-3  赋值运算符

| 赋值运算符 | 范例 | 结果 | 赋值运算符 | 范例 | 结果 |
|---|---|---|---|---|---|
| += | a+=b | a=a+b | %= | a%=b | a=a%b |
| −= | a−=b | a=a−b | &= | a&=b | a=a&b |
| *= | a*=b | a=a*b | \| = | a\|=b | a=a\|b |
| /= | a/=b | a=a/b | ^= | a^=b | a=a^b |

每个赋值运算符的作用如表 2-3 所示。由于++,−−和赋值运算符可以直接在变量的内存空间中运算,而不需要去除变量的值运算再将数值存回变量的内存空间中,所以使用++、−−和赋值运算符可以提高程序的执行效率。

## 2.4  流 程 控 制

### 2.4.1  流程控制概述

计算机在执行程序的时候总是按照一定的顺序执行的,程序的执行流程分为顺序流程、无条件分支流程、条件分支流程、循环流程。

顺序流程就像一条笔直的,没有分叉的路。程序执行完第 1 行,然后第 2 行、第 3 行……

条件分支、无条件分支、循环都是需要特殊的语句来实现。在 Java 中条件分支的语句有 switch…case 语句、if…else 语句,循环语句有 while、do…while、for、增强型 for,无条件分支语句有 return、break、continue、throw。人们把这些可以改变程序流程的语句统称为流程控制语句。

### 2.4.2  条件分支

Java 的条件分支语句有两类,if…else 条件语句、switch 开关语句。

**1. if…else 条件语句**

if…else 是为了满足程序中"如果发生了…,就要…,否则…"的需求,基本的语法如下:

```
if(条件表达式){
    语句 1;
    语句 2;
}else{
    语句 3;
```

```
        语句 4;
    }
```

这个语法的意思是当条件表达式成立时,即条件表达式的值为 true 时,执行语句 1 和语句 2,否则执行语句 3 和语句 4。如果条件不成立时不做任何操作的话还可以把 else 语句省略。

**【例 2-9】** 一个简单的 if…else 示例。

```java
public class TestIfElse{
    public static void main(String[] args){
        Scanner scanner=new Scanner(System.in);
        System.out.println("请输入数字:");
        int number=scanner.nextInt();
        if(number %2==0){
            System.out.println(number+" 是偶数");
        } else {
            System.out.println(number+" 是奇数");
        }
    }
}
```

在 if…else 语句中还可以出现 else if 语句,语法格式如下:

```
if(条件表达式 1){
    语句 1;
    语句 2;
}else if(条件表达式 2){
    语句 3;
    语句 4;
}else{
    语句 5;
    语句 6;
}
```

上面的语法表示如果满足条件表达式 1,则执行语句 1 和语句 2;如果不满足条件表达式 1,但是满足条件表达式 2,则执行语句 3 和语句 4,否则执行语句 5 和语句 6。

在 if…else 语句使用过程中应该遵守以下规则:

(1) 对于给定的 if 可以有 0 个或 1 个 else,并且必须出现在任何 else if 之后。

(2) 对于给定的 if 可以有 0 个或多个 else if,并且必须出现在 else 之前。

(3) 一旦某个 else if 测试成功,则不会测试其余所有的 else if 和 else。

if…else 语句还可以嵌套使用,语法如下:

```
if(条件表达式 1){
    if(条件表达式 2){
        语句 1;
        语句 2;
```

```
        }
        语句 3;
    }else {
        语句 4;
        if(条件表达式 3){
            语句 5;
        }
    }
```

上面的语法表示如果满足条件表达式 1 又满足条件表达式 2,则执行语句 1、语句 2、语句 3;如果只满足条件表达式 1,则只执行语句 3,否则执行语句 4;如果满足条件表达式 3,则再执行语句 5,否则不执行。

**【例 2-10】** 一个简单的学生成绩划分等级示例。

从键盘上输入某个学生某门课程的成绩。当成绩高于 90 分时,输出 A;成绩在 80~89 分之间,输出 B;成绩在 70~79 分之间,输出 C;成绩在 60~69 分之间,输出 D;而成绩不及格(小于 60 分)时输出 E。

分析:要想将成绩按等级分类,就必须判断输入的课程成绩与对应的范围进行比较,检查其值是否大于等于 90 分,是:输出'A',否:要继续判断其值是否在 80~89 分之间,是:输出'B',否:判断其值是否在 70~79 分之间,是:输出'C',否:判断其值是否在 60~69 分之间,是:输出'D',否:说明成绩低于 60 分,则输出'E'。程序的实现清单:

```java
public class TestStudentScore{
    public String performanceRating(int score){
        String grade=null;
        if(score>=90){
            grade="A";
        } else if(score<90 && score>=80){
            grade="B";
        } else if(score<80 && score>=70){
            grade="C";
        } else if(score<70 && score>=60){
            grade="D";
        }else{
            grade="E";
        }
    }
    public static void main(String[] args){
        Scanner scanner=new Scanner(System.in);
        System.out.println("请输入学生成绩:");
        int score=scanner.nextInt();
        TestStudentScore tss=new TestStudentScore();
        String grade=tss.performanceRating(score);
        System.out.println("成绩等级为:"+grade);
    }
```

```
    }
```

**2. switch…case 语句**

switch 语句是多分支的选择语句。嵌套的 if 语句也可以处理多分支选择。但是，switch 语句比嵌套的 if 语句更直观。

switch 语句的基本结构如下：

```
switch(变量名称或表达式){
    case 数字或字符:
        语句 1;
        break;
    case 数字或字符:
        语句 2;
        break;
    default:
        语句 3;
}
```

首先看看 switch 括号中的变量或表达式，不管是变量还是表达式，它的(返回)值一定是整数值或字符类型的，switch 语句执行时，将括号中变量或表达式的值计算出来直接跟case 语句中值比较，如果相等就执行其中的语句，直到遇到 break 后离开 switch 块。如果比对到最后一个 case 也没找到相等的值，则会执行 default 后的语句 3；对于 default，如果没有默认的处理动作，可以将 default 舍去。

switch 语句只能比较数字或者字符，并且只能比较相等性。

【例 2-11】 使用 switch 语句实现例 2-10 的需求。

分析：switch 语句中只能比较相等性，人们只能将分数和对应的级别化解成可以用相等来比较的值才行。分数是 0～100 中的任意一个值，跟 A、B、C、D、E 怎么才能用相等来比较呢？试想，把分数除以 10 取整得到的是分数的十位上的值，那就是 0～10 这几个数字了，如果分数除以 10 取整是 9，就是 A 等级，8 就是 B 等级，7 就是 C 等级，6 就是 D 等级，5 以及 5 以下的就是 E 等级。

程序实现：

```
public class TestStudentScore{
    public String performanceRating(int score){
        String grade=null;
        int number=score / 10;
        switch(number){
            case 10:
            case 9:
                grade="A";
                break;
            case 8:
                grade="B";
                break;
            case 7:
```

```
                    grade="C";
                    break;
                case 6:
                    grade="D";
                    break;
                default:
                    grade="你的成绩不合法";
            }
        }
        public static void main(String[] args){
            Scanner scanner=new Scanner(System.in);
            System.out.println("请输入学生成绩:");
            int score=scanner.nextInt();
            TestStudentScore tss=new TestStudentScore();
            String grade=tss.performanceRating(score);
            System.out.println("成绩等级为:"+grade);
        }
    }
```

从 JDK 1.5 之后在 switch 语句中的表达式可以为枚举类型,后续章节会介绍枚举,从 JDK 7.0 之后在 switch 语句中的表达式可以为字符串类型。例如:

```
String status="";
switch(status){
case "status1":
    System.out.println("字符串类型的 switch 表达式 status1");
    break;
case "status2":
    System.out.println("字符串类型的 switch 表达式 status2");
    break;
default:
    System.out.println("字符串类型的 switch 表达式 default");
    break;
}
```

以上代码在 JDK 7.0 版本之前编译错误,在 JDK 7.0 版本上正常运行。

### 2.4.3 循环控制

在程序中欲进行重复性指令的执行,则必须用到循环,Java 中提供了 4 种循环控制语句,这 4 种循环都由相似的 3 个部分组成:进入循环的条件、循环体、退出循环的条件。不同的只是进入、退出循环的方式不同。

下面分别介绍 4 种循环控制语句。

**1. for 循环**

当循环变量在指定范围内变化时,重复执行循环体,直到循环变量超出了指定的范围时退出。

for 循环基本的语法结构如下：

```
for(初始式;判断式;递增式){
    语句 1;
    语句 2;
}
```

for 循环的括号中初始式一般是一个变量的声明和初始化语句,这个初始式在整个循环过程中只执行一次,{ } 代表的是要循环执行的语句,每循环一次都会根据判断式来判断是否继续执行下一个循环,而每次执行完循环后都会执行递增式。

【例 2-12】 简单的 for 循环示例。

```
public class SimpleForLoop{
    public static void main(String[] args){
        for(int i=0;i<10;i++){
            System.out.println("代码循环了"+i+"次");
        }
    }
}
```

程序的运行结果如图 2-8 所示。

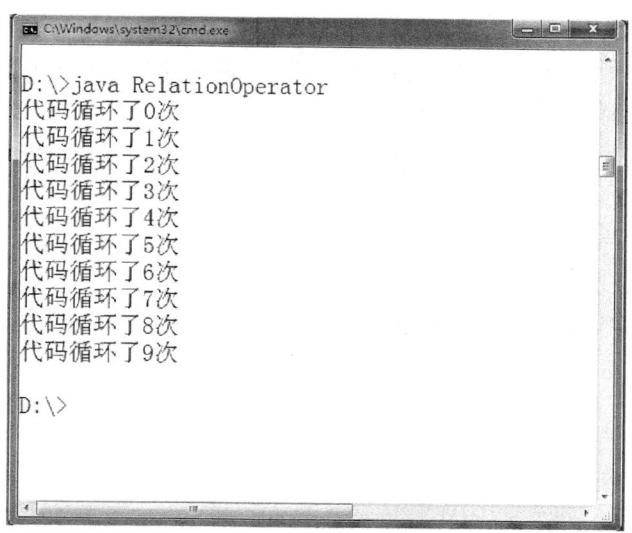

图 2-8　for 循环运行结果

上面的例子虽然很简单,但是最能体现 for 循环的基本语法。

【例 2-13】 使用一个 for 循环完成九九乘法表的打印。

分析:如果题意是使用 for 循环打印九九乘法表,相信大家都能很轻松地做到。如果是使用一个 for 循环的话,就需要程序员对 for 循环的语法有更清晰的认识才可以。程序清单如下:

```
public class SimpleForLoop{
    public void printJiuJiu(){
```

```
    for(int i=2,j=1; j<10;
        i=(i==9)?((++j / j)+1):(i+1)){
        System.out
            .printf("%d * %d=%2d%c",i,j,i * j,
                    (i==9 ? '\n' : ' '));
    }
}
public static void main(String[] args){
    SimpleForLoop sfl=new SimpleForLoop();
    sfl.printJiuJiu();
}
}
```

**2. while 循环**

while 循环最基本的语法格式如下:

```
while(条件式){
    语句 1;
    语句 2;
}
```

while 可以理解为没有起始和终止语句的 for 循环,主要用于重复的动作。while 可以用作无穷循环,很多地方都会用到无穷循环。例如,游戏设计中对使用者输入的轮询,或是动画程序的播放都会使用到无穷循环。

```
while(true){
    语句 1;
    语句 2;
}
```

如果在无穷循环中遇到了某个条件发生后,想跳出循环,可以在 while 循环中加入 if 语句,如下:

```
while(true){
    语句 1;
    if(条件式)
        break;
}
```

【例 2-14】 不断从控制台接收用户输入的学生成绩,直到用户输入负数为止,并对学生成绩按照例 2-10 中要求的划分好等级保存在一个容器中。

分析:需要不断接收控制台的输入,就需要使用循环,这种循环最适合选择 while 循环,并且只要用户输入负数,则跳出循环即可,至于对成绩进行等级划分和保存直接使用例 2-10 中的实现即可。程序实现清单:

```
public class ScoreManager{
    Map< Integer,String>map=new HashMap<Integer,String>();
```

```java
public void saveScore(int score){
    if(score>=90 && score<100){
        map.put(score,"A");
    } else if(score<90 && score>=80){
        map.put(score,"B");
    } else if(score<80 && score>=70){
        map.put(score,"C");
    } else if(score<70 && score>=60){
        map.put(score,"D");
    } else if(score>0){
        map.put(score,"E");
    }else{
        map.put(score,"成绩不合法");
    }
}
public static void main(String[] args){
    ScoreManager sm=new ScoreManager();
    Scanner scanner=new Scanner(System.in);
    System.out.println("请输入成绩:");
    int score=scanner.nextInt();
    while(score>0){
        sm.saveScore(score);
        score=scanner.nextInt();
    }
    System.out.println("成绩输入结束.");
}
}
```

### 3. do…while 循环

do…while 循环的基本语法如下:

```java
do{
    语句 1;
    语句 2;
} while(条件式);
```

while 循环称为"当型循环",因为它在循环执行前会先进行条件的判断。而 do…while 循环被称为"直到型循环",它会先执行循环体,然后再进行条件判断,即 do…while 循环中的语句至少会被执行一次。

### 4. 增强型 for 循环

Java 提供了一种更为简洁的循环语句,专门用于数组和集合的遍历,就是增强型 for 循环。比如有一个不知道长度的 int 类型数组 numbers,若要循环打印数组中的每一个元素。
程序清单:

```java
for(int i:numbers){
    System.out.println(i);
}
```

【例 2-15】 在例 2-14 中将控制台输入的成绩按等级划分好后保存在了一个 map 对象中,在这里就是用增强型 for 循环将 map 中的成绩等级信息输出到控制台。程序实现清单:

```
public class ScoreManager{
    Map<Integer,String>map=new HashMap<Integer,String>();
    public void saveScore(int score){
            if(score>=90 && score<100){
                map.put(score,"A");
            } else if(score<90 && score>=80){
                map.put(score,"B");
            } else if(score<80 && score>=70){
                map.put(score,"C");
            } else if(score<70 && score>=60){
                map.put(score,"D");
            } else if(score>0){
                map.put(score,"E");
            }else{
                map.put(score,"成绩不合法");
            }
    }
    public static void main(String[] args){
        ScoreManager sm=new ScoreManager();
        Scanner scanner=new Scanner(System.in);
        System.out.println("请输入成绩:");
        int score=scanner.nextInt();
        while(score>0){
            sm.saveScore(score);
            score=scanner.nextInt();
        }
        System.out.println("成绩输入结束.");
        Set<Integer>keySet=map.keySet();
        for(Integer s : keySet){
            String level=map.get(s);
            System.out.println("您输入的成绩:"+s+"  "+"等级为:"+level);
        }
    }
}
```

程序运行的结果如图 2-9 所示。

## 2.4.4 无条件分支

程序中的条件分支语句指符合一定条件即可执行分支语句。而无条件分支语句指碰到这些语句,程序会无条件地停止执行,或者转去执行指定的语句。

Java 中提供的无条件分支语句有 break、continue、return 和 throw。

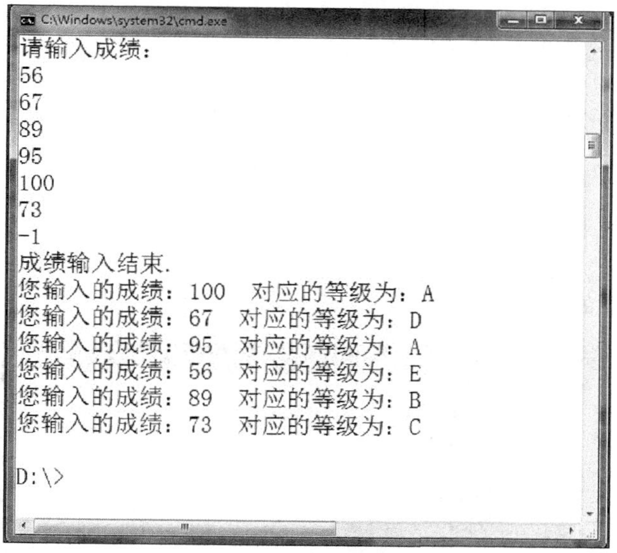

图 2-9　增强型 for 循环运行结果

**1. break**

break 语句一般用在 switch、while、do…while、for 程序块中。表示离开当前程序块，并前进至程序块外的下一条语句。在 switch 中主要用来中断下一个 case 的比较。在 for 等循环中，主要用来中断目前的循环执行。break 之前的例子中已有，这里不再举例。

**2. continue**

continue 的作用与 break 类似，主要用在循环语句块中，所不同的是 break 是终止循环程序的执行，而 continue 会结束其之后的程序块中的语句并跳到下一次循环的开头继续执行循环。比如：

```
for(int i=0;i<5;i++){
    if(i==3){
    break;
    }
    System.out.print(i);
}
```

```
for(int i=0;i<5;i++){
    if(i==3){
    continue;
    }
    System.out.print(i);
}
```

对于上面两个代码块，第一个语句块打印的结果是 0123，而第二个语句块打印的结果是 0124。

break 和 continue 还可以配合标签使用。

【例 2-16】　一个 break 标签语句的简单示例。

```
public class TabBreak{
    public static void main(String[] args){
        tab : for(int i=0; i<10; i++){
            System.out.println("外层循环:"+i);
            for(int j=0; j<10; j++){
```

```
        if(j==5){
            break tab;
        }
        System.out.println("        里层循环:"+j);
    }
        }
    }
}
```

程序运行的结果如图 2-10 所示。

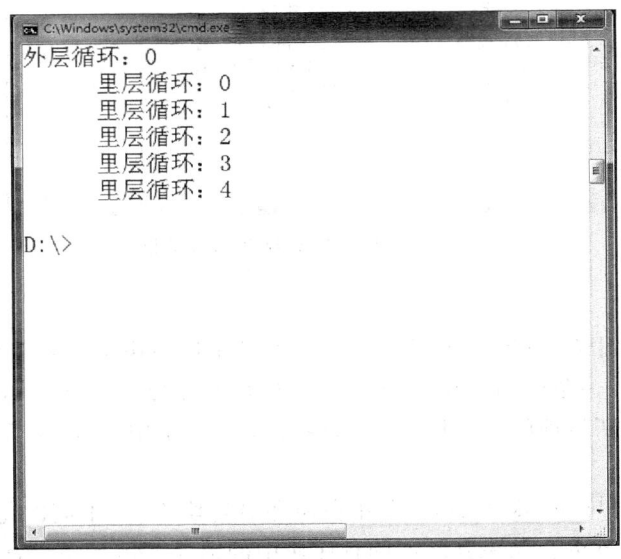

图 2-10　break 标签语句运行结果

continue 语句也有类似的用法,在此不再赘述。需要说明的是,虽然 Java 中支持标签语句的使用,但是过多的标签语句的使用会让程序变得难于理解,不利于程序的后续维护和修改,所以 Java 程序中不建议使用标签语句。

**3. return**

return 语句一般用在方法的最后,如果方法有返回值,则使用 return 语句来返回值即可。

**4. throw**

throw 语句用来抛出一个异常,在异常章节会详细介绍。

# 2.5　练　习

1. 从下列选项中选出合法标识符(　　)。
    A. int ＄x;                    B. int 123;
    C. int _123;                   D. int ♯dim;
    E. int ％precent;              F. int ＊divide;

G. int central_sales_region_Summer_2005_gross_sales；

H. int _____ 2 ____ 2 __；　　　　　I. int __ $ ；

J. int class；　　　　　　　　　　　　K. int _标识符；

2. 下面可以编译成功的语句是（　　）。

A. float f＝10f；　　B. float f＝10.1；　　C. float f＝10.1f；　　D. byte b＝10b；

3. 下列不属于Java关键字的是（　　）。

A. class　　　　　B. break　　　　　C. abstract　　　　　D. type

4. 以下代码的运算结果是（　　）。

```
class Hexy {
    public static void main(String[] args){
        Integer i=42;
        String s=(i<40)?"lift":(i>50)?"universe" : "everything";
        System.out.println(s);
    }
}
```

A. null　　　　　　B. life　　　　　　C. universe　　　　　D. everything

E. Compilation fails　　　　　　　　F. An exception is thrown at runtime

5. 若定义了 int a＝1,b＝2;,那么表达式(a＋＋)＋(＋＋b)的值是（　　）。

A. 3　　　　　　　B. 4　　　　　　　C. 5　　　　　　　D. 6

6. 设 x＝1,y＝2,z＝3,表达式 y＝z－－/＋＋x 的值是（　　）。

A. 3　　　　　　　B. 3.5　　　　　　C. 4　　　　　　　D. 5

7. 以下代码的运行结果是（　　）。

```
public class Example {
    public static void test(String str){
        if(str==null | str.length()==0){
            System.out.println("String is empty");
        } else {
            System.out.println("String is not empty");
        }
    }
    public static void main(String[] args){
        test(null);
    }
}
```

A. 在运行时抛出一个异常　　　　　　B. "String is empty"会打印出来

C. 编译失败,出现编译错误　　　　　　D. "String is not empty"is printed to output

8. 编译运行以下代码时会发生（　　）情况。

```
public class Anova {
    public static void main(String argv[]){
        Anova an=new Anova();
```

```
        an.go();
    }

    public void go(){
        int z=0;
        for(int i=0; i<10; i++,z++){
            System.out.println(z);
        }
        for(;;){
            System.out.println("go");
        }
    }
}
```

A. 编译错误,第一条语句错误    B. 编译错误,第二条语句错误

C. 输出 0~9,然后输出"go"    D. 输出 0~9,然后死循环输出"go"

9. 下面(    )语句会导致死循环。

```
i. while(true)i=0;
ii. while(false)i=0;
iii. while(!false)i=0;
```

A. 仅 i        B. i 和 iii        C. 仅 iii        D. i、ii、iii

10. 写一个 Java 程序,实现九九乘法表的打印。

# 第3章 数　　组

本章学习目标：

(1) 掌握数组的声明和使用。

(2) 理解 Java 中数组的存储方式。

(3) 掌握数组的特点。

(4) 熟练掌握数组的各种操作。

## 3.1　数　组　概　述

数组(Array)是一组具有相同数据类型的数据元素的有序集合。在 Java 中数组中的数据元素既可以是基本数据类型也可以是引用数据类型。数组是通过方括号下标操作符[ ]来定义和使用的,使用数组的下标(从 0 开始)来访问数组中的元素。

数组具有以下特点：

(1) 在整个生命周期中长度固定不可变。

(2) 可以存储基本数据类型和引用数据类型。

(3) 同一个数组中必须存储相同类型的数据。

(4) 数组中元素有先后顺序,其顺序位置由数组下标决定。

在 Java 中数组是一种效率最高的存数和随机访问对象序列的方式,数组就是一个简单的线性序列就使得元素访问非常快速,但数组为这种速度所付出的代价是数组对象的大小(即长度)被固定,并且在生命周期中不可变。Java 中的数组可以持有基本数据类型,而其他的容器则不能。

## 3.2　一　维　数　组

### 3.2.1　数组的声明

程序中要定义一维数组只需要在类型名后加上一对空方括号即可。

数组元素类型［］数组名,例如,int［］　a1。

方括号也可以置于标识符后面。

数组元素类型 数组名［］,例如,int　a1［］。

两种格式的含义是一样的,后一种格式符合 C 和 C++ 程序员的习惯,不过在 Java 中还是第一种格式使用比较多,毕竟它要表明的含义是"一个 int 型数组"。

数组元素类型可以是 Java 中的任意数据类型,包括基本数据类型和引用数据类型。例如,声明一个数据元素类型为 int 型的数组 sale：int［］sale；或者 int sale［］；。

**注意**：在 Java 中编译器不允许数组声明时指定数组的长度。如下写法是错误的：

```
int [5] sale;
int sale [5];
```

原因是,现在拥有的注释对数组的一个引用(已经为该引用分配了足够的存储空间),而并没有给数组对象本身分配任何空间,为了给数组创建相应的存储空间,必须写初始化表达式,即必须要对数组进行初始化。下面将详细介绍数组的初始化。

### 3.2.2 数组初始化

对于数组,初始化动作可以出现在代码的任何地方,但也可以使用一种特殊的初始化表达式,它必须在声明数组的地方出现。即数组的初始化也可以分为两种方式。

**1. 静态初始化**

当数组元素的初始化值直接由括在大括号({ })之间的数据给出时,就称为静态初始化。该方法适用于数组的元素不多且初始元素有限时。静态初始化必须和数组的声明结合在一起使用,其格式如下:

```
array_type array_Name={element1[,element2…]};
```

其中,array_type 为数组元素的类型;array_Name 为数组名;element1、element2、… 为 array_type 类型的数组元素初值;方括号([ ])表示可选项。

【例 3-1】 静态初始化数组示例。

```
int sale[]={350,200,400,450,600};
String[] season={"Spring","Summer","Autumn","Winter"};
```

**2. 动态初始化**

与静态初始化不同,动态初始化先用 new 操作符为数组分配内存,然后才为每一个数组元素赋初值。其一般格式如下:

```
array_Name=new array_type[arraySize];
```

其中,array_Name 是已定义的数组名;array_type 为数组元素的数据类型,必须与定义时给出的数据类型保持一致;arraySize 为数组的长度,它可为整型变量或常量。

【例 3-2】 动态初始化数组示例。

```
public class Test{
    public static void main(String[] args){
        1. int [ ] sale;                    //数组的声明,数组元素的类型为 int 类型
        2. sale=new int[3];                 //数组的初始化,每个 int 型元素的默认值为 0
        3. Animal[]  pets;                   //数组的声明,数组元素的类型为 Animal 类型
        4. pets=new Animal[3];              //数组的初始化,引用类型元素默认值为 null
        5. pets[0]=new Animal();            //为数组每个元素初始化
        6. pets[1]=new Animal();
        7. pets[2]=new Animal();
    }
}
```

在例 3-2 的程序中第 1 行声明了 int[ ] sale;,此时 sale 只是一个尚未初始化的局部变

量,在正确初始化之前,编译器不允许用此变量做任何事情,当程序执行到第 2 行 sale=new int[3];时 sale 被分配了内存空间,但内存空间中每一个数组元素的值并没有被初始化,这时,此内存空间中每个元素的值会被初始化为默认值 0,如果是 char 类型的数组,则会被初始化为 0;如果是浮点类型的数组,则会被初始化为 0.0;如果是布尔类型(boolean),则会被初始化为 false。

在第 3 行声明了 Animal 类型的数组 pets,在第 4 行为 pets 分配了内存空间,这时 pets 内存中的每个元素默认的初始化值为 null,也就是说,引用类型数组中的每个元素会被默认初始化为 null。

**注意:**

1. 使用 new 关键字创建数组时必须指定数组的长度。

2. 两种初始化的方式不能混用。以下代码是错误的:

```
int[] sale=new int[5] {350,200,400,450,600};
int[] sale=new int[] {350,200,400,450,600};
```

### 3.2.3　数组元素的访问

在 Java 中使用数组下标来访问数组中的元素,基本语法格式如下:

数组名[下标]

例如:

sale[1]

数组的下标必须是 int 或者能与 int 类型相互转换的类型,如 short、char、byte。下标可以是常数,也可以是表达式。

每个数组都有一个 length 属性指明数组的长度,如 sale.length,数组的下标的取值范围总是 0～length-1。

【例 3-3】　获取数组中某个元素示例。

```
public class Test{
    public static void main(String[] args){
        int sale[]={1,2,3,4,5};
        String[]  likes=new String[5];
        likes[0]=new String("Apple");
        likes[1]=new String("Orange");
        likes[2]=new String("Branana");
        likes[3]=new String("kiwi");
        likes[4]=new String("pineapple");
        int i=sale[1];
        String like=likes[1];
        System.out.println("我第"+i+"喜欢的水果是:"+like);
        System.out.println("我最不喜欢的水果是:"
        +likes[likes.length-1]);
    }
}
```

程序运行的结果如图 3-1 所示。

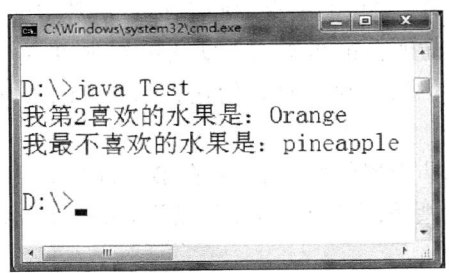

图 3-1  访问数组元素示例运行结果

### 3.2.4  数组复制

数组的复制最容易掌握的实现方法是利用循环控制语句将一个数组中的元素一一取出放置到另一个数组中。程序清单如下：

```
int []array1={2,3,5,7,11,13,17,19};
int []array2=new int[array1.length];
for(int i=0;i<array1.length;i++){
    array2[i]=array[i];
}
```

JDK 1.5 新增数组复制的方法：System.arraycopy(src,srcPos,dest,destPos,length)，用它复制数组比用循环控制语句复制要快很多，System.arraycopy()针对所有类型做了重载，其中：

src 表示待复制的源数组。

dest 表示目标数组。

srcPos 表示从源数组第几个元素开始复制。

destPos 表示复制的元素从目标数组的第几个元素开始放置。

length 表示从原数组中复制多少个元素。

【例 3-4】  数组复制示例程序。将数组 studentNames 复制一份存储在 studentNamesCopy 数组中。

```
public  class Test{
    public static void main(String[] args){
        String[]studentNames={"小明","小强","小红","小兰"};        //复制的原数组
        String[] studentNamesCopy=new String[6];                //复制的目标数组
        System.arraycopy(studentNames,0,studentNamesCopy,2,4);
        //语句的含义:复制 studentNames 的第 0~(4-1)个元素,放到数组 studentNamesCopy
        中,并且从 studentNamesCopy 的第 2 个位置开始放置
        for(int i=0;i<studentNamesCopy.length;i++){
            System.out.println(studentNamesCopy[i]);
        }
```

```
    }
}
```

程序运行的结果如图 3-2 所示。

例 3-4 程序中看到 studentNamesCopy 是
String 类型数组，String 在 Java 中属于引用类型
（面向对象基础中会介绍），在 Java 中除了引用类
型数组可以复制外，基本类型数组也可以复制，如
果是基本数据类型数组的复制，则复制的是数组
中元素本身的值，但如果是引用类型数组的复制
则复制的是数组中每个对象的引用，而不是对象

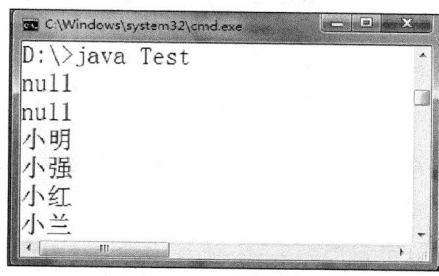

图 3-2　数组的复制示例运行结果

本身的值，有的参考书中把这种复制称为浅复制（shallow copy）。

# 3.3　Arrays 类

数组是一种常用的数据结构，并且在程序中会大量对数组中的元素进行查找、排序的操
作，Java 中提供了实用的工具类辅助编程人员完成对数组的常用操作。

java.util.Arrays 就是 JDK 提供的数组工具类，此类中提供了很多静态的方法可以对
数组进行各种操作，比如排序、比较和搜索等。

下面对 Arrays 类中常用的方法做简单介绍。

（1）sort()：实现数组的排序。

① 如果数组元素是基本数据类型或 String 类型，sort()方法会按照数值的大小或者字
符的前后顺序排序。

【例 3-5】　数组元素的排序示例。

```
public class Test{
    public static void main(String[] args){
        String[] student={"a","x","c","h","e"};
        Arrays.sort(student);
    }
}
```

Arrays.sort(student)将数组 student 按照字符的先后顺序排序，排序后的 student 数
组元素的顺序为："a","c","e","h","x"。

② 如果数组元素是自定义的类型，则该类型必须实现 Comparable 接口，并重写
compareTo()方法，Array.sort()方法才能对该数组进行排序。

【例 3-6】　自定义学生类型，并实现 Student 数组按学号从大到小排序排序的功能。

```
class Student implements Comparable<Student>{
//实现接口 Comparable 接口，在类的继承章节中详细介绍，Comparable<Student>使用泛型会在
第 10 章介绍
        int studentNo;
        String studentName;
```

```java
    public   Student(int studentNo){
        this.studentNo=studentNo;
    }
    //方法的重写
    public int compareTo(Student student){
        //判断规则:按照学号大小排序
        if(this.studentNo<student.studentNo){
        return -1;
        }else if(this.studentNo>student.studentNo){
        return 1;
        }else{
        return 0;
        }
    }
}
public   class Test{
    public static void main(String[] args){
        Student[] students=new Student[3];
        students[0]=new Student(20100101);
        students[1]=new Student(20100111);
        students[2]=new Student(20100108);
        Arrays.sort(students);
        for(int i=0;i<students.length;i++){
            System.out.println(students[i].studentNo);
        }
    }
}
```

程序运行的结果如图 3-3 所示。

欲使用 Arrays.sort()方法排序的数组,其元素的类型必须直接或间接实现 Comparable 接口,并重写 Comparable 接口中的 compareTo()方法来自定义排序规则。这样 Arrays.sort()方法才会按 compareTo()方法中定义的规则对数组元素进行排序。

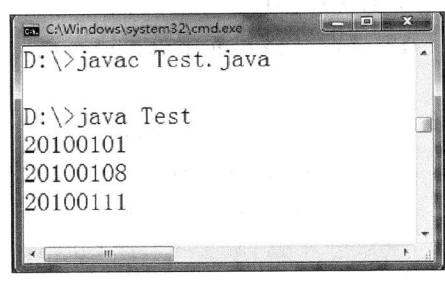

图 3-3　自定义类型实现数组排序运行结果

对于 compareTo()方法需要说明以下几点。

- 其参数是一个欲比较的对象,其类型必须与被比较的对象类型一致(即调用此方法的对象和参数必须类型一致)。
- 其返回值 int 类型。

正数:如果当前对象比参数中的 Object 的对象大。

负数:如果当前对象比参数中的 Object 的对象大。

0:如果当前对象与参数中的 Object 的对象相等。

Arrays 类中有多个 sort()的重载方法,除了上面例子上介绍的 Arrays.sort(数组对象)

之外,还有一个比较常用的 sort()方法的使用: Arrays. sort(数组对象,Comparator 对象)。

此方法也是对数组对象进行排序,但排序的规则是由参数 Comparator 对象指定的。

**【例 3-7】** 使用 Comparator 实现与例 3-7 相同的 Student 对象的排序功能。

```java
class Student{
        int studentNo;
        String studentName;
        public  Student(int studentNo){
            this.studentNo=studentNo;
        }
}
class  StudentComparator implements Comparator<Student>{
    //方法的重写
    public int compare(Student student1,Student student2){
        //判断规则:按照学号大小排序
        if(student1.studentNo<student2.studentNo){
            return -1;
        }else if(student1.studentNo>student2.studentNo){
            return 1;
        }else{
            return 0;
        }
    }
}
public  class Test{
    public static void main(String[] args){
        Student[] students=new Student[3];
        students[0]=new Student(20100101);
        students[1]=new Student(20100111);
        students[2]=new Student(20100108);
        Arrays.sort(students,new StudentComparator());
        for(int i=0;i<students.length;i++){
            System.out.println(students[i].studentNo);
        }
    }
}
```

程序运行的结果与例 3-6 一致。

Comparator 接口是 JDK 提供的一个比较器接口,在程序中可以通过实现接口 Comparator 接口重写 compare()方法实现自己的比较器,从而让对象的比较按照自定义的规则进行。自定义比较器多用于数组,集合中对元素的排序。

compare()方法说明:

① compare 方法的参数是要比较的两个对象,其类型必须一致(由泛型指定,若没有泛型则可以是任意类型)。

② compare()方法的返回值为 int 类型。

- 正数：如果第一个参数比第二个参数大返回正数。
- 负数：如果第一个参数比第二个参数小返回负数。
- 0：如两个参数对象相等返回 0。

（2）public int binarySearch（数组对象，搜索的值）：使用二分法搜索指定数组对象，以获得指定的值所在位置。JDK 中也提供了多个重载的方法，各重载的方法的区别在于操作的数组对象类型不同，比如 binarySearch（byte[] a,byte key）操作的是 byte 数组对象，binarySearch（char[] a,char key）操作的是 char 数组对象。

（3）public 数组对象 copyOf（数组对象，指定复制的长度）：复制指定的数组对象，使副本具有指定的长度，返回值为数组对象的副本。JDK 中提供了多个重载的方法，各重载方法的区别在于操作的数组对象类型不同，比如 copyOf（long[] original,int newLength）操作的是 long 类型数组对象，copyOf（float[] original,int newLength）操作的是 float 类型数组对象。

# 3.4　二维数组

## 3.4.1　二维数组的定义和初始化

Java 中创建二维和多维数组是很方便的，本书就以二维数组为例来介绍 Java 中多维数组的声明和初始化。

二维数组的定义可以有 3 种形式：

形式 1：

元素类型 数组名[][];

形式 2：

元素类型[][] 数组名;

形式 3：

元素类型[] 数组名[];

【例 3-8】　二维数组声明举例：

```
int num[][];
int[][] num;
int[] num[];
```

二维数组在声明时，不能指定数组的长度（与一维数组一致）。

二维数组的初始化也分为两种。

（1）静态初始化，通过使用花括号将每个向量分隔开，比如：

```
String[][] cars={{"BMW","Benz","Audi"},{"Buick","Porsche"},{"Honda","Nissan"}}
```

每对花括号括起来的集合都会把你带到下一级数组。Arrays 工具类中提供了一个方法 deepToString()，可以将多维数组转换为多个 String，例如：

```
Arrays.deepToString(cars);
```

会得到"[[BMW,Benz,Audi],[Buick,Porsche],[Honda,Nissan]]"字符串。

（2）动态初始化。Java 中可以使用 new 来为数组分配内存空间，下面的二维数组就是使用 new 来分配内存的：

【例3-9】 二维数组的初始化示例。

```
public class Test{
    public  static void main(String[] args){
        int[][] num=new int[4][5];
        for(int i=0;i<num.length;i++){
            for(int j=0;j<num[i].length;j++){
                System.out.print(num[i][j]+"\t");
            }
            System.out.println();
        }
    }
}
```

这种方法就初始化时将数组的第一维和第二维的长度固定了，一维长度为4，二维长度为5。程序运行结果如图 3-4 所示。

通过程序可以看到基本类型数组的每个元素的值在不进行显示初始化的情况下，会被自动初始化，int 型会被默认初始化为 0。

在多维数组中每一维的长度可以是任意的长度，使用 new 分配内存空间时还可以从最高维数开始，依次为每一维分配空间。

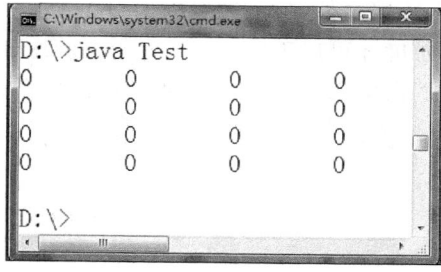

图 3-4　初始化数组运行结果

【例3-10】 二维数组按维数依次动态初始化。

```
public class Test{
    public  static void main(String[] args){
        int num[][]=new int[4][];
        num[0]=new int[4];
        num[1]=new int[5];
        num[2]=new int[5];
        num[3]=new int[6];
        for(int i=0;i<num.length;i++){
            for(int j=0;j<num[i].length;j++){
                System.out.print(num[i][j]+"\t");
            }
            System.out.println();
        }
    }
}
```

这种方式可以灵活指定数组的第二维长度。

程序运行的结果如图 3-5 所示。

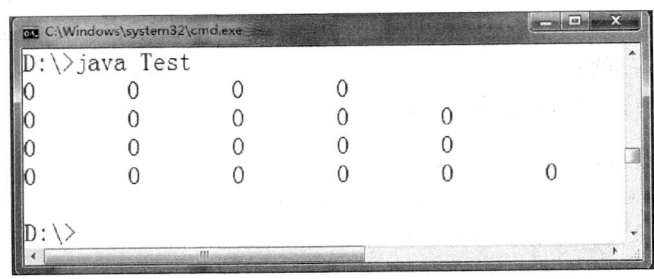

图 3-5　初始化数组运行结果

**注意：**

（1）初始化多维数组时，至少指定第一维的长度。

（2）多维数组中每一维的长度可以不相等。

### 3.4.2　Java 中二维数组的实质

Java 语言中，二维数组可以看作是数组的数组。即二维数组可以看作特殊的一维数组，特殊之处在于，数组中的每个元素类型是一维数组类型。因此，Java 中二维数组的第二维长度才可以不同。以 int[][] a 数组的声明和初始化为例简单介绍 Java 中二维数组的实质。

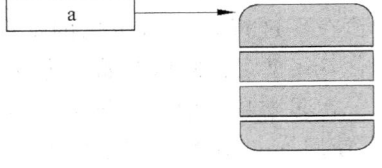

```
int[][] a=new int[4][];//声明并初始化数组,在内存里
                         创建长度为 4 的数组对象 a,
                         a 中的每一个元素都是一个
                         int[]类型的,如图 3-6 所示
a[0]=new int[3];      //初始化 a 数组的第 1 个元素
a[1]=new int[4];      //初始化 a 数组的第 2 个元素
a[2]=new int[5];      //初始化数组的第 3 个元素
a[3]=new int[6];      //初始化数组的第 4 个元素如图 3-7 所示
```

图 3-6　二维数组的声明和初始化

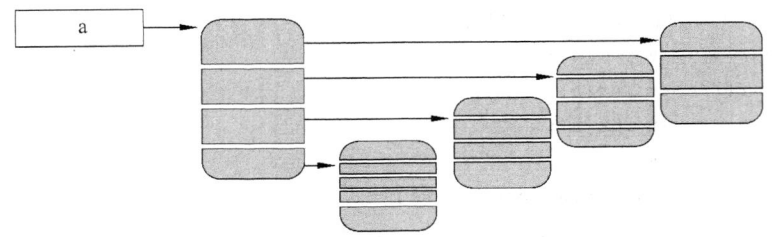

图 3-7　二维数组的创建和初始化

### 3.4.3　二维数组应用举例

【例 3-11】　定义一个一维数组存储 10 个学生名字；定义一个二维数组存储这 10 个学生的 6 门课（C 程序设计、物理、英语、高数、体育、政治）的成绩。

程序应具有下列功能：

(1) 按名字查询某位同学成绩。

(2) 查询某个科目不及格的人数及学生名单。

程序实现：

```
class StudentScore {
    String[] names={ "xiaoming","xiaoqiang","xiaohong","xiaolan",
            "zhangqing","zhangyu","hongxu","yunduan","yintai","lijuan" };
//存储学生的名字
    int[][] grades={ { 50,60,70,80,90,10 },{ 40,90,80,60,40,70 },
                { 60,80,70,60,40,90 },{ 50,60,70,80,90,10 },
                { 60,80,70,60,40,90 },{ 60,70,80,90,70,70 },
                { 60,80,70,60,40,90 },{ 60,80,70,60,40,90 },
                { 70,80,90,70,70,70 },{ 60,80,70,60,40,90 } };
//存储学生各科成绩;
}


public class Test {
    public static void main(String[] args){
        BufferedReader input=new BufferedReader(new InputStreamReader(System.in));
        StudentScore studentScore=new StudentScore();
        System.out.println("输入要查询成绩的学生的名字:");
        String chioce=null;
        try {
            chioce=input.readLine();
        } catch(IOException e1){
            //TODO Auto-generated catch block
            e1.printStackTrace();
        }
        for(int i=0; i<10; i++){
            if(studentScore.names[i].equals(chioce)){
                System.out.println("学生:"
                    +studentScore.names[i]+" 的成绩如下:");
                System.out.println("C程序设计:"
                    +studentScore.grades[i][0]+" 物理:"
                    +studentScore.grades[i][1]+" 英语:"
                    +studentScore.grades[i][2]+" 高数:"
                    +studentScore.grades[i][3]+" 体育:"
                    +studentScore.grades[i][4]+" 政治:"
                    +studentScore.grades[i][5]+"\n");
                break;
            }
        }
        System.out
.println("*******************************************");
```

```
System.out.println("输入要查询不及格人数的科目序号\n");
System.out.println("1,C程序设计  2,物理  3,英语  4,高数  5,体育  6,政治");
int ch=0;
try {
    ch=Integer.parseInt(input.readLine());
} catch(NumberFormatException e){
    //TODO Auto-generated catch block
    e.printStackTrace();
} catch(IOException e){
    //TODO Auto-generated catch block
    e.printStackTrace();
}
int time=0;
System.out.println("不及格的名单为:");
for(int i=0; i<10; i++){
    if(studentScore.grades[i][ch-1]<60){
        time++;
        System.out.print(studentScore.names[i]+"\t");
    }
}
System.out.println("\n"+"共计:"+time+"人");
    }
}
```

程序运行的结果如图 3-8 所示。

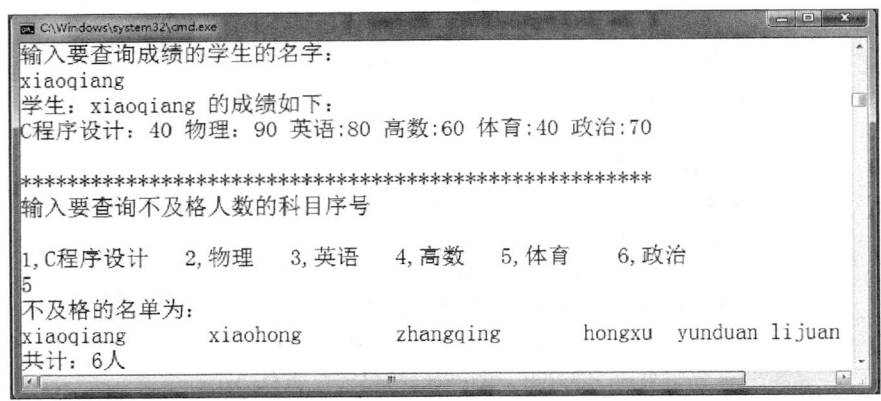

图 3-8　二维数组的应用

# 3.5　练　习

1. 以下数组定义有错误的是(　　　)。

　　A. int a[][]＝new int[5][5];　　　　　　B. int[][] b＝new int[5][5];

　　C. int[]c[]＝new int[5][5];　　　　　　D. int[][] d＝new int[5,5];

2. 下面代码正确地创建并初始化一个静态数组的是（　　　）。

　A. static final int[] a＝{100,200};

　B. static final int[] a;

　　 static{

　　　　a＝new int[2];

　　　　a[0]＝100;

　　　　a[1]＝200;

　　 }

　C. static final int[] a＝new int[2]{100,200};

　D. static final int[] a;

　　 static void init(){

　　　　a＝new int[3];

　　　　a[0]＝100;

　　　　a[1]＝200;

　　 }

3. 数组对象的长度在数组对象创建之后＿＿＿＿＿＿改变。数组元素下标是从＿＿＿＿＿＿开始的。

4. 对于数组 int[][] t＝{{1,2},{3,4,5}}来说,t. length 等于＿＿＿＿＿＿,t[0]. length 等于＿＿＿＿＿＿,t[1]. length 等于＿＿＿＿＿＿。

5. 简述 Java 中的数组的特点。

6. 编写一个程序是指从键盘读入 10 个整数存入数组 a 中,然后逆序输出这 10 个整数。

7. 编写一个程序,实现从数组中删除元素:先定义一个 6 个元素的数组,里面存储 6 个学生的姓名,请编写代码实现删除第 3 名学生的姓名(删除后,后面的元素前移)。

8. 编写一个程序,将 20 以内的质数存储到一个数组中。

9. 编写一个创建并填充一个 BerylliumSphere 数组,将这个数组复制到一个新数组中,并展示这是一种浅复制。

10. 编写一个程序,使用 3 种方式对数组进行遍历。请自己定义一个有 10 个元素的数组,将遍历的结果显示在控制台上,结果的格式为:第 i 个元素: 值。

11. 定义一个二维数组,里面对应存储一年 12 个月的汉语和英语。

# 第 4 章　类 和 对 象

本章学习目标：

(1) 理解面向对象(OOP)程序设计的基本概念。

(2) 掌握 Java 中类的声明。

(3) 掌握 Java 中对象的创建和使用。

(4) 掌握 Java 中的修饰符。

## 4.1　类与对象概述

尽管 Java 是基于 C++ 的,但是相比之下,Java 是一种更"纯粹"的面向对象的程序设计语言,和传统的面向过程的编程语言(比如 C 语言)有很大的不同。面向过程的编程是以机器为中心,通过把问题分解成多个步骤,并编写相应的函数,最后通过函数调用来实现。而面向对象的编程语言在解决问题时以人为中心,分析问题对其进行抽象并提取出相应的各种类,并分析类的属性和行为以及类与类之间的关系,最终解决问题。

面向对象是一个编程理念,其基本思想是使用对象、类、继承、封装、消息等基本概念来进行程序设计。它是从现实世界客观存在的事物(即对象)出发来构造软件系统的,并且在系统构造中尽可能运用人类的自然思维方式。

面向对象中最重要的概念就是类(Class)和对象(Object),通过本章的学习将看到 Java 程序的基本组成部分,并体会到在 Java 中几乎一切都是对象。

对象是系统中用来描述客观事物的一个实体,是构成系统的基本单位。一个对象由一组属性和对属性进行操作的一组方法组成。从更抽象的角度来说,对象是问题域或现实域中某些事物的一个抽象,它反映该事物在系统中需要保存的信息和发挥的作用,它是一组属性和有权对这些属性进行操作的一组方法的封装体。客观世界是由对象和对象之间的联系组成的。

把众多的事物归纳、划分成一些类是人类在认识客观世界时经常采用的思维方法。分类的原则是抽象。类是具有相同属性和服务的一组对象的集合,它为属于该类的所有对象提供了统一的抽象描述,其内部包括属性和服务链各个主要部分。在面向对象的编程语言中,类是一个独立的程序单位,它应该有一个类名并包括属性说明和方法说明两个主要部分。

类和对象之间的关系就如同模具和铸件的关系。

### 4.1.1　为什么需要类

从另一个角度考虑面向对象的编程思想。前面章节中学习了变量,明白变量是在内存中存储数据的,比如定义一个变量保存学生的年龄 int age;,但在实际的应用中比想象的要复杂。简单的数据类型根本无法满足需要,比如,需要保存学生的信息,包括姓名、性别、年

龄。如果按照非面向对象的思想,必须每次都定义 3 个基本类型的变量

```
String name;
String sex;
int age;
```

来保存学生的信息,非常麻烦,并且 3 个变量在定义时并不能表达它们之间的关系,也就是说看不出来这 3 个变量是为了保存学生的信息。能否自创一种类型 Student,就像 int 一样使用 Student s;来表示学生的信息呢? 答案是肯定的,用面向对象中的思想和概念就可以解决这个问题。

## 4.1.2  类的定义

类声明的语法:

[修饰符] class 类名{ }

例如:

```
pulic class Student{
    String name;
    String sex;
    int   age;
}
```

上述语句的意义,就相当于定义了一个新的数据类型 Student,包含 3 个变量,此后就可以像使用简单数据类型一样,使用 Student 类型了。

其中 name、sex、age 称为类的成员变量。

**注意**:类名一般首字母大写,遵循驼峰命名法。即标识符是由多个单词组成的,每个单词的首字母大写。例如标识符 MaxValue、AlarmClock 都符合驼峰命名法。

类的修饰符包括 public、final 和 abstract,public 修饰表示类可以被其他所有的类访问,被称为"公共类",final 修饰表示类不能再有子类,被称为"最终类",abstract 修饰表示类不能实例化对象,被称为抽象类,后续章节会详细介绍这些特殊的类。

## 4.1.3  实例化对象

用简单数据类型来说,有了 int 类型还不行,程序中能用的是 int 类型的变量,并且必须给变量赋值之后才具有意义。同样,自定义类只是定义了数据类型,要想使用,还必须用该类型声明相应的变量,并给变量赋一个具体的值,这一过程被称为"对象的实例化"。实例化对象基本的语法如下:

类名   对象名=new 类名();

比如:

Student xiaoming=new Student();

上述语句的含义,通过 Student 类型实例化了一个名为 xiaoming 的对象,就好像 int i=

2;一样,只不过 xiaoming 中包含 name、sex 和 age 这 3 个属性。

实例化对象还可以将变量的声明和对象的创建分开写:

```
Student xiaoming;
xiaoming=new Student();
```

第一句声明了一个名为 xiaoming 的 Student 类型的变量,又称为对象引用,但是仅仅是一个声明,还没有给 xiaoming 分配具体的内存空间。即 xiaoming 现在在内存中是不存在的,如图 4-1 所示。

第二句给 xiaoming 这个变量(或者称为对象引用)赋一个实际的值,即为 xiaoming 分配内存空间,如图 4-2 所示。

图 4-1　声明对象 　　　　　　　　　图 4-2　给对象赋实际值

有些书中或参考资料中,成员变量又称为成员属性(Property),成员字段(Field)等。

**思考**:从软件开发者的角度讲,先有对象还是先有类?

### 4.1.4　访问对象中的成员变量

通过类实例化对象之后,如何使用对象的成员变量呢? 比如通过 Student 类实例化了 xiaoming 这个对象,那么如何访问 xiaoming 的 name、sex 和 age 呢?

使用对象的成员变量的基本语法如下:

```
对象.成员变量名
```

比如:xiaoming.age 表示访问 xiaoming 的成员变量 age。

【例 4-1】　类的定义和对象的实例化以及成员变量的访问示例。

```
class Student{
    String name;
    String sex;
    int age;
}
public class Test{
    public static void main(String args[]){
        Student xiaoming=null;
        System.out.println("xiaoming="+xiaoming);
        xiaoming=new Student();
        System.out.println("xiaoming.name="+xiaoming.name);
        System.out.println("xiaoming.sex="+xiaoming.sex);
        System.out.println("xiaoming.age="+xiaoming.age);
```

```
        xiaoming.name="小明";
        xiaoming.sex="男";
        xiaoming.age=18;
        System.out.println("xiaoming.name="+xiaoming.name);
        System.out.println("xiaoming.sex="+xiaoming.sex);
        System.out.println("xiaoming.age="+xiaoming.age);
    }
}
```

程序运行的结果如图 4-3 所示。

说明：在本例中将 Student 和 Test 类定义在了一个 Test.java 文件中，编译之后生成了两个 .class 文件，Student.class 和 Test.class；除此之外，更常用的是将 Student 和 Test 两个类分别放在两个 .java 文件中，Student.java 和 Test.java，编译器编译后同样会生成两个 .class 文件。

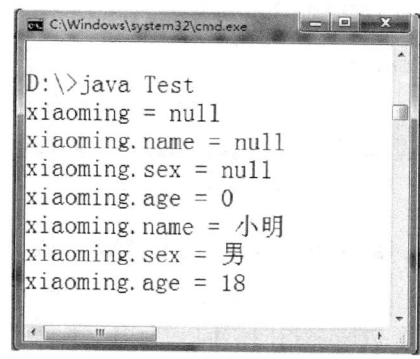

图 4-3　类的成员变量的使用运行结果

### 4.1.5　对象的引用性质

对象的变量名表示一个引用：

```
Student xiaoming=new Student();
```

其实并不是将对象的内容赋值给 xiaoming 这个变量，而是将对象的首地址赋值给 xiaoming 这个变量。

【例 4-2】　对象引用赋值示例。

```
class Student{
    String name;
    String sex;
    int age;
}
public class Test{
    public static void main(String args[]){
        Student xiaoming=new Student();
        Student xiaoqiang=new Student();
        xiaoming.age=18;
        System.out.println("xiaoming.age="+xiaoming.age);
        Student xiaoqiang=xiaoming;
        xiaoqiang.age=20;
        System.out.println("xiaoqiang.age="+xiaoqiang.age);
        System.out.println("xiaoming.age="+xiaoming.age);
    }
}
```

程序运行的结果如图 4-4 所示。

分析程序：首先程序实例化了 xiaoming 和 xiaoqiang 两个对象。如图 4-5 和图 4-6 所示,xiaoming 的年龄是 18。

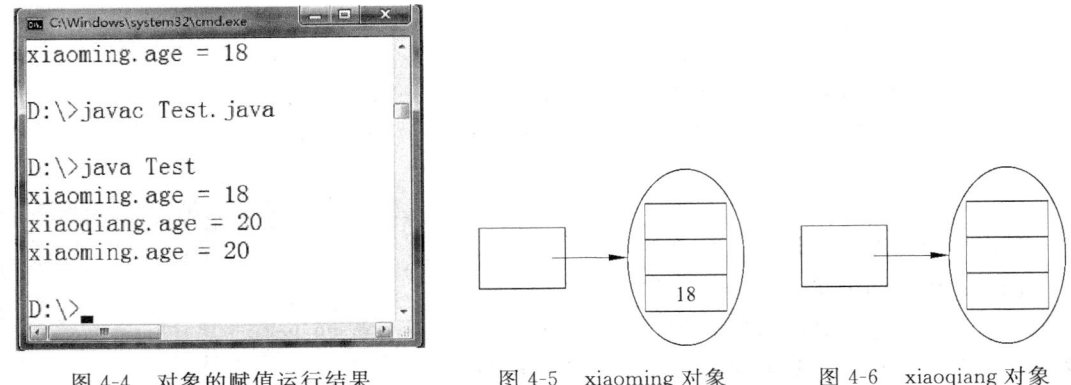

图 4-4　对象的赋值运行结果　　　图 4-5　xiaoming 对象　　图 4-6　xiaoqiang 对象

程序中 Student xiaoqiang＝xiaoming;表示将 xiaoming 引用的值赋值给 xiaoqiang,
xiaoming 引用的值是之前 new Student()创建的对象的首地址,这时 xiaoming 和 xiaoqiang
两个引用都指向了同一个内存地址,如图 4-7 所示。

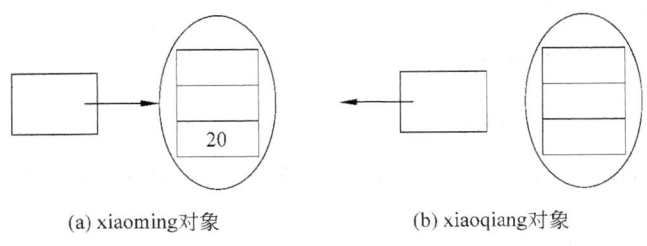

(a) xiaoming对象　　　　　　(b) xiaoqiang对象

图 4-7　两个对象

此时 xiaoming 和 xiaoqiang 表示同一个对象,因此 xiaoqiang 的 age 变成了 20,xiaoming 的
age 也变成了 20。

**思考**:xiaoqiang 原来引用的对象哪里去了呢?

# 4.2　类的成员方法

## 4.2.1　成员方法的定义和使用

在上一节的示例代码中多次调用了语句:

```
System.out.println("xiaoming.age="+xiaoming.age);
```

相同功能的代码写了多次,以后程序中再使用需要再重复编写。如果要求改变打印的格式,
则必须修改所有使用打印语句的地方。万一遗漏或者修改错误一处,则程序将会无法运行。

那么代码能不能只写一遍,而在多处使用呢? 如果可以,那么修改代码时只需要修改一
处即可,代码的可维护性会大大提高,这就用到了方法。Java 中的方法必须定义在类中,称
为成员方法。

在面向对象的编程思想中,一个事物既有静态的状态,又有动态的行为,我们抽象出来

的类的成员变量表示类的静态状态,而抽取出来的成员方法则表示类的动态行为。

这是从两个层面上分别来说明 Java 中方法的作用以及含义。

那么,在 Java 中最基本的成员方法的定义格式如下:

```
void 方法名称(){
    方法内容;
}
```

需要说明的是成员方法的定义必须在类中。

**【例 4-3】** 成员方法的定义示例。

```
class Student{
    String name;
    String sex;
    int age;
    void study(){
        System.out.println("studying…");
    }
    void display(){
        System.out.println("student name="+name);
        System.out.println("student sex="+sex);
        System.out.println("student age="+age);
    }
}
```

以上程序中定义了 Student 类,Student 类具有 name、age 和 sex 这 3 个成员变量,还具有 study 和 display 两个成员方法(即 Student 类具有三个静态的状态,两个动态的行为)。

定义成员方法后,调用方法时使用"对象名.方法名()";比如要调用 Student 类中定义的 study()和 display()方法,可以写成:

```
public class Test{
    public static void main(String[] args){
        Student xiaoming=new Student();
        xiaoming.name="小明";
        xiaoming.sex="男";
        xiaoming.age=18;
        xiaoming.display();        //方法的调用
        xiaoming.study();          //方法的调用
    }
}
```

运行以上程序控制台会打印如图 4-8 所示的结果。

**注意**:在同一个类内部,普通的成员方法中可以直接使用类的成员变量,如在 display()方法中直接使用 Student 的成员变量 name、sex 和 age。

在实际的应用中成员方法还可以带参数,即在实际的

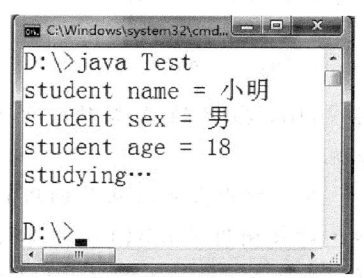

图 4-8　方法调用结果

操作过程中还可以给方法传递一些参数,让其根据参数的不同完成不同的工作。带参数的成员方法基本格式如下:

```
void 方法名(类型 1 参数名 1,类型 2 参数名 2,… ,类型 n 参数名 n){
    方法内容;
}
```

对于带参数的成员方法,在使用时必须传参数,调用格式为:"对象名.方法名(参数值列表)"。

**【例 4-4】** 带参数方法的定义和调用示例。

```
class Student{
    String name;
    String sex;
    int age;
    void init(String name,String sex,int age){
        this.name=name;
        this.sex=sex;
        this.age=age;
    }
    void display(){
        System.out.println("student name="+name);
        System.out.println("student sex="+sex);
        System.out.println("student age="+age);
    }
}
public class Test{
    public static void main(String[] args){
        Student xiaoming=new Student();
        xiaoming.init("小明","男",18);
        xiaoming.display();
    }
}
```

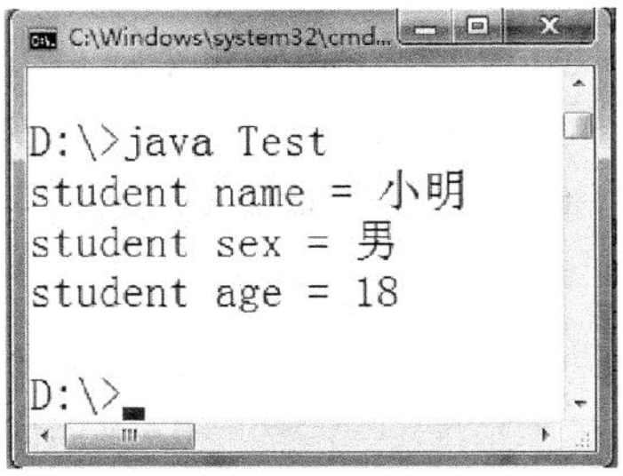

图 4-9　带参数方法调用结果

运行程序,控制台打印结果如图 4-9 所示。

**补充**:例 4-4 中 Student 类的 init 方法中的代码如下:

```
this.name=name;
this.sex=sex;
this.age=age;
```

其中,this 指代的是本对象的引用,那么什么是本对象呢?到底 this 指代的是哪个对象呢?

this 所指代的对象是调用 init 方法的对象,在例 4-4 中,main 方法中的 xiaoming 这个学生对象调用了 init()方法,所在这时的 init 方法中的 this 指代的是 xiaoming,如果程序中还有一个 xiaoqiang 对象,同时 xiaoqiang 也调用了 init()方法,则这时 init 方法中的 this 指代的是 xiaoqiang。

　　有时程序中方法的调用是希望方法有一个返回结果的,比如,一个方法是判断此前学生对象是否已经存在,那么在调用此方法时就希望方法返回一个是否存在的结果。对于这样的方法定义的基本格式如下:

返回类型 方法名称 (类型 1 参数名 1,类型 2 参数名 2,…,类型 n 参数名 n){
　　方法内容;
　　return 对象或变量 (其类型与方法返回类型一致);
}

调用带返回结果的方法可以对其返回结果进行下一步的使用。

【例 4-5】 实现一个加法计算器程序。

```
class Calc{
    //定义方法 add 的返回类型为 int
    int add(int a,int b){
        return a+b;
    }
}
public class Test{
    public static void main(String[] args){
        Calc calc=new Calc();
        int  sum=calc.add(2,5);
        System.out.println("2 和 5 的和是:"+sum);
    }
}
```

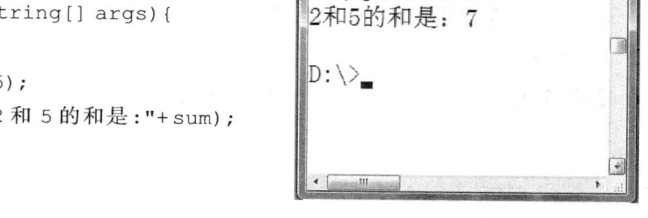

运行程序的结果如图 4-10 所示。

图 4-10　带返回值的方法调用结果

## 4.2.2　方法的参数传递

　　在方法的调用过程中,需要将实际参数传递到方法中去,那么 Java 中实参和形参之间的传递到底是如何进行的呢?

　　在 Java 中参数的传递采用的是"值"传递的方式,但是"值"传递也分为两种方式。

**1. 基本数据类型:数值传递**

【例 4-6】 基本数据类型的参数传递。

```
class Calc{
    void fun(int a){
        a=a+1;
    }
}
public class Test{
    public static void main(String[] args){
        int a=10;
        Calc c=new Calc();
        c.fun(a);
```

```
        System.out.println("a="+a);
    }
}
```

运行程序,控制台上打印的结果如图4-11所示。

分析程序:执行语句c.fun(a);时,是将a变量的值10复制一份给了fun方法中的形参a,然后执行a+1的操作,fun()方法调用结束,形参a的作用域结束,并不会对main中的a产生影响。故打印main中a还是最初的值10。

通过上面程序可以总结,基本数据类型的参数传递传递的是变量的值。

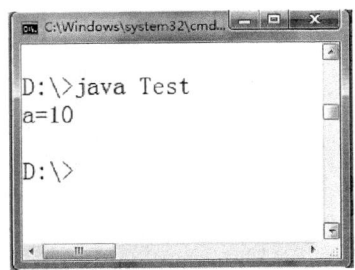

图4-11　基本数据类型的参数传递

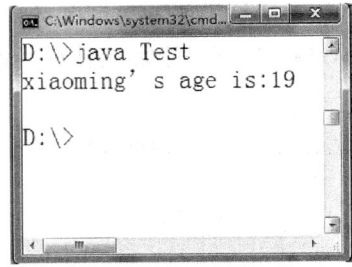

图4-12　引用数据类型的参数传递

### 2. 引用数据类型:地址传递

首先来看一个程序:

**【例4-7】**　引用数据类型的参数传递。

```
class Student{
    String name;
    String sex;
    int age;
}
public class Test{
    void changeAge(Student student){
        student.age=student.age+1;
    }
    public static void main(String[] args){
        Student xiaoming=new Student();
        xiaoming.age=18;
        Test test=new Test();
        test.changeAge(xiaoming);
        System.out.println("xiaoming's age is:"+xiaoming.age);
    }
}
```

程序运行的结果如图4-12所示。

分析程序:在执行test.changeAge(xiaoming);语句时,是将xiaoming变量所引用的地址复制一份传递给changeAge的形参student,xiaoming所引用的值是Student对象的内存首地址,即将Student对象的首地址复制一份给形参student,这时changeAge()方法中的student

变量所引用的对象是内存中 Student 对象，修改 Student 对象的 age 变量。changeAge()方法调用结束，main 中的 xiaoming 变量没有变化，但 xiaoming 变量所引用的 Student 对象的 age 已经发生了改变。所以程序打印的结果为 19。

通过上面程序可以总结，引用数据类型的参数传递传递的是变量所引用对象的首地址。

**思考**：如果参数中传递的是数组类型，则传递的是数组变量的值还是数组变量引用对象的首地址？

### 4.2.3　方法的重载

方法重载(overload)是面向对象编程中一个常见的功能，类中两个或两个以上方法名称相同，参数列表不同的方法互相称为方法的重载。

【例 4-8】　方法重载示例。

```
class Clock{
    int hour;
    int minute;
    int second;
    void setTime(int hour){
        this.hour=hour;
        this.minute=0;
        this.second=0;
    }
    void setTime(int hour,int minute){
        this.hour=hour;
        this.minute=minute;
        this.second=0;
    }
    void setTime(int hour,int minute,int second){
        this.hour=hour;
        this.minute=minute;
        this.second=second;
    }
    void display(){
        System.out.println("现在时间是:"+hour+":"+minute+":"+second);
    }
}
public class Test{
    public static void main(String[]args){
        Clock clock1=new Clock();
        Clock clock2=new Clock();
        Clock clock3=new Clock();
        clock1.setTime(12);
        clock2.setTime(12,23);
        clock3.setTime(12,23,34);
        clock1.display();
```

```
        clock2.display();
        clock3.display();
    }
}
```

运行程序结果如图 4-13 所示。

方法重载的判断标准：

(1) 同一个类中。

(2) 方法名相同。

(3) 方法的参数列表不同：所谓参数列表不同分为以

下 3 种：

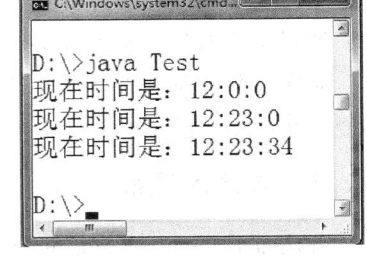

图 4-13  方法重载示例结果

　　① 方法的参数个数不同。

　　② 方法的参数个数相同，但类型不同。

　　③ 方法的参数个数相同，类型相同，但在列表中出现的顺序不同。

**注意：**

(1) 返回值可以不同也可以相同（返回值不作为重载的依据）。

(2) 是否静态的也不作为重载依据。

方法的重载又称为静态多态。所谓的多态是面向对象编程的重要特征之一，通俗地讲，多态就是指一个事物在不同情况下呈现不同的形态，比如，一个名为 fun 的方法，在不同的参数情况下可以执行不同的操作得到不同的操作结果，而调用者只需要记住一个函数名称。

所谓的静态多态是指，虽然函数名只有一个，但是在源代码中还得根据不同参数编写多个方法。在后续章节会重点介绍。

# 4.3　构　造　方　法

以下是例 4-4 中的代码：

```
class Student{
    String name;
    String sex;
    int age;
    void init(String name,String sex,int age){
        this.name=name;
        this.sex=sex;
        this.age=age;
    }
    void display(){
        System.out.println("student name="+name);
        System.out.println("student sex="+sex);
        System.out.println("student age="+age);
    }
}
public class Test{
```

```
    public static void main(String[] args){
        Student xiaoming=new Student();
        xiaoming.init("小明","男",18);
        xiaoming.display();
    }
}
```

很显然,main 方法中的

```
xiaoming.init("小明","男",18);
```

是对 xiaoming 这个对象的属性进行了初始化。如果此行代码被忘记了,则程序打印的结果
如图 4-14 所示。

可见对象的初始化工作是非常重要的,那就要想
办法防止未对对象进行初始化就直接调用对象的操
作。只需要将对象初始化工作的代码写在构造方法
中即可。

构造方法也是类的一个成员方法,但是一个特殊
的成员方法,其特殊性主要体现在:

(1) 构造方法名与类名相同。

(2) 构造方法没有返回类型。

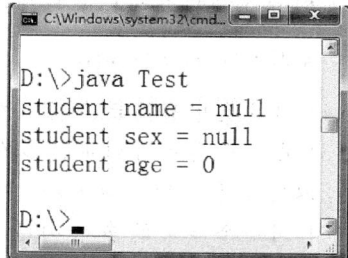

图 4-14　没有初始化的 xiaoming 对象

(3) 构造方法的调用必须通过 new 关键字调用。

定义了有参数的构造方法之后,在实例化对象时,就必须传入相应的参数,否则会报错。

【例 4-9】　构造方法定义以及使用示例。

```
class Student{
    String name;
    String sex;
    int age;
    Student(String name,String sex,int age){
        this.name=name;
        this.sex=sex;
        this.age=age;
    }
    void display(){
        System.out.println("student name="+name);
        System.out.println("student sex="+sex);
        System.out.println("student age="+age);
    }
}
public class Test{
    public static void main(String[] args){
        Student xiaoming=new Student("小明","男",18);
        xiaoming.display();
    }
```

}

程序运行结果如图 4-15 所示。

**注意：**

（1）当一个类的对象在创建时，构造方法会被自动调用，可以在构造方法中加入对象初始化的代码。

（2）在对象的生命周期中构造方法只会调用一次。

（3）一个类中如果没有定义构造方法，Java 编译器会自动为类产生一个默认的构造方法。默认产生的构造方法是一个无参的，什么也不做的空方法。因此在实例化没有定义构造方法的类的对象时可以写成

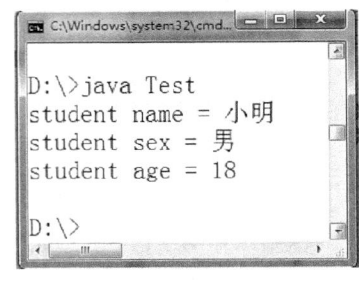

图 4-15　构造方法初始化对象示例

类名 对象名=new 类名();

（4）只要类中有显示声明的构造方法，Java 编译就不产生默认的构造方法。

（5）在一个类中可以定义多个构造方法，但构造方法的参数列表不能相同。即在一个类中可以定义重载的构造方法。实例化对象时根据参数的不同，调用不同的构造方法。

（6）同一个类中的多个构造方法之间是可以互相调用的，使用 this(参数列表);语句即可。

**【例 4-10】**　重载构造方法之间的调用。

```
class Student{
    String name;
    String sex;
    int age;
    Student(String name){
            this(name,"男");
            //显式调用两个参数的构造方法
            System.out.println("一个参数的构造方法");
    }
    Student(String name,String sex){
        this(name,sex,0);
        //显式调用三个参数的构造方法
        System.out.println("两个参数的构造方法");
    }
    Student(String name,String sex,int age){
        this.name=name;
        this.sex=sex;
        this.age=age;
        System.out.println("三个参数的构造方法");
    }
    void display(){
        System.out.println("student name="+name);
        System.out.println("student sex="+sex);
        System.out.println("student age="+age);
```

```
        }
    }
    public  class Test{
        public static void main(String[] args){
            Student student=new Student("小明");
            student.display();
        }
    }
```

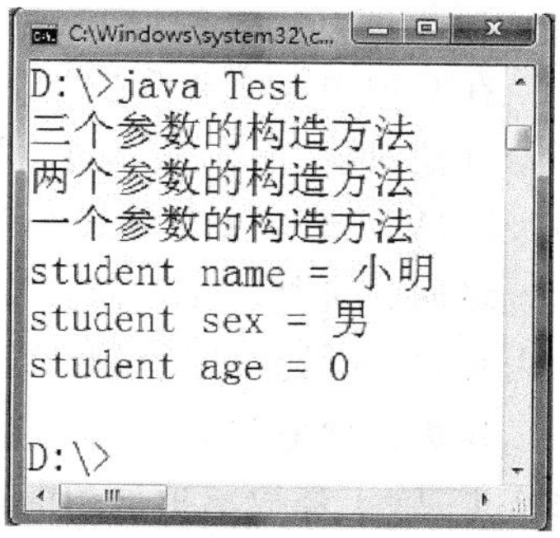

程序运行结果如图 4-16 所示。

注意：this(参数列表);语句必须放在构造方法的第一行。

图 4-16  重载的构造方法的调用

思考：以下程序运行的结果会怎样。

```
class Student{
    String name;
    String sex;
    int age;
    Student(String name,String sex,int age){
        this.name=name;
        this.sex=sex;
        this.age=age;
    }
    void init(String name,String sex,int age){
        this.name=name;
        this.sex=sex;
        this.age=age;
    }
    void display(){
        System.out.println("student name="+name);
        System.out.println("student sex="+sex);
        System.out.println("student age="+age);
    }
}
public class Test{
    public static void main(String[] args){
        Student student=new Student();
        student.init("小明","男",18);
        student.display();
    }
}
```

# 4.4  垃圾回收机制

Java 的堆是一个运行时数据区,类的实例(对象)从中分配空间。Java 虚拟机 (JVM)的堆中储存着正在运行的应用程序所建立的所有对象,这些对象通过 new 或

newarray 等指令建立,但是它们不需要程序代码来显式地释放,而是由垃圾回收器来负责释放的。

在 C++ 中,对象所占的内存在程序结束运行之前一直被占用,在明确释放之前不能分配给其他对象;而在 Java 中,当没有引用指向原先分配给某个对象的内存时,该内存便成为垃圾。JVM 的一个系统级线程会自动释放该内存空间,这种自动回收无用内存的技术被称为垃圾回收机制。垃圾回收机制是一种动态存储管理技术,它自动地释放不再被程序引用的内存,按照特定的垃圾收集算法来实现资源自动回收的功能。

垃圾回收意味着当一个对象不再被引用时回收它所占用的空间以便分配给新的对象。事实上,除了释放不被应用的内存,垃圾回收还可以清除内存记录碎片。由于创建对象和垃圾回收器释放内存空间,会导致内存会出现碎片,碎片是分配给对象的内存块之间的空闲内存洞。JVM 会进行碎片整理,再将整理出的内存分配给新的对象。

垃圾回收机制能自动释放内存空间,减轻编程的负担。这使 Java 虚拟机具有一些优点:首先,它提高编程效率,C 和 C++ 编程中可能要花许多时间来解决一个难懂的存储器问题。而 Java 编程时,靠垃圾回收机制可大大缩短时间。其次是它保护程序的完整性,垃圾回收机制是 Java 语言安全性策略的一个重要部分。

那么在程序运行过程中哪些对象是无用的,会被垃圾回收器回收掉呢?答案是:没有线程能访问到的对象,其所占用的内存是无用内存,会被垃圾回收器回收。

具体来说有以下两种情况:

**1. 空引用**

```
class Cat{
public static void main(String[] args){
    Cat c1;
    Cat c2;
    c1=new Cat("小花");
    c2=c1;
    c1=new Cat("小白");
    c2=null;
    ...
    }
}
```

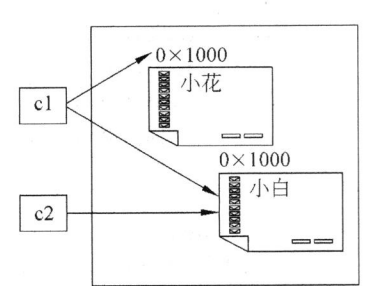

在上面的程序中开始 c2 和 c1 两个引用同时指向了堆内存中的"小花"对象,当执行 c1=new Cat("小白");时,c1 指向了堆内存中的"小白"对象,最后执行 c2=null;时,已经没有引用再指向堆内存中的"小花"对象了,这时"小花"这个内存就是无用内存,就符合垃圾回收器回收的条件。

**2. 隔离引用**

程序运行到 12 行时,i2、i3、i4 引用全部为 null,堆内存中的 3 个 Island 对象虽然彼此互相引用,但在程序中已经无法访问到 3 个对象,所以 3 个对象都符合垃圾回收器回收的条件。

```
class Island{
  Island n;
  public static void main(String[] args){
      Island i2=new Island();
      Island i3=new Island();
      Island i4=new Island();
      i2.n=i3;
      i3.n=i4;
      i4.n=i2;
      i2=null;
      i3=null;
      i4=null;//12行
      ...
  }
}
```

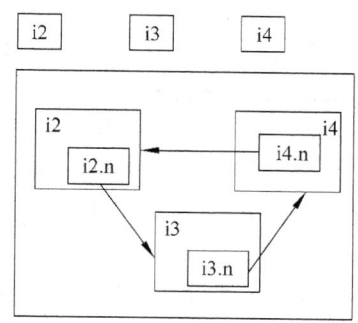

在上面的两个例子中虽然有符合垃圾回收条件的对象,但这些对象所占用的内存何时会被回收是程序员无法控制的,而是由 JVM 控制,也就是垃圾回收器受 JVM 的控制,JVM 决定什么时候运行垃圾回收器,一般当 JVM 感到内存不足时会运行垃圾收集器,在程序中可以通过 System.gc();请求 JVM 运行垃圾收集器,但无法保证 JVM 会答应请求。

垃圾回收机制也有其缺点,一个潜在的缺点是它的开销影响程序性能。Java 虚拟机必须追踪运行程序中什么对象有用,什么对象无用,最终释放没用的对象。这一个过程需要花费处理器的时间。其次垃圾回收算法的不完备性,早先采用的某些垃圾回收算法就不能保证 100%收集到所有的废弃内存。当然,随着垃圾回收算法的不断改进以及软硬件运行效率的不断提升,这些问题都可以迎刃而解。

# 4.5　包 的 使 用

## 4.5.1　为什么需要包

前面编写的示例中所有的类都写在一个.java 源文件中,如果把所有的类都写在一个源文件中可能会造成文件的臃肿。在实际操作中,一般是每个类单独写在一个.java 的源文件中。

但系统庞大之后,系统中的类会很多,不同的类负责不同的功能,如果所有的类都放在一起不利于代码的维护和类的管理,一般会对所有的类分门别类后放在不同的包中。这个就像平时人们用计算机一样,会把不同的文件和资源放置在不同的文件夹下。

那么,在 Java 程序中如何将类放在包中呢?

方法很简单,人们定义一个类如果想放置到某一个包中只要在类声明的前面加上“package 包名;”即可。

【例 4-11】　带包的类定义。

```
package bean;
    class Student{
```

```
        String name;
        String sex;
        int age;
    }
```

这样就相当于将 Student 放在了 bean 包中。

对于程序中的"package bean;"的说明如下：

（1）它表示此源文件中所有的类都位于 bean 包中。package 语句必须放在源代码文件的最前面，即除注释外的第一行。

（2）一个.java 源代码文件中只能有一条 package 语句。

（3）在程序中推荐包的名称都用小写。有时为了称呼和管理的方便，包名会用点分隔，比如 ebook. bean 表示类位于 ebook. bean 包中。

（4）在 Java 中所谓的包会用专门的文件夹来表示，比如，例 4-11 中的 Student 类编译成.class 文件后，文件存在的路径如图 4-17 所示。如果包名中带"."比如包名为"ebook. bean"，则编译生成的.class 文件存放在以"."分割后的多级文件夹结构中，如图 4-18 所示。

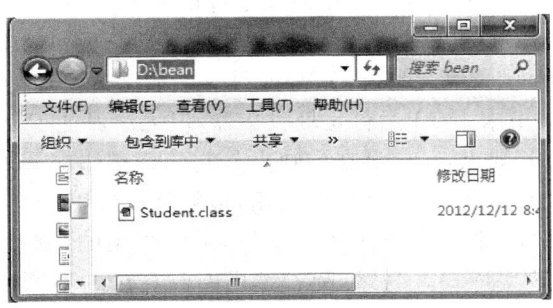

图 4-17　带包的类实例结果

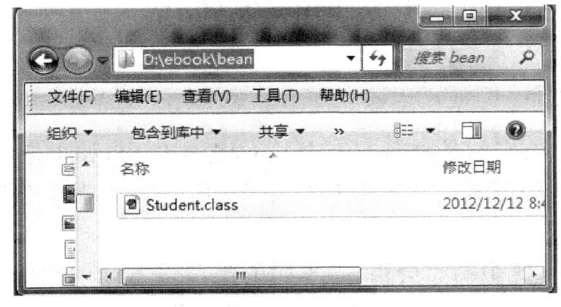

图 4-18　带包的类实例结果

（5）编写一个类，编译成.class 文件之后，任意放在某一个目录下，并不等于就将该类放在了包中。包名必须在源代码中，通过 package 语句指定，而不是靠目录结构确定的。

### 4.5.2　访问包中的类

下面先来看一个例子：

【例 4-12】　判断以下代码的运行结果是什么。

```
package bean;
//定义公共访问权限的类,在第 5 章会详细介绍访问权限
public class Student{
    public String name;
    public String sex;
    public int age;
}

package anotherbean;
public class Test{
    public static void main(String[] args){
        Student student=new Student();
        student.age=20;
        System.out.println(student.age);
    }
}
```

编译程序的结果如图 4-19 所示。

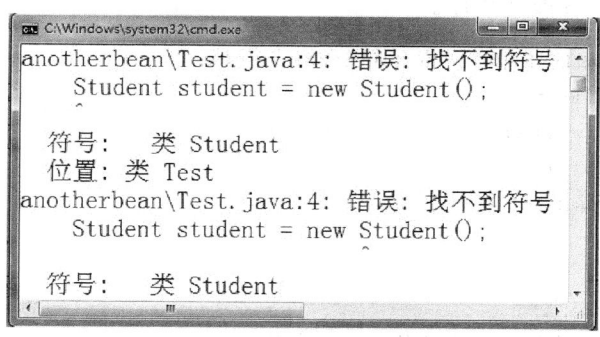

图 4-19　访问带包的类编译错误结果

程序编译错误的原因就在于 Test 类和 Student 类分属不同的包,跨包的类之间是不能直接访问的。那么对于不同包下的类之间应该如何调用呢？在访问类时必须要注明访问的是哪个包中的类,这个就像平时的人和人之间的称呼是一样的,在称呼"王经理"、"张红"等名字的时候必须指明是哪个公司的王经理,是哪个公司哪个部门的张红(姓王的经理太多了,叫张红的人也太多了)。所以在程序中要访问其他包中的类时必须加包名访问。

【例 4-13】　例 4-12 程序改造。

```
package bean;
//定义公共访问权限的类,在第 5 章中会详细介绍访问权限
public class Student{
    public String name;
    public String sex;
    public int age;
}
```

```
package anotherbean;
public class Test{
    public static void main(String[] args){
        bean.Student student=new bean.Student();
        student.age=20;
        System.out.println(student.age);
    }
}
```

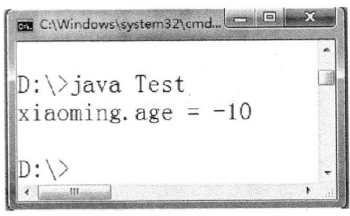

图 4-20　访问带包的类运行结果

程序的运行结果如图 4-20 所示。

有时在程序中需要频繁访问其他包中的某一个类,如果这个包名很长,那在程序中每次都需要写长长的包名＋类名,非常的不方便。在 Java 中提供了一种导入其他包中类的语法:

```
import 包名.类名;
```

只要在源代码文件中声明了此语句,则在此源文件中就可以像使用同一个包中的类一样不加包名直接访问了。

【例 4-14】　例 4-13 改造程序。

```
//定义公共访问权限的类,在第 5 章会详细介绍访问权限
public class Student{
    public String name;
    public String sex;
    public int age;
}


package anotherbean;
//通过 import 语句导入 bean 包中的 Student 类
import bean.Student;
public class Test{
    public static void main(String[] args){
        //不加包名直接访问类
        Student student=new Student();
        student.age=20;
        System.out.println(student.age);
    }
}
```

程序运行的结果与例 4-13 一致。

关于 import 语句需要说明以下几点:

(1) import 语句必须放置在类声明之前,即如果有 package 语句,import 放在 package 语句之后;如果没有 package 语句,import 放在源代码的最前面。

(2) 一个源代码文件中可以有多个 import 语句的声明。比如:

```
import bean;
```

```
import anotherbean;
…
```

（3）如果要导入同一个包中的许多类，则可以使用"import 包名. ＊"导入该包中所有的类。

（4）import 语句只能导入包中的 public 修饰的类（下一节会详细介绍类的访问权限）。

（5）如果包名中包含"．"，如"ebook. bean"，则"import ebook. ＊"是导入 ebook 中所有类，但并没有导入"ebook. bean"包中的类，即 ebook 和 ebook. bean 是两个不同的包。

# 4.6 练 习

1. 下面代码的运行结果是（　　　）。

```
1. class MyClass {
2.        String hello="Hello,Dear.";
3.        void printMessage(){
4.            System.out.println(hello);
5.        }
6. }

7. class TestMyClass {
8.        public static void main(String[] args){
9.            MyClass mc=new MyClass();
10.           mc.printMessage();
11.    }
12.}
```

A. 在第 9 行存在编译错误，因为不存在这个构造方法

B. 在第 4 行存在运行时异常

C. 程序正常编译运行，输出结果为"Hello,Dear."

D. 程序正常编译运行，没有输出结果

2. 以下代码编译运行的结果是（　　　）。

```
public class Example{
    public static void test(){
        this.print();
    }
    public static void print(){
        System.out.println("Test");;
    }
    public static void main(String[] args){
        test();
    }
}
```

A.　控制台打印"Test"

B.　发生运行时异常：main 方法中没有创建 Example 对象直接调用了 test()

C.　控制台没有任何输出

D.　编译错误

3.　关于 Java 中 static 关键字说法错误的是（　　　）。

A.　static 只能用来修饰类的成员，不能用来修饰类

B.　static 修饰成员变量表示变量是常量

C.　static 修饰成员方法表示方法属于类，可以通过类名直接调用

D.　static 修饰的方法中不能使用 this 关键字

4.　_____关键字修饰的方法只有方法的声明没有实现，并且此方法只能在抽象类或者接口中存在。

5.　简述方法重载的规则以及意义。

6.　说明 Java 中参数"值传递"的含义。

7.　创建圆形、三角形、方形 3 个形状类，具有高宽等属性和能够计算周长、面积的成员方法。

8.　在某人事管理系统中要对员工进行管理，员工所具有的属性有员工号、姓名、性别、年龄、是否是领导（布尔值）、工资等。请定义该员工类，并实现两个构造函数：第一个构造函数有两个参数：员工号和姓名；其他属性初始化为默认值：性别默认为男性，是否是领导默认为否。第二个构造函数有 3 个参数：员工号、姓名、性别。

9.　设计一个打印机类，其中有两个重载的方法 printDoc：一个方法没有参数，实现默认的黑色打印，另一个方法有一个参数，参数为颜色，使用该颜色打印文字。调用方法时，只需简单地在控制台输出：打印黑色的文字，打印红色文字（假如参数是红色）。

10.　编写代码实现如下要求：声明一个整型变量，其值为 20，创建一个只有一个元素的整形数组，元素的值也是 20，编写一个函数，实现将传入的参数值修改为 30 分别传入整数和数组，并把修改后的值打印在控制台上。

# 第 5 章　类 的 封 装

本章学习目标：

（1）理解封装的基本概念和思想。

（2）掌握 Java 中如何实现信息的封装和隐藏。

## 5.1　封装的基本概念

面向对象的基本特征包括封装、继承和多态。

封装（Encapsulation）就是把对象的属性和方法结合成一个独立的相同单位，并尽可能隐蔽对象的内部细节，它包含两个含义：

（1）把对象的全部属性和方法结合在一起，形成一个不可分割的独立单位。

（2）信息隐藏，即尽可能隐藏对象的属性和实现细节，对外形成一个边界，只保留有限的对外接口使之与外部发生联系。

封装的原则在软件上的反映是，要求对象以外的部分不能随意存取对象的内部数据（属性），从而有效地避免外部错误对类的"交叉感染"，使软件错误能够局部化，大大减少查错和排错的难度，实现了代码的可维护性、灵活性和可扩展性。

下面，举一个例子帮助大家理解封装的含义，代码如下：

```
class Student{
    String name;
    String sex;
    int age;
}
public class Test{
    public static void main(String[] args){
        Student xiaoming=new Student();
        xiaoming.age=18;
        System.out.println("xiaoming.age="+xiaoming.age);
    }
}
```

运行程序打印的结果如图 5-1 所示。

在上面的程序中 Student 中的 age 属性可以赋任意值，如果将

```
xiaoming.age=18;
```

改为

```
xiaoming.age=-10;
```

运行程序的结果如图 5-2 所示。

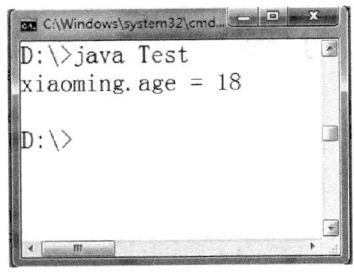

图 5-1　打印学生的年龄

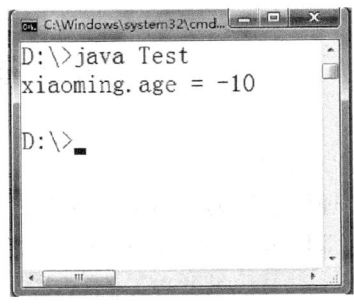

图 5-2　打印学生的年龄

显然图 5-2 显示的学生年龄不符合实际情况。为了解决这一问题，就需要在给属性 age 赋值时进行判断，只有符合实际年龄的整数值才能赋值给 age，否则要报错或者赋一个默认值(0)。但是这个判断在什么位置写出来呢？很显然 age 是 Student 的一个成员，给 age 赋值时应该由 Student 内部来判断给 age 赋的值是否合法。这就像使用手机打电话，是否接通了电话是手机来判断的，使用者只需要知道结果就可以了。为了避免图 5-2 的情况出现，上面例子中的 Student 类可以封装成如下：

```java
class Student{
    private String name;
    String sex;
    int age;
    public void setAge(int age){
    //将年龄判断的逻辑封装在方法内部
        if(age< 0 ||age>120){
            System.out.println("年龄不合法");
        }else{
            this.age=age;
        }
    }
}
public class  Test{
    public static void main(String[] args){
        Student xiaoming=new Student();
        xiaoming.setAage(18);
        //在给 Student 对象的年龄赋值时必须调用 setAge()方法来进行
        System.out.println("xiaoming.age="+xiaoming.age);
    }
}
```

上面 Student 类的属性和方法定义时用到了 private、public 修饰符，它们被称为访问修饰符，访问修饰符是实现封装的重要武器，下面会详细介绍。

# 5.2 封装的实现

在 Java 中实现封装的重要武器就是访问修饰符,Java 中提供 3 个访问修饰符,4 种访问权限,有力地支撑封装性。

3 个访问修饰符分别是 public、protected 和 private。

4 种访问权限分别是公共访问权限、受保护访问权限、默认访问权限和私有访问权限。

4 种访问权限与 3 个访问修饰之间是一一对应的。

(1) private:代表私有访问权限,private 修饰的成员只能在定义该成员的类内部访问。

(2) 默认(无修饰):代表默认访问权限,无访问修饰符修饰的成员可以在定义该成员的类内访问,也可以被同一个包中的其他类访问。

(3) protected:代表受保护访问权限,protected 修饰的成员可以在定义成员的类内访问,也可以被同一个包中的其他类访问,还可以被其他包中的子类访问(关于继承和父子类会在后面章节详细介绍)。

(4) public:代表公共访问权限,public 修饰的成员可以在定义成员的类内访问,也可以被其他所有的类访问。

一个类的访问权限只能设置为两种:公共访问权限,默认访问权限,即类定义时只能使用 public 修饰符或者不用访问修饰符。

① 公共访问权限类的定义:

```
public class Student{
    String name;
    String sex;
    int age;
}
```

公共访问权限的类可以被其他所有类访问。

② 默认访问权限类的定义:

```
class Student{
    String name;
    String sex;
    int age;
}
```

默认访问权限的类只能被同一个包中的其他类访问(在包外不能访问)。

类的成员可以定义为 4 种访问权限中的任意一种,即类的成员可以使用 public、protected 和 private 修饰符修饰或者不用访问修饰符。比如:

```
public class Student{
    private String name;
    protected String sex;
    String age;
    public void display(){
```

```
        System.out.println("student name="+name);
        System.out.println("student sex="+sex);
        System.out.println("student age="+age);
    }
}
```

【例 5-1】 类属性的封装示例。

```
class Student{
    private String name;
    private String sex;
    //设置属性为私有属性
    private int age;
    public void setName(String name){
        this.name=name;
    }
    public void setSex(String sex){
        this.sex=sex;
    }
    //为属性提供公共的访问方法,方法内即可加入逻辑处理的代码
    public void setAge(int age){
        if(0<age && age<100){
            this.age=age;
        }
        else{
            this.age=0;
        }
    }
    public int getAge(){
        return age;
    }
}
public class  Test{
    public static void main(String[] args){
        Student xiaoming=new Student();
        xiaoming.setAge(18);
        System.out.println("xiaoming.age="+xiaoming.getAge);
    }
}
```

程序运行的结果与图 5-1 所示相同。

通过例 5-1 总结出 Java 中实现封装分为两步:

(1) 将类中不能暴露的属性隐藏起来,比如 Student 类中的 age 属性,不能让其在类外部被直接访问。实现的方式就是将属性定义为私有的(即在属性前加上 private 修饰符)。

(2) 用公共的方法暴露对该隐藏属性的访问(即在方法前加上 public 修饰符)。

# 5.3　类的特殊成员

Java 类的成员除了可以使用访问修饰符修饰之外,还可以使用其他一些修饰符修饰,主要包括:

(1) final 修饰符。final 修饰的成员属性的表示属性一旦赋值,其值不能再改变,这样的属性称为"常量"。

final 修饰的成员方法的表示方法不能在子类中被重写(关于方法重写和类的继承会在后面章节详细介绍)。

(2) abstract 修饰符。abstract 修饰的成员方法的表示方法不能有方法体,即不能有实现,人们把这样的方法称为"抽象方法"(关于抽象方法和抽象类会在后面章节详细介绍)。

(3) static 修饰符。static 修饰的成员属性和方法,可以通过类名直接访问,比如"Classes. size;"和"DateFormat. getInstance();",被称为静态成员。

在类中为什么需要静态的成员呢?

一个类可以实例化很多对象,各个对象都分别占据自己的内存,比如上面所举学生的例子。实例化 xiaoming 和 xiaoqiang 两个对象,这两个对象的成员变量的值是不同的。但是要保存 xiaoming 和 xiaoqiang 乃至 Student 共有的信息,比如要保存学生的学校名称(假设需求是针对×××师范大学的学生),所有学生的学校名称都是相同的,如果每个学生对象都保存一个学校名称那太浪费内存空间了。怎么办呢?能不能在类中设置一个公共的变量来保存学校名称,所有的对象都可以访问这个公共的变量呢?这就是所谓的类的静态成员变量。Java 中使用 static 关键字来表示成员是静态的。

【例 5-2】 类的静态成员变量的使用示例。

```java
class Student{
    public static String schoolName;                    //静态成员变量
    public String name;
    public String sex;
    public String age;
    public void display(){
        System.out.println("student name="+name);
        System.out.println("student sex="+sex);
        System.out.println("student age="+age);
    }
}
public class Test{
    public   static void main(String[] args){
        Student.schoolName="河北师范大学";
        //通过类名直接访问静态成员变量
        Student xiaoming=new Student();
        Student xiaoqiang=new Student();
        System.out.println("xiaoming 所在学校是:" +xiaoming.schoolName);
        //通过对象访问静态成员变量
```

```
        System.out.println("xiaoqiang 所在学校是:" +xiaoqiang.schoolName);
    }
}
```

程序运行的结果如图 5-3 所示。

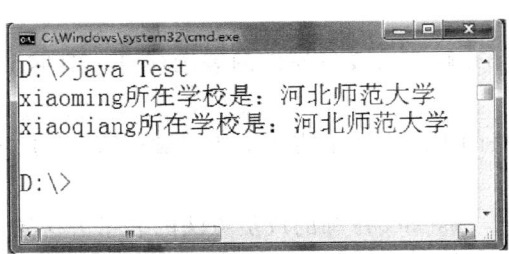

图 5-3　静态成员变量执行结果

static 修饰方法时,可以通过类名直接调用方法。static 修饰的属性和方法统称为类的
静态成员。需要注意的是,类的静态成员与类的生命周期相同,即在没有对象时就有类的静
态成员,所以类的静态方法中不能访问类的非静态成员,当然也不能使用 this 关键字。

在实际的项目中常用到静态成员的场景如下:

① 在跨对象保存信息时;

② 在类中需要存储对象的个数时。

static 除了可以修饰成员属性和成员方法外,还可以修饰代码块,表示静态代码块。

【例 5-3】　类的静态代码块示例。

```
class Student{
    public static String schoolName;                 //静态成员变量
    static{
        schoolName="河北师范大学";
        System.out.println("类的静态代码块被执行");
    }
    public String name;
    public String sex;
    public String age;
    public void display(){
        System.out.println("student name="+name);
        System.out.println("student sex="+sex);
        System.out.println("student age="+age);
    }
}
public class Test{
    public   static void main(String[] args){
        Student xiaoming=new Student();
        Student xiaoqiang=new Student();
        System.out.println("xiaoming 所在学校是:" +xiaoming.schoolName);
        //通过对象访问静态成员变量
```

```
        System.out.println("xiaoqiang 所在学校是:"+xiaoqiang.schoolName);
    }
}
```

程序执行的结果如图 5-4 所示。

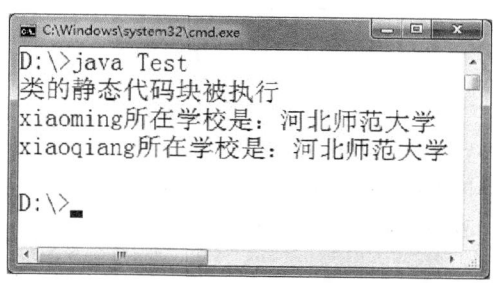

图 5-4    静态代码块初始化静态变量

类的静态代码块在类的初始化时执行,且在类的整个生命周期中执行一次,一般静态代码块中主要负责静态变量的初始化工作。

(4) syncronized 成员。syncronized 修饰成员方法和成员属性,表示同步。在多线程编程中会详细介绍。

(5) transient 成员。transient 修饰成员属性,表示非序列化的。即在对象序列化时会忽略 transient 修饰的成员属性(对象序列化章节会详细介绍)。

# 5.4    练    习

1. 以下类的定义符合 Java 封装原则的是(        )。
   A.  public class Person{
          public Date birthday;
       }
   B.  public class Person{
          protected Date birthday;
          protected void setBirthday(Date birthday){
              this. birthday=birthday;
          }
          protected Date getBirthday(){
              return this. birthday;
          }
       }
   C.  public class Person{
          private Date birthday;
          protected String speakLanguage;
          public void setBirthday(Date birthday){
```
```

```
                this. birthday＝birthday;
            }
            public Date getBirthday(){
                return this. birthday;
            }
    }
    D.  public class Person{
            public Date birthday;
            public void setBirthday(Date birthday){
                this. birthday＝birthday;
            }
            public Date getBirthday(){
                return this. birthday;
            }
    }
```

2. 定义一个"日期"类,包括年、月、日3个成员变量,包括以下成员方法:

(1) 输入年月日,但要保证月在1~12之间,日要符合相应范围;否则报错。

(2) 用"年-月-日"格式打印日期。

(3) 用"年/月/日"格式打印日期。

(4) 比较该日期是否是在另一个日期的前面。

3. 定义一个"零件"类,包括成员变量有零件编号、零件名称、制造商、零件描述、价格。包含一个成员方法有修改零件的价格,参数为新的价格,需要做相应的有效性验证(价格不能是0或负数等)。请根据本章所学的知识,设计该类。

4. 图书馆管理系统中需要对图书进行管理,请分析实际情况,将其封装成一个类(提示图书应包括编号、书名、出版社、作者、存量、是否被借出等信息)。

5. 分析现实生活中汽车的性特和功能,设计一个汽车类。

# 第6章 类的继承

本章学习目标：

(1) 理解继承的基本概念和思想。

(2) 掌握 Java 中的继承机制。

(3) 掌握方法重写的概念。

(4) 理解方法重写和重载的区别。

(5) 掌握 Java 中抽象类继承。

(6) 掌握 Java 中接口的实现。

(7) 掌握 Object 类的使用。

## 6.1 继承的基本概念

面向对象思想的第二大特征就是继承。继承是实现类的重用、软件复用的重要手段。子类通过继承自动拥有父类的非私有的属性和方法。这样，子类就不必重复书写父类中有的属性和方法，而只需对父类已有的属性和方法进行修改或扩充，以满足子类更特殊的需求。

下面，通过一个具体的例子来帮助大家理解继承的概念和思想。

假设要开发一个复杂的图片处理软件，类似于 Photoshop 软件，其中包含很多对话框。很显然这些对话框的实现都需要写代码。那假设每个对话的代码量是 1000 行，在软件中需要 1000 个对话框。那么我们的程序需要些 $1000 \times 1000 = 1 \times 10^6$ 行代码。

但是可以发现，这 1000 个对话框中，似乎有一些类似的特征。比如每个对话框都会有宽度、高度、背景色、标题、打开和关闭事件等。

**思考**：能否将这些对话框共同的功能和属性写在一个类中，让每个对话框"继承"这个类中的属性和功能？

假设每个对话框之间重复功能的代码占 500 行，那么每个对话框只需要再写 500 行代码即可。用上面提到的策略，软件总共的代码行数为 $1000 \times 500 + 500 = 5.05 \times 10^5$ 行代码。一下子代码的行数减少了一半，并且可以有更好的维护性。比如对话框需要从二维变成三维立体的，则每个对话框除了要有宽度和高度之外还需要有深度，此时，只需要在公共的500 行代码中增加相应成员即可，而不需要修改所有的对话框属性。

从上面的例子中不难看出，对话框之间公共的代码越多，使用集成效果越好。实际上两个面目全非的对话框，它们共同的代码可能也得超过一半。就像日常生活中，观察猫和狗它们共同的地方有很多，比如有眼睛、尾巴、耳朵、会跑、会叫，等等。所不同的只是各个成员的内容而已。

所谓的继承，即是把"猫"类和"狗"类共同的属性和行为提取到一个类 Animal 中，让"猫"类和"狗"类继承即可。

### 6.1.1 继承的实现

在 Java 中被继承的类称为父类或基类或超类,继承的类称为子类或派生类。继承是通过 extends 关键字实现的,继承的基本语法:

```
class 子类名称 extends 父类名称{
    //扩充或修改的属性与方法;
}
```

【例 6-1】 继承示例。

```
class Dog{
  private String name;
  double weight;
  protected String color;
  public int age;
  public void shout(){
    System.out.println("汪汪汪~~~");
  }
}
class GuideDog extends Dog{
    String dest;
    public void guide(String dest){
      System.out.println("导航犬正在带领盲人去目的地:"+dest);
    }
}
```

例 6-1 中 Dog 类是父类,GuideDog 类是 Dog 类的子类,因此 GuideDog 类继承了 Dog 类中所有非私有的属性和方法:weight,color,age 属性和 eat()方法。注意:父类中用 private 修饰的 name 属性不能被子类继承。此外,GuideDog 类还有自己的属性和方法:表示目的地的 dest 属性和导航方法 guide(String dest)。

**注意:**

(1) 通过继承子类自动拥有父类的允许访问的所有成员(public,protected,默认访问权限)。

(2) Java 只支持单继承,即一个子类只能有一个父类。

(3) final 修饰的类不能被继承,表示最终类。

### 6.1.2 继承的本质

从本质上讲,实例化子类对象时系统会先调用父类的构造方法,然后再调用子类的构造方法。

【例 6-2】 判断实例化对象时构造方法的调用顺序。

```
package bean;
class Animal{
    public  String name;
```

```java
    public   double weight;
    public   String color;
    public   int age;
    public Animal(){
        System.out.println("Animal类的构造方法被调用");
    }
}
class Dog extends Animal{
    public Dog(){
        System.out.println("Dog类的构造方法被调用");
    }
}
class GuideDog extends Dog{
    public String dest;
    public GuideDog(){
        System.out.println("GuideDog类的构造方法被调用");
    }
    public void guide(String dest){
        System.out.println("导航犬正在带领盲人去目的地:"+dest);
    }
}
public   class Test{
    public static void main(String[] args){
        GuideDog guideDog=new GuideDog();
        guideDog.guide("儿童医院");
    }
}
```

程序运行的结果如图 6-1 所示。

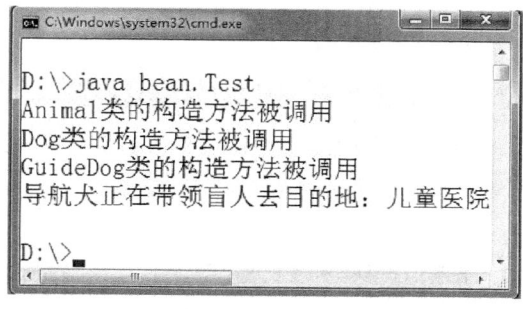

图 6-1　构造方法的调用结果

例 6-2 说明实例化子类对象时系统会自动先调用父类构造方法。需要特别注意：JVM 默认会调用父类中无参数的构造方法，如果父类没有无参数的构造方法，则程序会报错。

以下程序编译会有异常出现。

```java
package bean;
class Animal{
```

```
        public   String name;
        public   double weight;
        public   String color;
        public   int age;
        public Animal(String name){
            this.name=name;
            System.out.println("Animal类的构造方法被调用");
        }
    }
class Dog extends Animal{
        public Dog(){
            System.out.println("Dog类的构造方法被调用");
        }
    }
class GuideDog extends Dog{
        public String dest;
        public GuideDog(){
            System.out.println("GuideDog类的构造方法被调用");
        }
        public void guide(String dest){
            System.out.println("导航犬正在带领盲人去目的地:"+dest);
        }
    }
public   class Test{
        public static void main(String[] args){
            GuideDog guideDog=new GuideDog();
            guideDog.guide("儿童医院");
        }
    }
```

编译结果如图 6-2 所示。

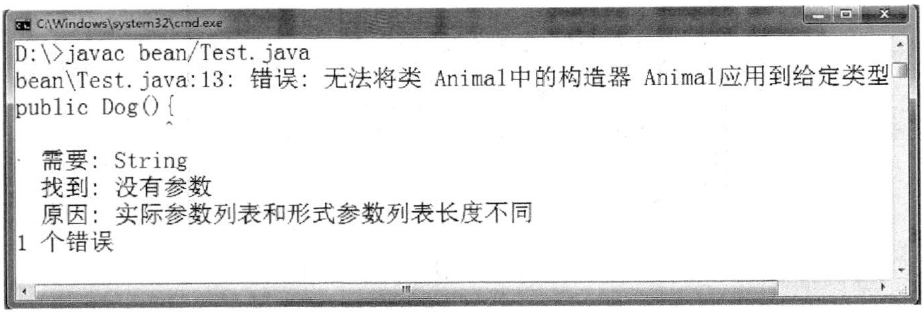

图 6-2　构造方法的调用编译错误

解决以上问题的方法有两种：

一是为父类添加无参数的构造方法。

```
class Animal{
```

```
public   String name;
public   double weight;
public   String color;
public   int age;
//父类添加无参数的构造方法
public Animal(){
    System.out.println("Animal类无参的构造方法被调用");
}
public Animal(String name){
    this.name=name;
    System.out.println("Animal类的构造方法被调用");
}
}
```

二是在子类的构造方法中使用 super 关键字显式调用父类的带参数的构造方法。

```
class Dog extends Animal{
    public Dog(){
        super("Dog");      //显式调用父类一个参数的构造方法,并传递的实参是"Dog"
        System.out.println("Dog类的构造方法被调用");
    }
}
```

super 用于在子类中引用父类的属性或方法: super. 属性、super. 方法()。

如果访问父类的构造方法,则使用 super(参数列表);其中的参数列表要与构造方法的定义相符。

**注意:**

(1) 只能在子类的构造方法中使用 super()访问指定的父类的构造方法,并且 super()必须放在方法的第一行。

(2) 同一个构造方法中不能同时使用 this()和 super()。this 在第 4.2.1 节中有介绍。

# 6.2   继承带来的方法重写

## 6.2.1   方法重写的原则

在继承中,子类继承了父类的属性和方法,同时还可以对父类中的属性和方法做进一步的扩充或者修改,比如增加一些属性或方法、重新实现从父类继承来的方法,从而实现子类的特性(如果子类和父类是一模一样的,那又何须声明这个子类呢)。

方法的重写指:子类对父类中声明(定义)的方法进行重新实现的改造,又被称为override。

【例 6-3】 方法重写示例。

```
class Animal{
    public   String name;
    public   double weight;
```

```
    public   String color;
    public   int age;
    public void shout(){
        System.out.println("Animal在叫:&%^#@ * ");
    }
}
class Dog extends Animal{
    public void shout(){
        System.out.println("小狗在叫:汪汪汪~~~");
    }
}
class Cat extends Animal{
    public void shout(){
        System.out.println("小猫在叫:喵喵喵~~~");
    }
}
public class Test{
    public static void main(String[] args){
        Cat cat=new Cat();
        Dog dog=new Dog();
        cat.shout();
        dog.shout();
    }
}
```

在父类 Animal 和子类 Dog、Cat 中都有方法 shout(),当子类对象调用 shout()方法时,调用的是子类中的 shout()方法呢? 还是父类中定义的 shout()方法呢? 运行程序控制台打印的结果如图 6-3 所示。

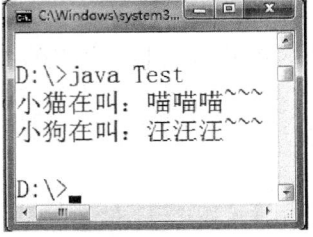

从例 6-3 运行的结果看出,在子类中重写父类的方法时,通过子类对象调用方法时,调用的是子类中定义的方法。

在子类中重写父类的方法时需要注意以下原则:

(1) 重写的方法与被重写的方法参数列表必须完全一致。

(2) 重写的方法的返回值类型必须是被重写方法的返回类型或其子类型。

图 6-3　方法重写运行结果

(3) 重写的方法不能使用比被重写的方法更严格的访问权限(即不能缩小访问权限)。

(4) 方法的重写发生在有继承关系的父子类之间。

(5) final、static 修饰的方法不能被重写。

**注意**:对于 static 方法,只有继承,重载与隐藏,没有重写的概念。重写只是针对类的非静态方法(即实例方法)而言的。非静态方法的重写,多态调用的是重写后的方法。如果非要重写静态方法也不会有编译错误,但是,因为静态方法是属于类的而不是对象的,所以多态时是调用重写前的。关于多态将会在第 7 章中详细介绍。

## 6.2.2 方法重写的意义

从前面的例子中可以看出,方法的重写好像是不小心引起的。实际上方法的重写在程序设计和实现中起了很大的作用。其最大的作用就是在不改变原来代码的基础上就可以对其中任何一个模块进行改造。方法的重写是实现面向对象的第三个特征——多态的途径。

比如,从其他地方得到了一个类 ImageOperation,该类专门负责图像处理操作,主要包含 3 个功能:

```java
public class ImageOperation{
    public void read(){
        System.out.println("从硬件读取图像");
    }
    public void handle(){
        System.out.println("图像去噪声");
    }
    public void show(){
        System.out.println("显示图像");
    }
}
```

由于该类不是量身定做的,所以其中某个功能不完全满足需求。比如,需求里面要求图像是从文件中读取的,则需要把上面类中的 read 方法替换掉。而对于 handle 方法,要求图像去噪声后还能进行锐化,显示图像功能不变。

传统的方法是修改 ImageOperation 类的源代码。但修改源代码就意味着要得到源代码并且要读懂源代码。怎么办?这时可以考虑自己实现一个 ImageOperation 的子类,重写其中的 read 和 handle 方法。具体实现如下所示:

```java
public class MyImageOperation extends ImageOperation{
    public void read(){
        System.out.println("从文件读取图像");
    }
    public void handle(){
        super.handle();
        System.out.println("图像锐化");
    }
    public void show(){
        super.show();
    }
}
```

在上面的代码中对 ImageOperation 类中的 read 和 handle 方法进行了改造,只要在程序中使用 MyImageOperation 类即可。

读者可以自己编写一个测试的 main 方法测试一下程序。

### 6.2.3 方法的重写与重载的比较

在第 4.2 节中介绍了方法的重载,在此又介绍了方法的重写,对于初学者来说很容易混淆重载和重写的概念以及使用,这一节把方法的重载和方法的重写进行一个对比,以帮助学习和理解记忆。

方法重载(overload)是指一个类中可以定义有相同的名字的多个方法。而方法的重写(override)是指在子类中可以定义与父类中同名的方法。前者是同一个类中,后者是两个类中。发生的场景不同。

方法的重载规则如下:

(1) 重载的方法具有相同的方法名。

(2) 重载方法参数列表必须不同。

(3) 重载方法返回类型可以相同也可以不相同。

(4) 重载方法访问修饰符可以相同也可以不相同。

方法重写的规则如下:

(1) 重写的方法具有相同的方法名。

(2) 重写的方法参数列表必须相同。

(3) 重写的方法返回类型一致或者是其子类型。

(4) 重写的方法不能缩小访问权限。

通过重载和重写的规则比较不难看出,方法的重载和重写相同之处甚少。总之方法的重载和重写是有着本质区别的。方法重写(override)是基于继承机制的,子类可以重写父类的方法。方法的重载是在同一个类中,可以定义多个同名但是参数不同的方法。

重载的多态性体现在编译阶段,是静态多态。重写的多态性是体现在运行时,是动态多态。

【例 6-4】 方法的重写和重载示例。

```
class Person {
    public String name;
    public void display(){
        System.out.println("Person's display "+name);
    }
}
class Student   extends   Person {
    public void display(){                       //方法重写
        System.out.println("Student's display "+name);
    }
    public void display(String name){            //方法重载
        System.out.println("Student's overload display "+name);
    }
}
public class Test{
    public static void main(String[] args){
        Person person=new Person();
```

```
        person.display();
        Student xiaoming  =new Student();
        xiaoming.display();
        xiaoming.display("小明");
    }
}
```

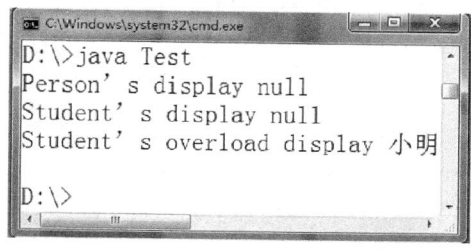

图 6-4    方法的重载和重写运行结果

在 Student 类中既重写了父类的 display 方法,并且还声明了一个重载的 display(String name)方法。程序运行的结果如图 6-4 所示。

# 6.3    抽象类与接口

## 6.3.1    抽象类的继承

abstract 修饰的类称为抽象类,例如:

```
abstract class Person {
    //类的其他代码
}
```

用 abstract 来修饰的方法叫抽象方法。抽象方法只有声明,没有实现,即没有方法体。例如:

```
abstract void info();
```

抽象类不能用 new 关键字实例化对象。抽象类有点类似 C++ 中的“模板”,其作用就是根据其格式来创建和生成新的类。

在抽象类中的成员方法包括一般方法和抽象方法。当一个方法声明为抽象方法时,就意味着这个方法只能被子类的方法重写,否则其子类也必须是抽象类。

抽象类中可以没有抽象方法,但是包含抽象方法的类一定要声明为抽象类。抽象类本身不具备实际的能力,只能用来派生子类。抽象类中可以包含构造方法,但是构造方法不能被声明为抽象方法。

抽象类的特点如下:

(1) 抽象类不能被实例化,即不能直接创建抽象类的对象。

(2) 抽象类里可以有抽象方法,也可以没有抽象方法。

(3) 如果一个类里有抽象方法,那么该类必须声明为抽象类。

(4) 抽象类不能用 final 来修饰,即一个类不能既是抽象类又是最终类。

【例 6-5】    定义抽象类 Animal,并从 Animal 派生出 Dog 和 Cat,实现父类的抽象方法。

```
abstract class Animal{
    private String name;
    private String color;
    public Animal(String name,String color){
        this.name=name;
```

```
            this.color=color;
        }
        public String getName(){
            return name;
        }
        public String getColor(){
            return color;
        }
        public void setName(String name){
            this.name=name;
        }
        public void setColor(String color){
            this.color=color;
        }
        public abstract void shout();              //父类中抽象 shout()方法的声明
}
class Dog extends Animal{
        public Dog(String name,String color){
            super(name,color);                     //显式调用父类的构造方法
        }
        public void shout(){                       //重写父类的 shout()方法
            System.out.println("小狗叫:汪汪汪~~~");
        }
}
class Cat extends Animal{
        public Cat(String name,String color){
            super(name,color);                     //显式调用父类的构造方法
        }
        public void shout(){                       //重写父类的 shout()方法
            System.out.println("小猫叫:喵喵喵~~~");
        }
}
public   class Test{
        public static void main(String[] args){
            Dog dog=new Dog("大黄","黄色");
            Cat cat=new Cat("小白","白色");
            dog.shout();
            cat.shout();
        }
}
```

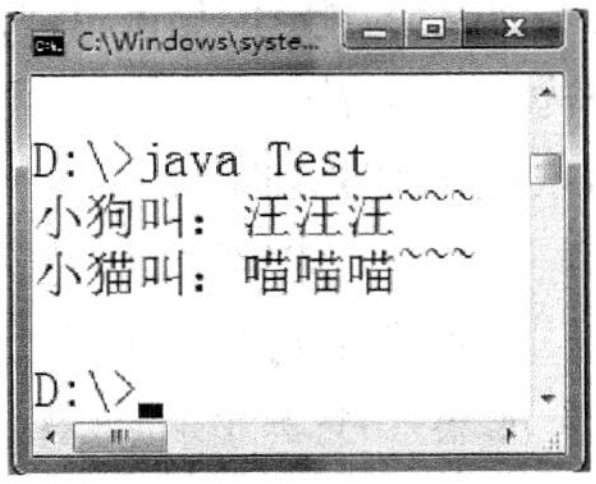

图 6-5　子类重写抽象父类中的
抽象方法运行结果

程序运行的结果如图 6-5 所示。

抽象类在派生子类时是有一定限制的。一是抽象类的非抽象子类必须实现父类的全部抽象方法;二是抽象类的子类如果没有全部实现父类的抽象方法,那么子类必须定义为抽象类。

## 6.3.2　抽象类的意义

　　抽象类只是为它所导出的类提供一个通用的模板,这样不同的子类可以用不同的方式展示具体的行为。如果只有一个像 Animal 这样的抽象类是没有任何意义的。创建抽象类是希望通过一些接口操纵一系列的类,所以抽象类通常是不完整的,当试图想建立一个抽象类的对象时,编译器会显示为抽象类创建对象是不安全的。而抽象类所派生出来的子类必须实现抽象类中所有的不完整部分(即重写所有的抽象方法),这样创建的子类对象才有意义。抽象类和抽象方法可以使类的抽象性明确起来,并且可以告诉用户或者编译器怎么使用它们。抽象类还是非常有用的类的重构工具,可以很容易地将公共的方法沿着继承层次向下移动。

　　抽象类在 Java 语言中体现的是一种继承关系,要想使得继承关系合理,父类和子类之间必须存在"is a"关系,即父类和子类在概念本质上应该是相同的。而对于第 6.3.3 小节中要介绍的接口来说则不然,并不要求接口的实现者和接口本身在概念本质上是一致的,接口的实现仅仅是实现了接口定义的功能而已。

## 6.3.3　接口

　　类的继承为 Java 程序提供了一种代码复用的技术,但是有些时候,类与类之间有共同的特征,但是并没有直接的"has a"关系,比如飞机和鸟都有飞行的功能。有的类有多种特性,比如飞机既有飞行的功能,又有打开和关闭舱门的功能,还有发出警报的功能,等等。这些功能如果想通过继承的方式来复用的话,是无法实现的,因为 Java 只允许单继承。类似上述的情况下,接口便是一个很好的解决方案。

　　接口可以看作一种特殊的抽象类,其中包含常量和方法的声明,而没有变量和方法的实现,即接口中都是抽象的方法。

　　接口只负责声明一些行为,但不指出行为怎么样去做。

　　使用关键字 interface 定义接口的语法:

```
[abstract] interface 接口名{
    //接口中的常量声明
    //接口中的抽象方法声明
}
```

　　例如:

```
abstract interface shape{                          //abstract 关键字可以省略不写
}
```

　　接口的访问修饰符可以是 public 或者缺省的,用来控制接口的被访问权限。例如:

```
public interface shape{
    //接口的其他代码在此暂时省略
}
```

　　接口中的成员的声明:接口中定义的变量必须是 public static final 的,即接口中只能声明常量;接口中定义的方法隐含都是公共的和抽象的,即所有接口的方法不能有方法体。

【例 6-6】 接口中声明成员示例。

```
public interface shape{
    double P=3.14;                  //等价于 public static final double P=3.14;
    double calArea();               //等价于 public abstract double calArea();
}
```

在 Java 中接口也是不能实例化对象的。接口可以被类实现。一个类可以使用 implements 关键字实现一个或多个接口：

```
class 类名 [extends 父类名] implements 接口名 1,接口名 2 …{
    //类的具体代码省略
}
```

实现了某一个接口的类必须实现接口中所有的抽象方法,否则就必须定义为抽象类。

【例 6-7】 定义一个名为 CanFly 的接口。

```
interface CanFly{
    void fly();
}
```

这样,Airplane 类和 Bird 类等具有飞行功能的类就可以实现该接口。

```
class Airplane implements CanFly{
    void fly(){
        //飞机的飞行方式
        //启动发动机、加油等,具体代码在此省略
    }
}
class Bird implements CanFly{
    void fly(){
        //鸟的飞行方式
        //用脚蹬地、张开翅膀等,具体代码在此省略
    }
}
```

【例 6-8】 一个类可以继承自一个父类同时实现一个或多个接口。

```
interface Siren{
    void alarm();
}

class Door{
    public void openDoor(){
        System.out.println("开门");
    }
    public void closeDoor(){
        System.out.println("关门");
    }
```

```
    }
//带有报警装置的门 AlarmDoor 继承自 Door 类并实现了 Siren 接口
    class AlarmDoor extends Door implements Siren{
    public void alarm(){
        System.out.println("门发出警报声");
    }
    }
//像汽车、电动车等类也可以实现 Siren 接口
```

类实现接口的基本原则如下：

（1）一个实现了接口的类必须实现接口中的所有方法，否则必须将该类定义为抽象类。

（2）一个类可以实现多个无关的接口。

（3）多个无关的类可以实现同一个接口。

（4）一个类可以继承自一个父类并同时实现一个或多个接口。

Java 中接口和接口之间也可以有继承关系，这与类的继承基本一致，一个接口继承一个父接口就会继承父接口中所有定义的方法和属性，所不同的是一个接口可以继承多个父接口。

接口的继承也是使用 extends 关键字，如果继承多个接口，父接口之间用"，"分隔。比如：

```
interface interFaceA extends interFace1,interFace2,… {
    //接口的其他代码
}
```

## 6.4  Object 类

Java 中有一个特殊的类 java.lang.Object 类，这个类是所有类的直接或间接父类，处在类的最高层次。自定义的类若声明时没有 extends 关键字，系统会默认为该类继承 Object 类，即

```
public class Person {
}
```

等价于

```
public class Person extends Object {
}
```

Object 类包含了所有 Java 类的公共的属性和方法，这些方法在任何类中都可以直接使用（或者经过子类的改写后使用），增加了代码的重用性。Object 类有一个默认的无参数的构造方法，在实例化子类对象时都会先调用这个默认的无参数的构造方法。

Object 类提供的方法有很多，下面列举 Object 中常用的几个方法。

（1）public final Class getClass()：获取当前对象所属的类信息，在 Java 的反射机制中应用。

（2）protected Object clone()：生成当前对象的一个备份，并返回这个副本。

（3）public final notify()：唤醒在此对象监视器上等待的单个线程，多线程编程中会用到。

（4）public final notifyAll()：唤醒在此对象监视器上等待的所有线程，多线程编程中会用到。

（5）public final void wait()：导致当前线程等待，直到其他线程调用此对象的 notify 或者 notifyAll 方法。

（6）public Boolean equals(Object obj)：比较两个变量所指向的是否是同一个对象，若是，则返回 true，否则返回 false。

（7）public String toString()：将对象转换为字符串。

（8）public int hashCode()：返回对象的 hash 代码值。

**1. Object 类中的 toString() 方法的使用**

Object 类中的 toString() 方法的原型：

```
public String toString(){
    return getClass().getName()+"@"+Integer.toHexString(hashCode());
}
```

可以看出，对象调用 toString 方法返回的字符串是"对象的类名@对象的 hash 代码值的十六进制表示"。任何一个类的任何一个对象都可以直接调用 toString() 方法得到这个字符串。当然，可能觉得 Object 类的这个 toString 方法并没有太大的作用，返回的字符串也没有多大的意义，但是在以下情况下，toString 方法会被自动调用。

（1）引用数据类型和 String 类型数据做连接时，引用类型数据会调用其 toString() 方法，将返回值与 String 类型数据连接。即

```
String str="zhang";
Student xiaoming=new Student();
String testStr=xiaoming+str;
```

等价于

```
String testStr=xiaoming.toString()+str;
```

（2）程序中调用 System. out. println(对象)；时，打印的是对象的 toString() 方法返回的字符串。即

```
System.out.println(person);
```

等同于

```
System.out.println(person.toString());
```

在 Object 类中定义的 toString() 方法看起来没有多大的用处，但是此方法可以在子类中重写，子类若需要 toString() 方法返回特定的字符串，可以重写 toString 方法来满足子类的需求。

**【例 6-9】** 在 Student 类中重写 toString() 方法，要求 toString() 方法返回学生的姓名。

```
public class Student {
    private String name;
    public void setName(String name){
        this.name=name;
    }
    public String getName(){
        return this.name;
    }
    public String toString(){
        return this.name;
    }
    //类的其他代码在此省略
}
```

**2. Object 类中 equals 方法的使用**

Object 类中 equals 方法的原型如下：

```
public boolean equals(Object obj){
    return(this==obj);
}
```

equals 方法的调用：x. equals(y)。从 equals 方法的实现可以看出：

```
x.equals(y);
```

等价于

```
x==y;
```

当 x 和 y 是同一个对象的引用时返回 true,否则返回 false。

在实际编程中,可以根据程序的需要重写 equals 方法,让其按照自定义的规则比较两个对象是否"相等"。

JDK 提供的一些类,如 String、Integer 等,也重写了 equals 方法。比如,在 String 类中重写的 equals 方法对两个对象的比较规则是：两个 String 类的对象 s1 和 s2,当 s1 所代表的字符串和 s2 所代表的字符串相等就返回 true,不相等则返回 false。

以下是 Integer 类(整数的包装器类)中重写的 equals 方法的实现：

```
public boolean equals(Object obj){
    if(obj instanceof Integer){
        return value==((Integer)obj).intValue();
    }
    return false;
}
```

重写后的 equals 方法比较的是两个对象的整数数值是否相等,相等返回 true,不相等返回 false。

对于自定义的类,如果没有重写 equals 方法,那么 equals 方法比较的是两个对象的引用地址是否是同一内存地址。如果重写 equals 方法,那么 equals 方法会按照重写的规则比较两个对象。在很多情况下，要比较两个对象引用的是不是同一内存地址，会使用＝＝运算符比较。所以，自定义的类中往往会重写 equals 方法来比较两个对象是否在意义上等价。

【例 6-10】 使用"＝＝"和 equals()方法的比较对象的异同。

```
class Student{
    private String name;
    private String sex;
    private Integer age;
    //省略属性的 set 方法和 get 方法
    public Boolean equals(Object o){
        //先判断对象 o 是否是 Student 类型,只有同类型的才有可比性
        if(o instanceof Student){
            //比较两个对象是否相等的规则是:姓名、性别、年龄都有相同对象
            if(o.getName().equals(this.getName())&&
                o.getSex().equals(this.getSex())&&
                o.getAge().equals(this.getAge())){
                return true;
            }else{
                return false;
            }
        }
        return false;
    }
}
public class Test{
    public static void main(String[] args){
    }
}
```

"＝＝"运算符与 equals()方法的比较总结如下。

（1）对于基本数据类型，＝＝比较的是他们的值。

（2）对于引用数据类型，＝＝比较的是两个对象的引用是否相同（是否指向同一内存地址）。

（3）对于引用数据类型，如果该类型未重写 equals 方法，则 equals 方法与"＝＝"意义相同，比较的是两个对象的引用是否相同（因为是调用 Object 类的 equals 方法）。

（4）对于引用数据类型，如果该类型重写了 equals 方法，则 equals 方法会按照重写后的规则来进行比较。

在上面的例子中提到了 instanceof 运算符，这个运算符是用来判断对象是否属于某种类型的，即判断 instance 运算符左边的变量所代表的对象是否能通过右边的类或接口的 IS-A 测试。

例如 student instanceof Student 是判断 student 对象是不是 Student 类型的，如果是，student instanceof Student 表达式的值为 true，否则为 false。

【例 6-11】 instanceof 运算符使用示例。

```
class Animal{
```

```java
        private String name;
        private String color;
        public void setName(String name){
            this.name=name;
        }
        public String getName(){
            return this.name;
        }
        public void setColor(String color){
            this.color=color;
        }
        public String getColor(){
            return this.color;
        }
    }
class Dog   extends Animal{
}
class Cat extends Animal{
}
public   class Test{
    public static void main(String[] args){
        Animal animal=new Animal();
        Dog dahuang=new Dog();
        Cat xiaobai=new Cat();
        System.out.println("大黄是一只动物:"+ (dahuang instanceof Animal));
        System.out.println("大黄是一只狗:"+ (dahuang instanceof Dog));
        System.out.println("小白是一只动物:"+ (xiaobai instanceof Animal));
        System.out.println("小白是一只猫:"+ (xiaobai instanceof Cat));
        System.out.println("animal是一只狗:"+ (animal instanceof Dog));
        System.out.println("animal是一只猫 :"+ (animal instanceof Cat));
        System.out.println("animal是一只动物:"+ (animal instanceof Animal));
    }
}
```

程序运行的结果如图 6-6 所示。

关于 instanceof 运算符的使用需要注意的几点。

（1）不能将 instanceof 运算符在跨两个不同类层次间测试，否则编译报错。

比如，在例 6-11 的 main 方法中如果再添加一句

```java
System.out.println("大黄是一只猫:"+ dahuang
instanceof Cat);
```

程序编译时，编译器就会报错，如图 6-7 所示。原因就在于 Dog 和 Cat 之间没有父子类关系。

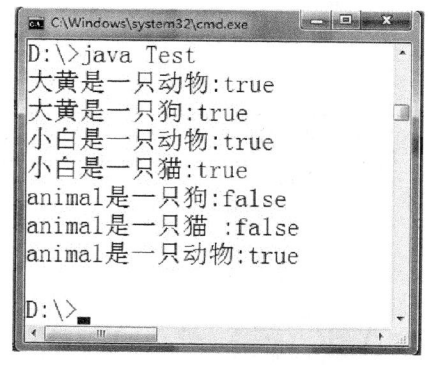

图 6-6　instanceof 运算符示例运行结果

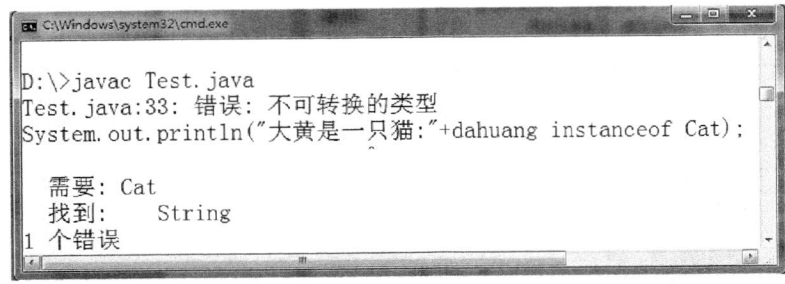

图 6-7　编译错误

（2）对象所属的类的任何一个超类实现了某个接口，就说该对象属于这种接口类型，即"对象 instanceof 任意超类型"的值永远是 true。

**注意**：数组也是引用类型，所以"任意类型的数组对象 instanceof Object"的结果是 true。

【例 6-12】　已知以下类和接口之间的关系，判断表 6-1 中每个 instanceof 表达式的结果。

```
interface  Face{
}
class  Bar  implements Face{
}
class  Foo  extends  Bar{
}
```

表 6-1　instanceof 运算符

| 第一个操作数（被测试的对象） | instanceof 操作数（进行比较的类型） | 结　果 |
| --- | --- | --- |
| Null | 任何类或接口类型 | |
| Foo 实例 | Foo、Bar、Face、Object | |
| Bar 实例 | Bar、Face、Object | |
| Bar 实例 | Foo | |
| Foo[] | Foo、Bar、Face | |
| Foo[] | Object | |
| Foo[1] | Foo、Bar、Face、Object | |

答案如表 6-2 所示。

表 6-2　例 6-12 instanceof 表达式的结果

| 第一个操作数（被测试的对象） | instanceof 操作数（进行比较的类型） | 结　果 |
| --- | --- | --- |
| Null | 任何类或接口类型 | false |
| Foo 实例 | Foo、Bar、Face、Object | true |
| Bar 实例 | Bar、Face、Object | true |
| Bar 实例 | Foo | false |
| Foo[] | Foo、Bar、Face | false |
| Foo[] | Object | true |
| Foo[1] | Foo、Bar、Face、Object | true |

# 6.5 练 习

1. Java 中定义接口的关键字是( )。
   A. interface     B. class        C. import       D. static
2. 以下关于抽象类说法错误的是( )。
   A. 抽象类中可以没有抽象方法
   B. 抽象方法只能定义在抽象类中
   C. abstract 关键字修饰的类称为抽象类
   D. 抽象类中可以定义抽象方法
3. 给出以下类的定义：

```
class Base {
    public void amethod(){
        System.out.println("Base");
    }
}
public class Hay extends Base {
    public static void main(String argv[]){
        Hay h=new Hay();
        h.amethod();
    }
}
```

在 Hay 中定义以下哪个方法程序会编译通过并打印字符串"Hay"? ( )
A. public int amethod(){
        System. out. println("Hay");
   }

B. public void amethod(long l){
        System. out. println("Hay");
   }

C. public void amethod(){
        System. out. println("Hay");
   }

D. public void amethod(void){
        System. out. println("Hay");
   }

4. 以下程序的执行结果是( )。

```
1. class A {
2.     A(String message){
3.         System.out.println(message+" from A.");
4.     }
```

```
5. }
6. class B extends A{
7.     B(){
8.         System.out.println("Hello from B.");
9.     }
10. }
11. class RunSubClass {
12.     public static void main(String[] args){
13.         B b=new B();
14.     }
15. }
```

A. 程序输出"Hello from B."　　　　B. 在第 2 行发生编译错误

C. 在第 7 行发生调用的编译错误　　D. 程序编译通过,但发生运行时异常

5. 下面关于继承说法错误的是( 　　 )。

A. Java 中是单继承机制,即一个类只能有一个直接父类

B. Java 中接口可以继承接口,一个接口只能有一个直接父接口

C. Java 中类可以实现多个接口

D. Java 中类可以同时实现多个继承并继承一个父类

6. Java 中所有的类都是直接或者间接继承自_____类。

7. Java 中子类会继承父类所有的方法吗? 请简单说明。

8. 简述 Java 中方法重写的基本规则。

9. Java 中 Object 类中常用的方法有哪些? 简单说明其作用和意义。

10. 创建抽象的形状类,此类具有计算面积,计算周长的抽象方法,创建圆形、三角形、方形 3 个形状类分别继承抽象的形状类,具有高宽等属性和具体的计算周长、面积的成员方法。

# 第 7 章 多  态

本章学习目标：
(1) 理解多态的概念。
(2) 掌握 Java 中多态的实现。
(3) 了解动态绑定的概念。
(4) 了解接口回调的概念。

## 7.1  多态的基本概念

多态是面向对象的又一个重要特征，也是软件设计中重要的思想。多态通俗地讲是指一个事物在不同情况下呈现不同的形态，比如，类中的同一方法在不同的条件下执行不同的操作。

首先，通过一个例子来引入多态的概念。

【例 7-1】 现有一工具类 Comp，其中有多个静态方法用于计算各种形状容器的容积，使用时，只需要调用其相应的方法，并传入对应的容器类对象（例如立方体类、圆柱体类）即可。

```
class Comp{
    //计算立方体容器容积的方法
    public static double getCubevolumn(Cube c){
        return c.getVolumn();
    }
    //计算圆柱体容器容积的方法
    public static double getDylinderVolumn(Cylinder c){
        return c.getVolumn();
    }
}
//立方体类
class Cube{
    private Double length;
    public void setLength(Double length){
        this.length=length;
    }
    public   Double getLength(){
        return length;
    }
    public Cube(Double length){
        this.length=length;
```

```
    }
    public double getVolumn(){
        return Math.pow(length,3);
    }
}
//圆柱体类
class Cylinder{
    private Double r;
    private Double height;
    //省略 set 和 get 方法
    public Cylinder(Double r,Double height){
        this.r=r;
        this.height=height;
    }
    public double getVolumn(){
        return Math.PI * r * r * height;
    }
}
```

程序初始要求该 Comp 类只需要负责计算立方体和圆柱体容器的容积即可。程序的实现如上所示,随后需求发生了变化,需要增强 Comp 类的功能,让它可以计算圆锥体容器的容积。

程序应该怎么改动呢?

为了达到这个目的,必须对原有的程序进行修改:

```
//增加一个圆锥体类
class Cone{
    private double r;
    private double height;
    public double getVolumn(){
        return Math.PI * r * r * height/3;
    }
}
//修改 Comp 类,增加一个获取圆锥体类容积的静态方法
class Comp{
    public static double getCubevolumn(Cube c){
        return c.getVolumn();
    }
    public static double getDylinderVolumn(Cylinder c){
        return c.getVolumn();
    }
    public static double getConeVolumn(Cone c){
        return c.getVolumn();
    }
}
```

以上代码的修改可以满足变更后的需求了。

程序设计中有一条很重要的原则就是"对扩展开放,对修改关闭",即当需求变更时程序要尽量通过扩展的方式来满足需求,而不是修改原来的代码。

而例 7-1 的程序实现方式,一旦需求改变就需要不断修改 Comp 类的代码。这就使代码的可扩充性降低,维护成本变高,增加了代码的耦合性;而且对代码进行修改就意味着每次修改完都应该再重复之前的测试,这样项目的风险和成本都会大大增加。

下面给出满足例 7-1 需求的另外一种实现。

【例 7-2】 提供计算不同类型容器容积的方法。

```
//定义抽象的容器类
abstract class Tank{
    //抽象的计算容器容积的方法
    public abstract double getVolumn();
}
//立方体容器类继承 Tank 类
class Cube extends Tank{
    private Double length;
    public void setLength(Double length){
        this.length=length;
    }
    public  Double getLength(){
        return length;
    }
    public Cube(Double length){
        this.length=length;
    }
    public double getVolumn(){
        return Math.pow(length,3);
    }
    //类的其他代码省略
}
//圆柱体容器类
class Cylinder extends Tank{
    private Double r;
    private Double height;
    //省略 set 方法和 get 方法
    public Cylinder(Double r,Double height){
        this.r=r;
        this.height=height;
    }
    public double getVolumn(){
        return Math.PI * r * r * height;
    }
}
```

```
//得到容器容积的类 Comp
class Comp{
//得到指定容器容积的方法
    public static Double getTankVolumn(Tank t){
        return t.getVolumn();
    }
}
```

测试程序如下:

```
public   class Test{
    public static void main(String[] args){
        Cube cube=new Cube(12.0);
        Cylinder cylinder=new Cylinder(2.0,12.0);
        //计算立方体的容积
        Double cubeVolumn=Comp.getTankVolumn(cube);
        //计算圆锥体的容积
        Double cylinderVolumn=Comp.getTankVolumn(cylinder);
        System.out.println("立方体 cube 的容积是:"+cubeVolumn);
        System.out.println("圆柱体 cylinder 的容积是:"+cylinderVolumn);
    }
}
```

程序运行的结果如图 7-1 所示。

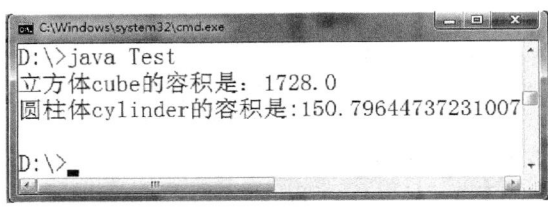

图 7-1　容积计算程序运行结果

main 方法中两次调用 Comp. getTankVolumn()方法,但两次执行的计算体积的方法不相同,第一次调用的是 Cube 类中的 getVolumn(),第二次是调用的是 Cylinder 类中的 getVolumn()。这就是多态的体现。

总之,从同一个父类派生的多个不同子类可以被当成同一类型(父类)对待,可对这些不同的类型做相同的处理,由于多态性,这些子类对象响应同一方法的行为是各不相同的。

把不同的子类对象都当作父类来看,可以屏蔽不同子类对象之间的差异,写出通用的代码,做出通用的编程,以适应需求的不断变化。

多态的实现主要有两种:一是通过子类重写父类方法实现,这种多态发生在程序运行时,所以被称为动态多态;二是通过方法的重载实现,这种多态发生在程序编译时,所以被称为静态多态。

其实静态多态并不是实际意义上的多态,这里我们需要重点介绍的是动态多态,即方法的重写带来的多态性。

# 7.2    多态的应用

## 7.2.1    引用变量的转型

Java 中按照变量所属的类型来分,可分为两种:引用类型变量和基本类型变量。

声明引用变量时,其类型可以是类类型,也可以是接口类型;引用变量在赋值时可以引用声明类型的对象,也可以引用声明类型的任何子类型的对象;引用类型的类型决定了该变量可以调用的方法。

具有继承关系的类型的引用之间可以相互转换。

(1) 子类引用可以隐式赋值给父类引用。

(2) 父类引用必须显示赋值给子类引用。

**补充**:Java 中变量的分类。

变量按所属类型分为两类。

(1) 基本类型变量:byte、short、char、int、long、float、double 和 boolean 这 8 种类型的变量称为基本类型变量。

(2) 引用类型变量:变量存储的值是内存中某个对象的首地址,除了基本类型变量之外的其他类型的变量都是引用类型变量。

变量按声明的位置分为两类。

(1) 局部变量:在方法或者语句块内部声明的变量。

(2) 成员变量:在类内部,方法外部声明的变量称为成员变量。成员变量又分为两种。

① 普通成员变量:非 static 修饰的变量。

② 静态成员变量:static 修饰的变量。

**1. 引用类型的向上转型**

子类对象既可以作为自身类型使用,也可以作为其父类型使用,这种把某个对象视为其父类型的做法被称作向上转型。

【例 7-3】    向上转型示例程序。

```
class Animal{
}
class Cat extends Animal{
}
public class Test{
    public   static void main(String[] args){
        Animal animalCat=new Cat();                    //向上转型
        Cat cat=new Cat();
        Animal animal=cat;                             //向上转型
    }
}
```

使用向上转型的优点是,既可以使用子类强大的功能,又可以抽取父类的共性。

**【例 7-4】** 使用父类的引用调用子类的方法。

```
class Animal{
    private String name;
    private String color;
    //省略 set 方法和 get 方法
    public void shout(){
        System.out.println("Animal shout:%$^#&*@@#");
    }
}
class Cat extends Animal{
    public void shout(){
        System.out.println("Cat shout:喵喵喵~~~");
    }
    public void catchMouse(){
        System.out.println("小猫在抓老鼠");
    }
}
public class Test{
    public   static void main(String[] args){
        Animal animalCat=new Cat();                    //向上转型
        animalCat.shout();
    }
}
```

图 7-2  父类引用变量调用子类重写的方法

程序运行的结果如图 7-2 所示。

但是要注意：若一个引用变量声明为父类的类型，而实际引用的是子类对象，那么该变量不能访问子类中添加的属性和方法（除非先进行强制类型转换成子类型）。

**【例 7-5】** 向上转型导致方法调用问题。将例 7-4 的 Test 类改成如下代码：

```
public class Test{
    public   static void main(String[] args){
        Animal animalCat=new Cat();                    //向上转型
        animalCat.shout();
        animalCat.catchMouse();                        //编译异常
    }
}
```

程序运行的结果如图 7-3 所示。

**【例 7-6】** 阅读下面的程序，指出程序的错误之处。

```
interface Siren{
    void alarm();
}
```

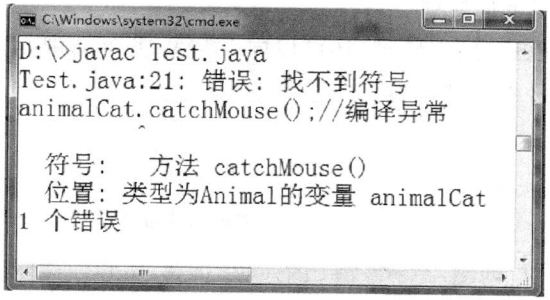

图 7-3　父类引用变量调用子类新方法编译异常

```
class Door{
    public void openDoor(){
        System.out.println("开门");
    }
    public void closeDoor(){
        System.out.println("关门");
    }
}
//SirenDoor 是一个警报门类,即具有警报功能的门
class SirenDoor implements Siren    extends{
    public void alarm(){
        System.out.println("门发出警报");
    }
}
public class Test{
    public static void main(String[] args){
        1.Siren doorSiren=new SirenDoor();
        2.doorSiren.alarm();
        3.doorSiren.open();
        4.doorSiren.close();
        5.Door sirenDoor=new SirenDoor();
        6.sirenDoor.open();
        7.sirenDoor.close();
        8.sirenDoor.alarm();
    }
}
```

　　分析程序：SirenDoor 类实现了 Siren 接口,继承了 Door 类。SirenDoor 的实例对象即可以赋值给 Siren 类型变量,也可以赋值给 Door 类型变量,所以程序的第 1 行和第 5 行正确。

　　如果 SirenDoor 对象赋值给 Siren 类型变量 doorSiren,则通过 doorSiren 变量只能访问 Siren 中定义的方法和属性,所以程序的第 3 行和第 4 行编译错误。

　　如果 SirenDoor 对象赋值给 Door 类型变量 sirenDoor,则通过 sirenDoor 变量只能访问 Door 中定义的属性和方法,所以程序的第 8 行编译错误。

**2. 引用类型的强制类型转换**

引用类型变量不仅可以向上转型,还可以向下转型,即可以把父类的引用向下转换为子类型引用,但这种转换必须强制进行。

例如:

```
Animal animal=new Cat();
Cat cat= (Cat)animal;                    //父类型引用强制转换为子类型
```

animal 虽然实际上是创建了一个 Cat 的对象,但是 animal 声明为 Animal 类型的,所以要将 animal 赋值给子类 Cat 类型的变量时,必须进行强制转换。

在引用变量的强制类型转换时,可能会抛出异常,例如:

```
Animal animal=new Animal();
Cat cat= (Cat)animal;                    //编译通过,但运行时产生 ClassCastException 异常
```

在类型转换过程中,编译器能做的工作是验证两个类型是否在同一个继承树中,在上例中,要将 Animal 类的对象 animal 赋值给 Cat 类的对象 cat,编译器检查 Animal 和 Cat 确实存在继承关系,于是编译通过;但父类对象不能赋值给子类型引用变量,即使编译通过,在运行时也会抛出异常:ClassCastException。

不同类型(没有继承关系)的转换会产生编译错误,例如:

```
Cat cat=new Cat();
Dog dog= (Dog)cat;
```

## 7.2.2 接口回调

接口回调是指把实现某一接口的类的对象赋给该接口类型的变量,因为接口的实现类会对接口中的抽象方法有不同的实现,所以在调用时,虽然调用的方法是相同的,但是响应的内容各不相同。

【例 7-7】 接口回调举例。

```
interface Siren{
    void alarm();
}
class SirenDoor implements Siren{
    public void alarm(){
        System.out.println("门发出报警声");
    }
}
class Car implements Siren{
    public void alarm(){
        System.out.println("汽车发出蜂鸣报警声");
    }
}
public class Test{
    public static void main(String[] args){
```

```
        Siren siren;
        siren=new SirenDoor();
        siren.alarm();                    //接口回调
        siren=new Car();
        siren.alarm();                    //接口回调
    }
}
```

程序执行的结果如图 7-4 所示。

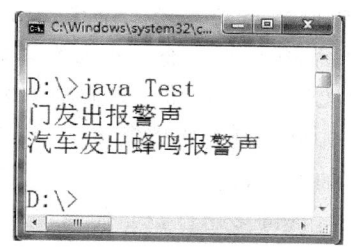

图 7-4　接口回调示例程序运行结果

## 7.2.3　动态绑定

绑定是指将一个方法的调用与方法所在的类（即主体）连接起来，根据绑定的时间不同，可以分为两种。

（1）静态绑定：又称为前期绑定，在程序运行之前已经将方法和所在类进行绑定。Java 中只有 final、static、private 修饰的方法以及构造方法属于静态绑定。

（2）动态绑定：又称为运行时绑定或后期绑定，是在运行时根据具体对象的类型进行绑定。

若一种语言实现了动态绑定，同时必须提供一些机制，可以在运行时判断对象的类型，并调用其适当的方法。也就是说，程序在编译阶段根本不知道对象的类型，在运行时由方法调用机制去调查，找到正确的方法主体。

不同语言对于动态绑定的实现方法有所不同，Java 中的动态绑定是由 Java 虚拟机实现的，正是因为 Java 的动态绑定机制才使得 Java 中的引用变量可以向上转型实现多态，所以了解了动态绑定也就理解了 Java 中的多态。

需要声明的是，Java 的动态绑定是发生在父类和子类的转换声明之下的。

以程序

```
Siren sirenDoor=new SirenDoor();
sirenDoor.alarm();
```

为例说明。

（1）程序在编译阶段，Java 编译器会查看对象的声明类型和调用的方法名，即检查 sirenDoor 变量的类型（为 SirenDoor 类型）以及 sirenDoor 对象调用的方法名（alarm()），并列出 SirenDoor 类中所有名字为 alarm 的方法（包括从父类中继承的方法）。

（2）接下来编译器检查方法调用中传递的参数类型。如果在所有名称为 alarm 的方法中有一个参数类型和调用提供的参数类型最为匹配，那么就调用这个方法，这个过程叫作"重载解析"。

（3）当程序运行并且使用动态绑定调用方法时，虚拟机必须调用同 sirenDoor 所指向的对象的实际类型相匹配的方法版本。比如上例实际类型为 SirenDoor（Siren 的子类），如果 SirenDoor 类定义了 alarm() 那么该方法被调用，否则就在 SirenDoor 的超类中搜寻方法 alarm()，依此类推。

**注意**：Java 中的方法被 final、static、private 修饰时，Java 编译器会使用静态绑定将对象和其方法绑定。原因在于，final 表示不可被重写的，这样的方法父子类之间不可能同时

111

有,所以不会发生动态绑定。private 修饰的变量和方法在子类中不能被继承,默认也是 final 的,所以也不会发生动态绑定。static 修饰的方法和属性表示类本身的方法和属性,与对象无关,所以也不会发生动态绑定。

如果不是上述情况,程序在运行时将调用对象实际类型的方法,而不是对象声明类型所对应的方法,这就是所谓的动态绑定。

Java 的多态性正是使用了动态绑定,提高了程序的灵活性,降低了耦合度。

# 7.3　多态性总结

总之,多态就是指不同类型的对象可以响应相同的消息,但是处理的方式各不相同。这样,就实现了使用相同的代码,得到不同的结果,达到代码重用和代码便宜维护的目的。

Java 中多态的实现方式分为两种。

静态多态:静态多态的实现依赖于方法的重载。

动态多态:动态多态的实现依赖于动态方法调用和引用变量的向上转型。

(1) 父类和继承父类并覆盖父类中同一方法的几个不同的子类,将声明为父类型的引用指向子类型实例。需要注意:该引用只能调用父类中的属性和方法。

(2) 接口和实现接口并实现接口中同一方法的几个不同的类实现。

多态的优点如下:

(1) 使代码变得更加简单容易理解。

(2) 使程序具有很好的可扩展性。

【例 7-8】 做一个绘图类,要求绘图类能绘制任意类型的形状。

实现 1:

```
class Circle{
    private Double r;
    public Circle(Double r){
        this.r=r;
    }
}
class Triangle{
    private Double a;
    private Double b;
    private Double c;
    public Triangle(Double a,Double b,Double c){
        if(a+b>c && a+c>b && b+c>a){
            this.a=a;
            this.b=b;
            this.c=c;
        }else{
            System.out.println("您输入的三边构不成三角形");
        }
    }
}
```

```
        }
class Retangle{
    private Double a;
    private Double b;
    public Retangle(Double a,Double b){
        this.a=a;
        this.b=b;
    }
}
class DrawShape{
    public void drawCircle(Circle circle){
        System.out.println("画圆");
    }
    public   void drawTriangle(Triangle triangle){
        System.out.println("画三角形");
    }
    public   void drawRetangle(Retangle retangle){
        System.out.println("画矩形");
    }
}
public class Test{
    public static void main(String[] args){
        Circle c=new Circle(3.0);
        DrawShape draw=new DrawShape();
        draw.draw(c);
    }
}
```

以上实现方式的缺点是,如果要画更多的形状,需再添加形状的类,并且还需要修改 DrawShape 类的代码。

实现 2:对扩展开放,对修改关闭。

```
abstract class Shape{
    public void draw();
}
class Circle extends Shape{
    private Double r;
    public Circle(Double r){
        this.r=r;
    }
    public void draw(){
        System.out.println("画圆");
    }
}
class Triangle extends Shape {
    private Double a;
```

```java
        private Double b;
        private Double c;
        public Triangle(Double a,Double b,Double c){
            if(a+b>c && a+c>b && b+c>a){
                this.a=a;
                this.b=b;
                this.c=c;
            }else{
                System.out.println("您输入的三边构不成三角形");
            }
        }
        public void draw(){
            System.out.println("画三角形");
        }
    }
class Retangle extends Shape {
        private Double a;
        private Double b;
        public Retangle(Double a,Double b){
            this.a=a;
            this.b=b;
        }
        public void draw(){
            System.out.println("画矩形");
        }
    }
class DrawShape{
        public void draw(Shape shape){
            shape.draw();
        }
    }
public class Test{
        public static void main(String[] args){
            Circle c=new Circle(3.0);
            DrawShape draw=new DrawShape();
            draw.draw(c);
        }
    }
```

# 7.4 练 习

1. 下列程序在执行的过程中会出现错误的是(        )。

```java
    class A{
        A(){
```

```
        System.out.println("Class A constructor");
    }
}
class B extends A{
    B(){
        System.out.println("Class B constructor");
    }
}
class C extends A{
    C(){
        System.out.println("Class C constructor");
    }
    public static void main(String[] args){
        A a=new A();              //Line 1
        B a1=new B();             //Line 2
        A a2=new C();             //line 3
        B b=new C();              //Line 4
    }
}
```

A. A a＝new A();                //Line 1
B. B a1＝new B();               //Line 2
C. A a2＝new C();               //Line 3
D. B b＝new C();                //Line 4

2. 设计一个 Cycle 类,它具有子类 Unicycle、Bicycle 和 Tricycle,并写测试方法测试,每一种子类型的对象都可以向上转型为 Cycle 类型。

3. 简述多态的作用。

4. 简述 Java 中多态的实现方式以及各自的特点。

# 第 8 章  包 装 器 类

本章学习目标：
(1) 了解 Java 中提供的 8 种包装器类。
(2) 掌握包装器类的自动装箱、自动拆箱。
(3) 了解包装器类引起的方法重载现象。

## 8.1  包装器类型

在第 2 章中介绍了 Java 中基本数据类型，Java 中一共有 8 种基本数据类型，基本数据类型本身只能表示一个数值，而 Java 是面向对象的语言，Java 中万事万物皆对象，并且对象可以携带除了数值之外更多的信息，所以在 Java 中提供了 8 种基本数据类型的对应的类类型，称为包装器类型。8 种基本数据类型以及所对应的包装器类型如表 8-1 所示。

表 8-1  包装器类

| 基本数据类型 | 包装器类型 | 包装器类的构造方法的参数 |
| --- | --- | --- |
| Boolean | Boolean | boolean/String |
| Byte | Byte | byte/String |
| Char | Character | char |
| Short | Short | double/String |
| Int | Integer | int/String |
| Long | Long | long/String |
| Float | Float | float/double/String |
| Double | Double | double/String |

包装器类的主要作用：一是为将基本数据类型"包装"到对象中提供一种机制，二是为基本数据提供分类功能。

创建包装器类型对象的方式有两种：一是直接使用 new 关键字调用各自的构造方法；二是在每一个包装器类中都提供了一个静态的方法 valueOf()方法，直接调用此方法得到包装器类对象，如

```
Integer i=Integer.valueOf(1);
```

所有的包装器类型有一个共同点就是对象一旦赋值，其值不能再改变（与 String 类的不变性一致）。

包装器类型和基本数据类型之间可以相互转换，具体的转换依赖于包装器类提供的方法。

(1) xxxValue()。需要将包装器类型对象转换成对应的基本数据类型时，调用包装器类的 xxxValue()方法即可，如表 8-2 所示。

表 8-2　xxxValue()方法

| 方　　法 | 返回类型 | 方　　法 | 返回类型 |
|---|---|---|---|
| byteValue() | byte | longValue() | long |
| shortValue() | short | floatValue() | float |
| intValue() | int | doubleValue() | double |

（2）parseXxx()。将 String 类型对象转换为基本数据类型对象时，调用基本类型对应的包装器类的 parseXxx()方法即可，如表 8-3 所示。

表 8-3　parseXxx()方法

| 方　　法 | 返回类型 | 方　　法 | 返回类型 |
|---|---|---|---|
| parseByte() | byte | parseLong() | long |
| parseShort() | short | parseFloat() | float |
| parseInt() | Int | parseDouble | double |

（3）toString()。需要将包装器类型对象转换为 String 类型对象时，调用包装器类的 toString 方法。在 Object 类中已经介绍过 toString 方法，在包装器类中对 Object 的 toString()进行了重写，返回值为包装器类对象所表示的基本数值转换成的字符串。

# 8.2　自　动　装　箱

Java 中的装箱和拆箱分别指将基本数据类型数据转换为对应的包装器类型对象，将包装器类型对象转换为对应的基本数据类型数据。

在 Java 中有一些运算或程序是有限制使用包装器类型或者基本数据类型的。比如 ++，-- 运算符只能对基本数据类型的数值进行运算，再比如在集合中只能存放引用类型对象而不能存放基本数据类型数据等。

要想能顺利完成程序，有时不得不将数据在基本数据类型和包装器类型之间做转换。比如想对 Integer 类型的对象进行自加 1 的操作，则必须如下操作：

```
Integer y=new Integer(567);
int x=y.intValue();
x++;
y=new Integer(x);
System.out.println("y="+y);
```

这样的运算和使用在 Java 中还有很多，在 JDK 1.5 之前程序员必须在程序中显示的对包装器类型对象进行拆箱和装箱的操作。可以看出，这样的操作是很烦琐的。在 JDK 1.5 版本之后程序员实现以上功能时则不需要烦琐地进行装箱和拆箱的操作了，直接调用 Integer 对象 ++ 或 -- 即可，如下所示：

```
Integer y=new Integer(567);
y++;
System.out.println("y="+y);
```

这是为什么呢？是不是因为 Java 对＋＋和－－操作符做了修改呢？

虽然程序中没有显式地对 Integer 对象进行拆箱和装箱，但实际上程序在编译时编译器自动做了拆箱和装箱的操作，也就是说上面的程序经过编译生成的二进制 class 文件和第一段程序编译生成的二进制 class 文件是一致的，两种程序运行时执行的程序完全一致，人们把这种由编译器自动完成的装箱和拆箱的操作称为自动装箱。

因为在程序中有了编译器的自动装箱的操作，所以在程序中如果比较＋＋之前的 y 和＋＋之后的 y 两个变量，它们所引用的内存地址是不同的，即 y＝＝y 返回的是 false。

只要程序中能正常使用基本类型数据或者包装器类型数据的，编译器都会做自动装箱和自动拆箱的操作。比如在方法的调用，集合中存放数据，＋＋或－－操作，等等。

有了自动装箱，程序员在写程序时要特别注意，下面来看一个例子。

**【例 8-1】** 判断程序运行的结果。

```
class Boxing{
    Integer x;
    public static void main(String[] args){
        Boxing box=new Boxing();
            box.doStuff(box.x);
    }
    public void doStuff(int    z){
        System.out.println(z);
    }
}
```

分析程序：这个题考查了两个方面的知识，第一，类的成员变量的初始化，第二，包装器类型的自动装箱。首先 Boxing 类的成员 Integer 类型的 x 的默认初始值是 null，在 main 方法中调用 doStuff 方法将 Integer 类型的 x 作为实参，在 doStuff 方法的定义中声明的形参类型是 int 型，故在方法调用的过程中会将 Integer;类型的 x 先拆箱然后再调用 doStuff 方法，但是在拆箱的过程中 x 的初始值是 null，拆箱会发生异常 NullPointerException，所以程序的运行结果为发生 NullPointerException 异常。

自动装箱也给方法的重载带来了一定的难题，来看几个方法重载的例子。

**【例 8-2】** 包装器类的自动装箱带来的方法重载问题示例 1。

```
public class Test {
    void go(int x){
        System.out.println("int");
    }
    void go(long x){
        System.out.println("long");
    }
    void go(double x){
        System.out.println("double");
    }
    public static void main(String[] args){
        Test test=new Test();
```

```
        byte b=5;
        short s=5;
        long l=5;
        float f=5.0f;
        test.go(b);
        test.go(s);
        test.go(l);
        test.go(f);
    }
}
```

方法执行的结果是：

```
int
int
long
double
```

在方法 go(b)调用时，因为找不到完全匹配的 go(byte x)方法，JVM 会将实参 byte 类型的 b 加宽成 int 类型，调用 go(int x)。

【例 8-3】 包装器类的自动装箱带来的方法重载问题示例 2。

```
public class Test {
    void go(Integer x){
        System.out.println("Integer");
    }
    void go(short x){
        System.out.println("short");
    }
    public static void main(String[] args){
        Test test=new Test();
        int i=5;
        test.go(i);
    }
}
```

在方法调用时，找不到精确匹配的方法时，JVM 会将做自动装箱来匹配，所以程序运行结果是 Integer。

【例 8-4】 包装器类的自动装箱带来的方法重载问题示例 3。

```
public class Test {
    void go(Integer x){
        System.out.println("Integer");
    }
    void go(long x){
        System.out.println("long");
    }
```

```
    void go(short x){
        System.out.println("short");
    }
    public static void main(String[] args){
        Test test=new Test();
        int i=5;
        test.go(i);
    }
}
```

方法调用时,如果既存在加宽的方法又存在装箱的方法,则 JVM 的调用顺序是,先加宽后装箱。所以程序运行的结果是 long。

【例 8-5】 包装器类的自动装箱带来的方法重载问题示例 4。

```
public class Test {
    void go(int x,int y){
        System.out.println("int,int");
    }
    void go(byte ··· x){
        System.out.println("byte···");
    }
    void go(Byte x,Byte y){
        System.out.println("Byte,Byte");
    }
    public static void main(String[] args){
        Test test=new Test();
        byte b=5;
        test.go(b,b);
    }
}
```

在 Java 中有一种特殊的方法被称为可变变元列表方法,其基本的方法声明是参数中带有"···"号,表示参数的个数是可变的。如果在方法调用时,既存在加宽的方法,又存在装箱的方法,还存在可变变元列表方法,则 JVM 的调用顺序是,加宽先于可变变元列表,装箱先于可变变元列表。所以程序运行的结果是

```
int,int
```

注意:方法的加宽同样适用于引用类型。

【例 8-6】 子类型被加宽成父类型的重载。

```
public class Test {
    void go(Object x){
        System.out.println("Object");
    }
    public static void main(String[] args) {
        Test test= new Test();
```

```
        byte b= 5;
        Byte bb= 5;
        test.go(b);
        test.go(bb);
    }
}
```

分析程序:go(b)方法调用时将 byte 类型的 b 包装为 Byte 类型,然后被加宽成 Object 类型,所以程序运行的结果为 Object。

**【例 8-7】** 有拆箱的方法重载。

```
public class Test {
    void go(int x){
        System.out.println("int");
    }
    void go(Integer x){
        System.out.println("Integer");
    }
    public static void main(String[] args){
        Test test=new Test();
        int i=5;
        Integer ii=5;
        byte b=5;
        Byte bb=5;
        go(i);
        test.go(ii);
        test.go(b);
        test.go(bb);
    }
}
```

在执行 go(bb)时,会先对 Byte 类型的 bb 进行拆箱然后加宽为 int 类型,调用 go(int x)方法,所以程序执行的结果如下:

```
int
Integer
int
int
```

**思考**:将 go(int x)方法注释掉,程序运行的结果又是什么?

对于加宽、装箱、可变变元列表的重载方法的调用规则总结如下:

(1) 基本加宽使用可能"最小的"方法参数。

(2) 当分别使用时,装箱与可变变元列表都与重载兼容。

(3) 不能从一种包装器加宽到另一种包装器。

(4) 不能先加宽后装箱(int 不能变成 Long)。

(5) 可以先装箱,后加宽(int 可以通过 Integer 编程 Object)。

## 8.3 练 习

1. 以下程序运行结果是( )。

```
public class AutoBoxDemo2 {
        public static void main(String[] args){
                Integer i1=100;
                Integer i2=100;
                if(i1==i2)
                    System.out.println("i1==i2");
                else
                  System.out.println("i1 !=i2");
        }
}
```

A. i1==i2                          B. i1!=i2

C. 控制台没有输出                  D. i1==i2
                                      i1!=i2

2. 阅读以下程序回答问题。

```
public class FooTest {
    public void foo(){
        System.out.println(Foo.x);
        System.out.println(Foo.y);
    }
    public static void main(String[] args){
        new FooTest().foo();
    }
}


class Foo {
    public static final int x=1;
    public static int y=2;
    static {
        System.out.println("hello");
    }
}
```

(1) 程序执行的结果是什么?

(2) 如果将 FooTest 类中的 foo 方法中的两次 System. out. println()方法的调用次序反过来,会输出什么?

3. 自动装箱操作是( )做的。

A. Java 编译器      B. JVM         C. Java 解释器       D. JRE

4. 简述 Java 中的自动装箱机制。

# 第 9 章　内　部　类

本章学习目标：

(1) 了解内部类的概念。

(2) 掌握内部类的分类。

(3) 掌握内部类的规则和语法。

(4) 了解内部类的应用场景。

将一个类定义在另一个类的内部，这就是内部类。内部类是面向对象编程思想中的一个非常有用的特性，一些逻辑相关的类可以被组织在一起，位于内部类的可视性也可被控制，即控制访问权限。内部类作为外部类的一个成员，并且依附外部类而存在。

那么，为什么需要内部类呢？

一种典型的情况是，内部类继承自某个类或实现某个接口，内部类的代码操作创建其所在外部类的对象。所以可以认为内部类提供了某种进入其外部类的窗口。

内部类最吸引人的原因是每个内部类都能独立地继承自其他的类（或实现其他的接口），所以无论外部类是否已经继承了某个类（或实现了某个接口），对于内部类都没有影响。如果没有内部类提供的可以继承多个具体的或抽象的类的能力，一些设计与编程问题就很难解决。从这个角度看，内部类让 Java 实现了多重继承（当然接口也是解决 Java 单继承机制的一个有力的工具）。

## 9.1　内部类的基本使用

从内部类的定义中不难看出，在程序中创建内部类，只需要将类的定义放在另一个类的内部即可。可以将内部类看成是外部类的一个成员，所以类的成员可用的修饰符内部类都可用，比如：访问修饰符 private、protected、public，final，static 等。如果内部类被 static 修饰，则称为静态内部类或者叫静态嵌套类，本书第 9.4 节会详细介绍。

【例 9-1】　内部类的创建（定义）示例。

```
public class Parcel {
    class Contents {
        private int i=11;
        public int value(){
            return i;
        }
    }
    class Destination {
        private String label;
        public Destination(String label){
            this.label=label;
```

```
        }
        String readLabel(){
            return label;
        }
    }
    public void ship(String dest){
        Contents contents=new Contents();
        Destination destination=new Destination(dest);
        System.out.println(destination.readLabel());
    }
    public static void main(String[] args){
        Parcel parcel=new Parcel();
        parcel.ship("China");
    }
}
```

在 ship()方法中使用内部类与使用外部类没什么区别,也就是说在外部类内部的非静态方法中使用内部类与使用其他的外部类语法是一致的。但是,如果想在静态方法中使用内部类,则需要通过外部类来访问内部类,必须具体指明这个对象的类型:例如:

```
public static void main(String[] args){
        Parcel parcel=new Parcel();
        parcel.ship("China");
        Parcel.Contents c=new Parcel().new Contents();
        System.out.println(c.value());
}
```

在创建内部类时要注意以下几点:

(1) 内部类可以看成外部类的成员。

(2) 内部类前面可以有访问修饰符修饰。

(3) 内部类(除静态内部类)内部不能有 static 声明。

(4) 内部类的主要目的是对外部隐藏类的存在性。

内部类从某种意义上说只是一种名字隐藏和组织代码的模式,但是当创建一个内部类的对象时,此对象与创建它的外部对象之间就有了一种联系,所以在内部类中可以无条件地访问外部类的所有属性,即内部类拥有外部类所有成员的访问权限,那么 Java 中是如何做到这一点的呢? 当通过某个外部类的对象创建内部类的对象时,内部类对象就会捕获一个外部类对象的引用,随后在内部类中访问外部类对象的成员时,就会使用这个外部类对象的引用。当然,这一系列的操作编译器有助于目标的实现,所以说内部类对象只能在与外部类对象相关的情况下创建。

(1) 在外部类的外部创建内部类对象的语法如下:

OuterClassName.InnerClassName inner=new OuterClassName().new InnerClassName()。

例如:

Parcel.Contents c=new Parcel().new Contents();

（2）在外部类的非静态成员方法中创建内部类对象的语法如下：

```
InnerClassName inner=new InnerClassName();
```

【例 9-2】 内部类对象访问外部类的属性示例。

```
interface Selector {
    boolean end();
    Object current();
    void next();
}
public class Sort {
    private Object[] items;
    private int next=0;
    public Sort(int size){
        items=new Object[size];
    }
    public void add(Object x){
        if(next<items.length){
            items[next++]=x;
        }
    }
    private class SortSelector implements Selector {
        private int index=0;
        @Override
        public boolean end(){
            //TODO Auto-generated method stub
            return index==items.length;
        }
        @Override
        public Object current(){
            //TODO Auto-generated method stub
            return items[index];
        }
        @Override
        public void next(){
            //TODO Auto-generated method stub
            if(index<items.length){
                index++;
            }
        }
    }
    public Selector selector(){
        return  new SortSelector();
    }
    public static void main(String[] args){
```

```
        Sort sort=new Sort(20);
        for(int i=0; i<20; i++){
            sort.add(String.valueOf(i));
        }
        Selector selector=sort.selector();
        while(!selector.end()){
            System.out.print(selector.current()+" ");
            selector.next();
        }
    }
}
```

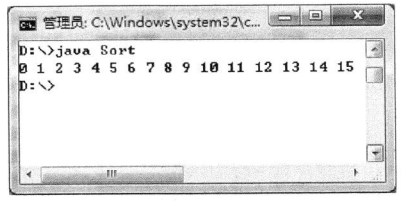

程序运行的结果如图 9-1 所示。

Sort 类只是一个 Object 固定大小的数组，可
以通过 add 方法向数组中追加新的 Object，读取
图 9-1　内部类对象访问外部类属性示例
Sort 中的每一个元素时可以使用 Selector，其中

Selector 类似于本书后面将介绍的迭代器，并且可以判定当前序列是否已经到了末尾
（end()方法），得到当前对象（current()方法），以及移到序列的下一个元素（next()方法）。
SortSelector 是实现了 Selector 功能的私有内部类，则在 SortSelector 类内部可以任意访问
Sort 类中定义的方法和属性，比如 next()、end()、current()方法中都调用了 Sort 中定义的
成员变量 items。

在内部类中如果想使用外部类的对象的引用，可以直接使用 OuterClassName. this，这
样所产生的引用自动就是外部类对象的引用。

【例 9-3】　内部类得到外部类的引用示例。

```
public class OuterClassName {
    public void print(){
        System.out.println("OuterClassName.print()");
    }
    public class InnerClassName{
        public OuterClassName getOuterClassName(){
        return OuterClassName.this;
        }
    }
    public InnerClassName getInnerClassName(){
        return  new InnerClassName();
    }
    public   static void main(String[] args){
        OuterClassName outer=new OuterClassName();
        OuterClassName.InnerClassName inner=Outer.getInnerClass();
        OuterClassName outerByInner=inner.getOuterClassName();
        System.out.println(outer==outerByInner);
        outerByInner.print();
    }
```

```
    }
```

程序运行的结果如图 9-2 所示。

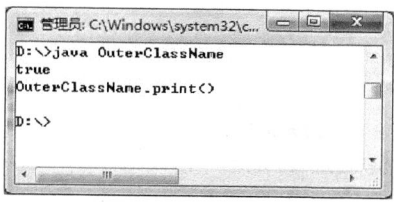

图 9-2 内部类中得到外部类引用示例

# 9.2 局部方法内部类

内部类的语法覆盖了大量的有的时候是难以理解的技术,Java 中的内部类还可以定义在一个方法的内部,比如:

```
public class Student{
    public void goHome(){
        class Address{
            private String zipCode;
            ...
        }
    }
}
```

人们把这种内部类称为局部方法内部类,这是 Java 中的一种特殊的内部类。

局部方法内部类只在定义它的方法内部可见,方法外面是不知道其存在的。即局部方法内部类只能在定义它的方法内部被实例化和调用。

局部方法内部类能够访问外部类的任何(包括私有)成员,但不能访问其所在方法的局部变量(因为不能保证局部变量的存活期与局部方法内部类对象一样长),把局部变量声明为 final 的情况下可访问。

局部方法内部类的声明与局部变量的声明类似,不能使用访问修饰符 private、protected、public 修饰,不能使用 static、transient(对象序列化时会讲解 transient 的作用)修饰。

如果内部类被定义在一个类的静态方法内部,则在该内部类只能访问外部类的静态成员。

【例 9-4】 局部方法内部类举例。

```
interface Destination {
    String readLabel();
}
public class MethodInnerClass {
    public Destination destination(String s){
```

```
        class MDestination implements Destination {
            private String label;
            private MDestination(String whereTo){
                label=whereTo;
            }
            @Override
            public String readLabel(){
                return label;
            }
        }
        return new MDestination(s);
    }
    public static void main(String[] args){
        MethodInnerClass m=new MethodInnerClass();
        Destination destination=m.destination("China");
        System.out.println(destination.readLabel());
    }
}
```

程序执行结果：在控制台打印出 China。

通过上面的程序可以看到，在 main 方法中调用 MethodInnerClass 类中的 destination()就可以得到 Destination 类型的对象，但对于 destination()方法之外的程序来说，并不知道 destination()方法是如何来封装 Destination 对象的，这就是内部类的最大优势所在。内部类最大的用处就是将其向上转型为其父类类型，这样对于外部来说内部类是完全不可见的，甚至是不可用的，所得到的只是指向父类的引用，更方便地隐藏了实现细节。

# 9.3　匿名内部类

下面先来看一个例子。

【例 9-5】　匿名内部类示例。

```
interface Destination {
    String readLabel();
}
public class MethodInnerClass {
    public Destination destination(final String s){
        return new Destination(){
            @Override
            public String readLabel(){
                return s;
            }
        };
    }
    public static void main(String[] args){
```

```
        MethodInnerClass m=new MethodInnerClass();
        Destination destination=m.destination("China");
        System.out.println(destination.readLabel());
    }
}
```

这个例子实现的功能与例 9-4 一致,但是会发现代码有一些差异,而且最让大家奇怪的可能是

```
return    new Destination(){
@Override
public String readLabel(){
    return s;
    }
};
```

以前从来没见过如此创建对象的,这段代码其实相当于例 9-4 中的内部类的定义,所不同的是这个例子中所创建的对象的类型没有名字,只知道这个对象所属类型是 Destination 的子类,并且 readLabel()方法的具体实现已经给出,这种没有名字的内部类称为匿名内部类。在有些情况下只需要知道类的具体行为,而并不需要知道类的名字,这时候用匿名内部类最合适不过了。

匿名内部类最常见的应用场景是在 GUI 编程中,设计到界面控件和用户交互时。在最后一章 GUI 编程中会看到相应的应用场景和具体的实现。

需要注意的是,匿名内部类中,使用了默认的构造方法来生成对象,那么如果父类中定义的是有参数的构造方法,在声明匿名内部类时又应该怎么处理呢?

【例 9-6】 带参数的匿名内部类实现。

```
abstract class Wrapping{
    private int x;
    public Wrapping(int x){
        this.x=x;
    }
    public int value(){
        return x;
    }
}
public class AnonymousInnerClass{
    public Wrapping wrapping(int x){
        return new Wrapping(x){
            public int value(){
                return supper.value() * 47;
            }
        }
    }
    public static void main(String[] args){
```

```
        AnonymousInnerClass a=new AnonymousInnerClass();
        Wrapping w=a.wrapping(10);
    }
}
```

    如果父类中定义的是有参数的构造方法,那么在匿名类的定义中只需要将相应的实际参数传递给构造器即可。

    如果匿名内部类中要访问其外部定义的对象时,要求这个对象的引用必须是 final 的,就像例 9-5 中的匿名内部类的定义:

```
public Destination destination(final String s){
    return new Destination(){
        @Override
        public String readLabel(){
            return s;
        }
    };
}
```

    匿名内部类与正规的继承相比有些受限制,因为匿名内部类既可以实现接口,也可以继承类,但是两者不能兼得,实现了接口就不能继承类,继承了类就不能实现接口,并且实现接口也只能实现一个。如果想实现多个接口,可以通过将一个接口继承多个接口来实现。

# 9.4　静态嵌套类(静态内部类或者嵌套类)

    使用 static 修饰的内部类被称为静态嵌套类或者静态内部类或者嵌套类,一般在程序中,如果不需要内部类对象与外部类对象之间的联系,那么才会使用静态嵌套类。static 关键字应用在内部类中有特殊的含义,普通的内部类对象隐式地保存了一个外部类对象的引用,而如果内部类是 static 的,则意味着要创建静态嵌套类不需要通过外部类对象,同时不能从静态嵌套类的对象中访问外部类对象。普通的内部类中不能定义静态的成员,而静态嵌套类中可以定义静态的成员。

【例 9-7】　静态嵌套类的定义和调用示例。

```
interface Contents {
    public int value();
}
public class StaticInnerClass {
    private static class InnerClass implements Contents {
        private int i=11;
        @Override
        public int value(){
            return i;
        }
    }
    public static Contents getContents(){
```

```
        return new InnerClass();
    }
    public static void main(String[] args){
        Contents contents=getContents();
        System.out.println(contents.value());
        Contents contents2=new StaticInnerClass.InnerClass();
                                    //直接通过类名创建静态嵌套类对象
        System.out.println(contents2.value());
    }
}
```

其实也可以对照类的静态成员变量来理解静态嵌套类。

# 9.5 练 习

1. 下面程序的运行结果是(    )。

```
class A{void m(){System.out.println("out");}}
    public class TestInners {
        public static void main(String[] args){
            new TestInners().go();
        }
        void go(){
            new A().m();
            class A{void m(){System.out.println("inner");}}
        }
        class A{void m(){System.out.println("middle");}}
    }
```

A. inner        B. outer        C. middle        D. 编译错误

E. 运行时异常

2. 下面程序的运行结果是(    )。

```
public abstract class AbstractTest{
    public int getNum(){
        return 45;
    }
    public abstract class Bar{
        public int getNum(){
            return 38;
        }
    }
    public static void main(String[] args){
        AbstractTest t=new AbstractTest(){
            public int getNum(){
                return 22;
```

```
            }
        };
        AbstractTest.Bar f=t.new Bar(){
            public int getNum(){
                return 57;
            }
        };
        System.out.println(f.getNum()+" "+t.getNum());
    }
}
```

A. 57 22             B. 45 38             C. 45 57             D. 运行时异常

E. 编译错误

3. 列举 Java 中内部的分类。

4. 编写一个名为 Outer 的类,它包含一个名为 Inner 的类。在 Outer 中添加一个方法,它返回一个 Inner 类型的对象。在 main()方法中创建并初始化一个 Inner 对象。

5. 创建一个包含内部类的类,在另一个独立的类中,创建此内部类的实例。

6. 创建一个类,它有默认的构造方法(需要参数的构造方法),并且没有无参数的构造方法。创建第二个类,它包括一个方法,此方法能够返回对第一个类的对象的引用。通过写一个继承自第一个类的匿名内部类来创建返回对象,如例 9-5。

7. 创建一个包含静态嵌套类的接口,实现此接口并创建静态嵌套类实例。

8. Java 编译器在编译带内部类的 Java 源文件时会如何生成对应的 class 文件? 内部类和外部类是在同一个 class 文件中还是分别放在不同的 class 文件中? class 文件的名称上有没有什么变化? 请查看编译器生成的 class 文件。

# 第 10 章 枚 举

本章学习目标：

（1）掌握枚举的概念。

（2）掌握 Java 中枚举的实质。

在程序设计中往往存在着这样一些"数据集"，这些数据集的数值在程序中是稳定的，并且"数据集"中的元素是有限的。比如星期一到星期日 7 个数据元素组成了一周的"数据集"，春、夏、秋、冬 4 个数据元素组成了四季的"数据集"。

对于以上所描述的"数据集"，在 Java 程序设计中应该如何来表示呢？

在 JDK 1.5 之前，人们不得不创建一个整型或者字符串型的数组或容器对象来表示以上的"数据集"。这种表示的缺点就在于，数组或容器中元素的值并不会限制在所定义的"数据集"范围之内，如果想限定，必须了解更多的细节并且做格外仔细的处理。

在 JDK 1.5 中引入了一个新的概念——枚举（enum），在 JDK 1.5 之后在程序中就可以使用枚举来表示固定个数和固定取值的"数据集"。枚举类型属于程序设计中非常普遍的需求，在 C、C++、C♯等许多语言中都拥有它。

## 10.1　枚举的基本使用

Java 中的枚举与 C/C++ 中的模板功能上基本一致，但从机制和原理上来说是完全不同的。首先来看一下 Java 中如何来定义枚举。

【例 10-1】　枚举的定义。

```
public enum Sex{
    MAIL,FMAIL
}
```

这里创建了一个名为 Sex 的枚举类型。它具有两个具体值。在枚举类型中定义的实例都是常量，按照 Java 的命名规则应该用大写字母表示（如果名字中有多个单词，用下划线隔开）。

在程序中可以将枚举的实例直接赋值给枚举类型的变量，比如：

```
public class Person{
    private String name;
    private Date birthday;
    private Sex sex;
    public String getName(){
        return name;
    }
    public void setName(String name){
```

```
            this.name=name;
        }
        public Sex getSex(){
            return sex;
        }
        public void setSex(Sex sex){
            this.sex=sex;
        }
        public Date getBirthday(){
            return birthday;
        }
        public void setBirthday(Date birthday){
            this.birthday=birthday;
        }
    }
public class Test{
    public static void main(String[] args){
        Person person=new Person();
        person.setName("zhangsan");
        person.setBirthday(new Date());
        person.setSex(Sex.MAIL);
        System.out.println(person.getName()+"----"+person.getSex());
    }
}
```

程序执行的结果为：

```
zhangsan----MAIL
```

在程序中定义 enum 时，编译器会自动在 enum 中添加一些有用的方法，比如：enum 中会加入 toString() 方法，所以在打印 Sex 实例时会显示 enum 实例的名字（例 10-1 中的程序运行结果是 MAIL 即可证明这一点）；编译器还创建了 ordinal() 方法和 static values() 方法，其中 ordinal() 方法是用来表示 enum 中每个常量的声明顺序，values() 方法用来按照 enum 中声明的常量的顺序产生由这些常量构成的数组。

【例 10-2】 编译器自动在 enum 中添加的方法调用。

```
public static void main(String[] args){
    for(Sex s : Sex.values()){
        System.out.println(s.toString()+":"+s.ordinal());
    }
}
```

程序运行的结果为：

```
MAIL:0
FMAIl:1
```

Java 中的枚举（enum）与 C++ 中的模板有本质区别，Java 中的 enum 本质就是一个

class，例 10-1 中定义的枚举类型 Sex 相当于(注意：是相当于而并不是等于)下面类的定义：

```java
public class Sex{
    public static final Sex MAIL=new Sex("MAIL");
    public static final Sex FMAIL=new Sex("FMAIL");
    private String name;
    private Sex(String name){
        this.name=name;
    }
    public String toString(){
        return name;
    }
}
```

enum 关键字只是告诉编译器在生成类时产生一些特殊的行为，因此从某种程度上说，枚举(enum)可以看成是任何一种类型。

枚举(enum)一个比较实用的特性就是可以在 switch 语句中使用，switch 语句的语法是在有限的可能值的集合中进行选择，所以枚举(enum)和 switch 语句是绝配。

【例 10-3】 switch 语句中应用枚举(enum)。

```java
public enum Size {
    MINI,MIDIAL,BIG,HUGE
}
public class Test{
    public static void main(String[] args){
    Size size=null;
        switch(size){
        case MINI:
            System.out.println("桌子的尺寸是小的");
            break;
        case MIDIAL:
            System.out.println("桌子的尺寸是中的");
            break;
        case BIG:
            System.out.println("桌子的尺寸是大的");
            break;
        case HUGE:
            System.out.println("桌子的尺寸是巨大的");
            break;
        default:
            break;
        }
    }
}
```

在程序设计中，可以将枚举(enum)用作另外一种创建数据类型的方式，并可以直接得到类型的实例,不必过多考虑其他的问题。

对于枚举(enum)就介绍这么多内容,枚举(enum)还有很多内在的特性,比如在定义枚举(enum)中可以向其中添加新的方法,新的属性,甚至是 main()方法,还可以重写编译器自动生成的一些方法,等等。

虽然枚举本身并不是特别复杂,但是程序员可以将枚举(enum)和 Java 语言中的其他功能(例如多态,泛型等)结合起来使用。程序设计中即可以把枚举(enum)当成一种特殊的类型(因为其中只能定义有限个数的实例),也可以把枚举(enum)当成一个普通的类来使用,只是不能被继承。

## 10.2 练　习

1. 创建一个枚举,它包括纸币中所有的元级别的面值,通过 values()方法打印出每种面值的值。

2. 为第 1 题中的枚举类型设计一个程序,输出每一种面值的描述信息。

3. 阅读相关资料和帮助文档学习如何使用接口组织枚举。

# 第11章 异常和断言

本章学习目标：

（1）了解 Java 中的异常分类。

（2）掌握 Java 中异常处理机制。

（3）了解 Java 中的嵌套异常处理。

（4）掌握运行时异常和受检异常的区别。

（5）掌握 Java 中自定义异常。

（6）了解 Java 中断言的使用。

程序的运行都是按照一定的顺序来执行的,在第 2 章中已经详细介绍了程序的流程控制,之前所介绍的流程控制都是程序正常的执行流程,但是在程序运行的过程中避免不了会出现一些错误,比如试图打开一个根本不存在的文件,试图连接一个不存在的网络服务器,试图将一个不符合规则的字符串转换为日期类型,等等。人们将程序运行过程中出现的错误称为异常,那么对于程序出现的这些异常,需不需处理? 如果需要又该如何来处理呢?

在 Java 中提供了一系列的异常处理的机制来解决以上问题。异常处理将会改变程序的正常执行流程,会让程序有机会对错误做出处理。异常处理是 Java 语言中一个独特之处,这种机制使得程序员可以开发出更为稳定的软件系统。

Java 中异常处理主要有两种方式:捕获异常和声明抛出异常,其中捕获异常是一种积极处理异常的方法,而声明抛出异常是一种消极处理异常的方法。本章主要对 Java 语言的两种异常处理机制以及 Java 内置的异常类层次进行详细的讲解和说明,并简单介绍自定义异常的使用。

## 11.1 异　　常

异常就是在程序运行的过程中所发生的不正常的事件,这种不正常事件会中断程序的正常执行。Java 中提供一种独特的异常处理机制来对异常事件做出响应。当程序运行过程中出现了异常,Java 的运行时环境会创建一个异常类的对象来表示,并且会等待被处理。异常对象可以调用方法得到或输入有关异常的信息。

### 11.1.1 JDK 中异常的层次结构

Java 中所有的异常都直接或间接地继承于 Throwable 类,Java 中的异常分类如图 11-1 所示。

### 11.1.2 异常的分类

Java 中的异常分为两大类。

（1）Error。这类异常通常 Java 程序不会捕获,也不会抛出这种异常,它描述了 Java 运

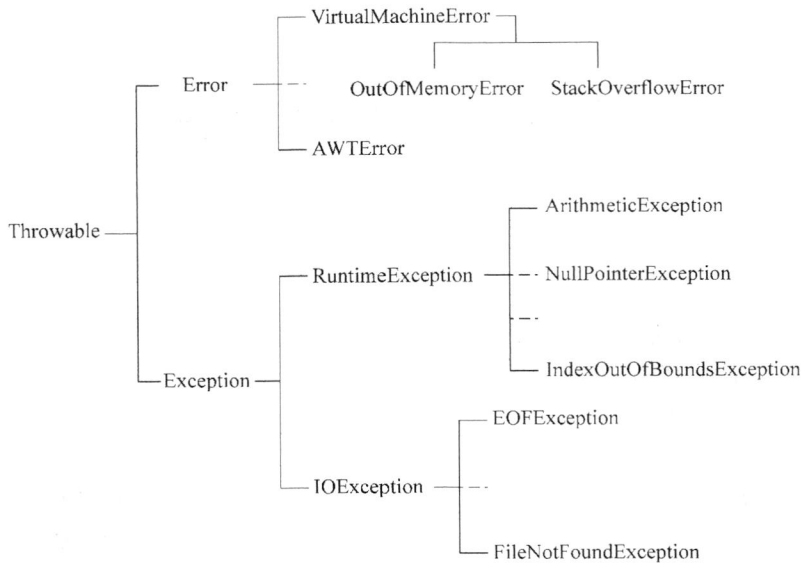

图 11-1　Java 中异常的类层次结构

行系统中的内部错误以及资源耗尽的情形,如果出现这种错误除了尽力使程序安全退出,在其他方面是无能为力的。所以,应用程序不应该抛出这类异常。

（2）Exception。这类异常是在程序设计时需要关注的,包括运行时异常和非运行时异常（受检异常）。

① 运行时异常。继承于 RuntimeException 的类都属于运行时异常,比如:算数异常（ArithmeticException）、空指针异常（NullPointerException）等。由于这些异常产生的位置是未知的,并且出现这类错误的根源一定是程序员的错误,比如算数异常中的数组下标越界异常,就可以通过检查数组的边界和数组下标来避免。所以 Java 编译器允许程序中不对这类异常做出处理。

② 非运行时异常（受检异常）。除了运行时异常,其他 Exception 的子类都称为非运行时异常,比如数据库操作异常（SQLException）、输入输出异常（IOException）等。这类异常一般是外部错误,比如试图从一个不存在的文件中读取数据,这并不是程序本身的错误,而是应用环境中不存在这个文件,所以 Java 编译器要求在程序中必须处理这类异常（当然,处理的方式可以是捕获或者声明抛出）。

【例 11-1】　简单的异常示例。

```
public static void main(String[] args){
    int[] array={1,2,3,4,5};
    for(int i=0;i<=array.length;i++){
        array[i]=1;
        System.out.println(array[i]);
        /*当 i 的取值为 array.length 时
                将抛出 ArrayIndexOutOfBoundsException*/
    }
}
```

以上程序在编译时并没有错误,但是在运行时当 i 的值取到 5 时就会发生 ArrayIndexOutOfBoundsException,结果如图 11-2 所示。

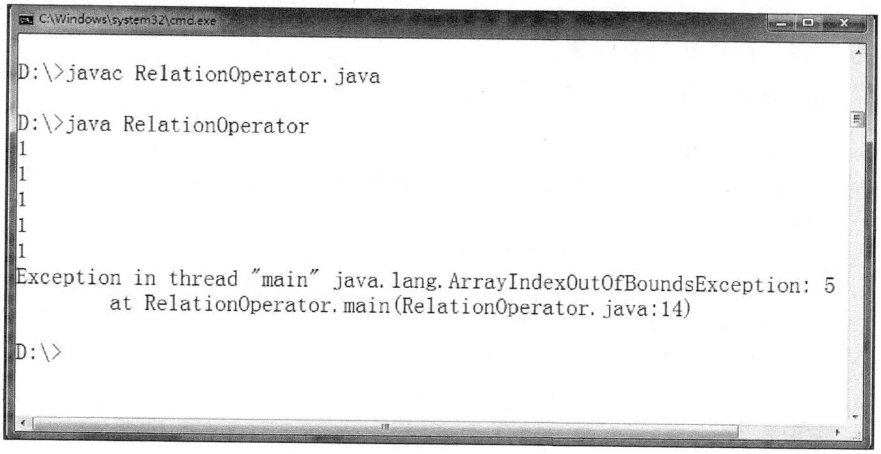

图 11-2　异常示例运行结果

# 11.2　Java 异常处理机制

Java 中的异常处理分为两种:捕获异常和声明抛出异常。

(1) 捕获异常。捕获异常是一种积极的异常处理方式。当程序一旦发生异常时,JVM 会沿着方法的调用栈逐层回溯,寻找异常的处理程序,当找到异常处理方法后,运行时环境会将产生的异常对象交给程序处理。

(2) 声明异常。声明异常是一种消极的异常处理方式,又被称为传播异常。如果一个方法中并不知道怎么处理产生的异常,则可以在方法声明时 throws 异常。

## 11.2.1　捕获异常

Java 程序中如果想捕获异常并处理,采用的 try…catch…finally 语句。其基本语法如下:

```
try{
    可能产生异常的代码;
}catch(捕获的异常类型){
    处理异常的代码;
}finally{
    不管是否发生异常,必须要执行的代码;
}
```

try 代码块是选定的捕获异常的范围,当 try 代码块在运行时发生了异常,Java 运行时环境就会产生一个异常对象并将它抛出。

catch 代码块中只需要一个形式参数指明它 catch 可以捕获的异常类型,形参的类型必须是 Throwable 的子类。catch 代码块中的代码是异常的处理程序。当 try 中发生了异常时,catch 就会捕获到运行时环境产生的异常对象,并执行大括号中的代码。

　　finally 捕获异常的最后一步就是通过 finally 语句为异常处理提供一个统一的出口。对于 finally 语句块中的代码,无论 try 块中有没有异常发生都会被执行,所以在 finally 语句块中一般处理一些资源的释放等。

　　**【例 11-2】** 分析下面程序的执行结果。

```
public class ExceptionDemo{
    public static void main(String args[])throws Exception{
        try{
            System.out.println("Begin");
            new Sample().method1(-1);          //出现 SpecialException 异常
            System.exit(0);
        }catch(Exception e){
            System.out.println("Wrong");
        }finally{
            System.out.println("Finally");
        }
        System.out.println("End");
    }
}
```

　　分析:在程序执行到 new Sample().method1(-1);这一行代码时会发生一个 Special-Exception 异常,之后的程序 JVM 不会再执行,而是创建一个 SpecialException 的对象,并寻找捕获这个异常对象的 catch 块,catch 块中的程序会被执行,catch 块执行完毕,执行 finally 语句块,最后执行 try…catch…finally 语句之后的程序。所以程序的执行结果如图 11-3 所示。

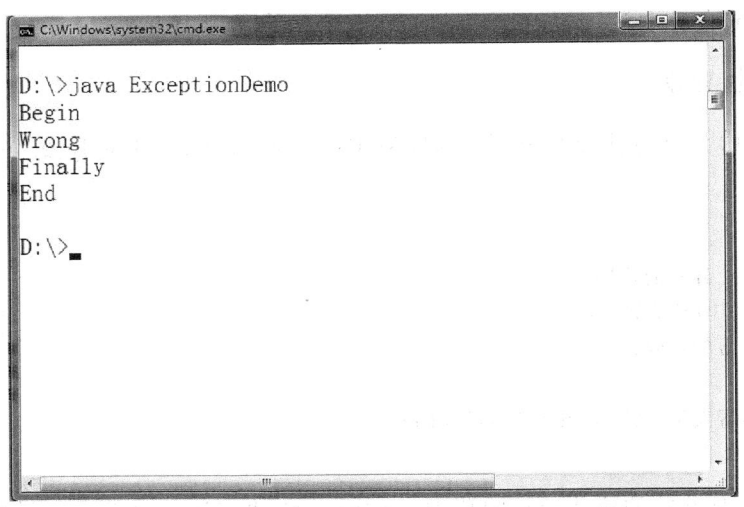

图 11-3　SpecialException 运行结果

　　**思考:** 如果 new Sample().method1(-1);这一行程序不会发生异常,则程序的执行结果是什么?

上面的例子中每一个 try 代码块后面跟了一个 catch 代码块,如果 try 代码块中可能发生多种异常,那么在 try 后面还可以跟更多的 catch 代码块,用来捕获和处理不同类型的异常。

需要注意的是 catch 代码块的顺序。

每一个 catch 代码块中都要定义一种可以捕获的异常类型,catch 代码块的顺序跟捕获的异常的顺序有关,当捕获到一个异常时,剩下的 catch 代码块就不会再进行匹配。因此在安排 catch 代码块的顺序时,首先应该捕获最特殊的异常,然后再逐渐一般化。即先子类,后父类。

【例 11-3】 try 后面跟多个 catch 代码块。

```
File file=new File("C:/img.jpg");
FileInputStream fis=null;
try {
    fis=new FileInputStream(file);
    int read=fis.read();
} catch(FileNotFoundException e){
    System.out.println("文件不存在");
} catch(IOException e){
    System.out.println("读取文件失败");
} finally {
    System.out.println("程序运行结束");
}
```

上面一段程序是读取文件的程序,在读文件时有可能输入的文件地址不正确,也有可能读文件的时候发生异常,所以可以用两个 catch 捕获不同的异常。

## 11.2.2 声明(传播)异常

如果在一个方法中产生了异常,但是这个方法并不确定该如何处理这个异常,这时,这个方法可以不捕获这个异常,而直接将异常对象传播给其调用者,这种处理异常的方式被称为声明异常或传播异常。

【例 11-4】 声明异常。

```
public void readFile(File file)throws IOException {
    FileInputStream fis=null;
    fis=new FileInputStream(file);
    int read=fis.read();
}
```

分析:在 readFile 方法里的操作是读取参数传递过来的文件,在读文件的过程中可能会发生异常,但是 readFile 方法并不清楚发生异常后应该怎么处理,所以在方法声明中可以使用 throws 关键字将可能产生的异常类型声明。

需要说明的是,throws 语法中可以同时指明多种异常,多种异常类型之间用","隔开,例如:

```
public void readFile(File file)throws IOException,SQLException {
    }
```

在上面的程序中 readFile 方法将异常传播了,但是一旦程序运行时发生异常了,这个异常对象到底传播给谁了呢?

在程序运行过程中任何的方法都有其调用者(method1 调用了 method2,method2 调用了 method3,…),一旦程序运行过程中发生异常,并且在异常发生的方法中声明了并将异常传播,那么这个异常会抛给方法的调用者,即谁调用了发生异常的方法,就传播给了谁。

【例 11-5】 异常的传播。

```
//DBConnection 类中定义的 connection 方法的功能是根据给定的参数获取指定数据的连接。这
个方法声明抛出了 ClassNotFoundException,SQLException 两类异常
public class DBConnection {
    public Connection connection(String dbDriverName,String url)
            throws ClassNotFoundException,SQLException {
        Class.forName(dbDriverName);
        Connection connection=DriverManager.getConnection(url);
        return connection;
    }
}
//在 Dao 类中定义的 search 方法中调用了 DBConnection 的 connection 方法,但是在 search
方法中并没有捕获处理 connection 方法中的异常,而是继续声明抛出了
public class Dao {
public void search()throws ClassNotFoundException,SQLException {
        DBConnection dbConnection=new DBConnection();
        dbConnection.connection("com.jdbc.mysql.Driver",
            "jdbc:mysql://localhost:3306/db");
    }
}
//在 Main 类中定义的 main 方法中调用了 Dao 类中的 search 方法,并且对可能产生的
ClassNotFoundException、SQLException 异常做了捕获处理
public class Main{
    public static void main(String[] args){
        Dao dao=new Dao();
        try {
            dao.search();
        } catch(ClassNotFoundException e){
            System.out.println("数据库的驱动类没找到");
        } catch(SQLException e){
            System.out.println("数据库 SQL 执行失败");
        }
    }
}
```

在程序中经常会看到这样的写法:

```
SQLException s=new SQLException();
throw s;
```

或者

```
try {
    可能发生异常的代码;
} catch(Exception e){
    throw e;
} finally{
    ...
}
```

throw 语句的作用是抛出异常,即将手动生成或者运行时环境生成的异常对象抛出。

throw 和 throws 的区别:

throw 是抛出异常,抛出的是一个异常的对象;throws 是声明抛出异常,主要作用是声明一个可能抛出的异常对象的类型。

需要注意的是,throw 后面必须跟 Throwable 或者其子类的对象。throws 后面必须跟 Throwable 的或者其子类。

# 11.3 自定义异常类

在程序的设计和开发过程中,如果 JDK 提供的异常类型不能满足需求的时候,程序员可以自定义一些异常类来描述自身程序中的异常信息。程序员自定义的异常必须继承 Throwable 的直接或间接子类。

前面章节中介绍过 Throwable 有两个直接子类 Exception 和 Error,并且介绍了它们的区别,一般情况下程序员自定的异常大部分都是继承 Exception 或者其子类。

【例 11-6】 自定义异常。

```
public class SpecialException extends Exception {
    private static final long serialVersionUID=1L;
    @Override
    public String getMessage(){
        return "SpecialException 三角形构造失败";
    }
    @Override
    public void printStackTrace(){
        System.out.println("三角形构造失败,异常类型:"+this.getClass().getName());
    }
    @Override
    public String toString(){
        return "三角形构造异常,类型为:"+this.getClass().getName();
    }
}
```

在自定义异常类中可以通过重写 Throwable 类中的 getMessage( )、toString( )、printStackTrace()方法来描述自定义异常的特殊信息。

在 catch 中捕获到异常类对象时,可以通过调用 getMessage( )、toString( )、printStackTrace()方法来获得异常的信息。

【例 11-7】 自定义异常的使用。

在例 11-6 中自定义了异常类 SpecialException。在下面的程序中将使用这个自定义异常。

```java
public class ExceptionDemo {
    public boolean check(int a,int b,int c)throws SpecialException {
        if(a+b<c){
            throw new SpecialException();
        } else if(a+c<b){
            throw new SpecialException();
        } else if(b+c<a){
            throw new SpecialException();
        }
        return true;
    }
    public static void main(String[] args){
        try {
            new Sample().check(2,3,6);
        } catch(SpecialException e){
            e.printStackTrace();
            System.out.println(e.getMessage());
            System.out.println(e.toString());
        }
    }
}
```

程序运行的结果如图 11-4 所示。

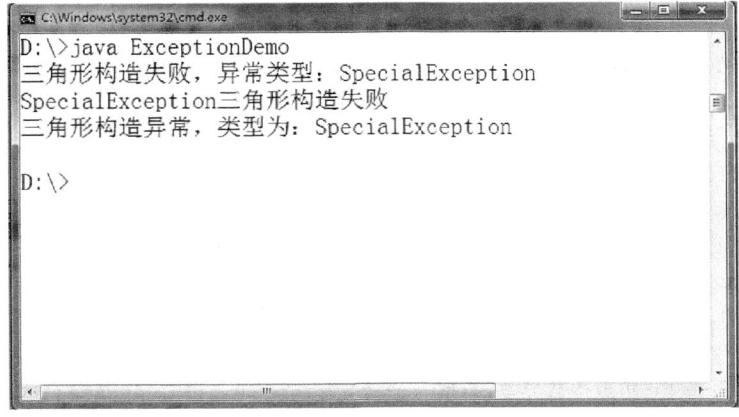

图 11-4　自定义异常的调用结果

需要说明,程序员自定的异常如果继承自 Exception,则默认这个异常是受检异常,即程序必须要显示出处理的异常。如果程序员想定义运行时异常,则必须继承自 RuntimeException。

## 11.4 断　　言

在 JDK 1.4 中,Java 中加入了断言机制。断言机制允许程序员在开发期间测试假设,而且这种测试不会改变原有程序的结构,也不需要额外去添加异常处理的代码,而且一旦开发完成,进入到部署阶段,也不必修改原来的测试代码,直接禁用掉断言即可。

比如,假设传递给方法(methodA)的数字不会为负数,当测试时想验证该假设,但又不想在开发时编写 print 语句、异常处理或 if…else 等额外的代码,那就可以使用断言,在开发阶段启用断言即可,而在部署阶段禁用断言,断言代码实质上就会被清除,不会产生任何系统开销。

Java 中的断言非常简单,断言总是某事为 true,如果是 true,则没有问题;如果不是 true,就会抛出一个 AssertError 异常,即断言失败时会抛出 AssertError。从异常的名字上就可以确定 AssertError 属于 Error 的子类,故这类异常程序中不需要处理。

断言的使用基本语法有两种。

非常简单形式:

```
assert(y>x);
```

简单形式:

```
assert(y>x):"提示信息";
```

【例 11-8】 非常简单形式断言示例。

```
public class Triangle {
    private int a;
    private int b;
    private int c;

    public Triangle(int a,int b,int c){
        assert(a+b<c);
        assert(a+c<b);
        assert(b+c<a);
        this.a=a;
        this.b=b;
        this.c=c;
    }
    public static void main(String[] args){
        new Triangle(3,5,7);
    }
}
```

在构造三角形对象时,必须保证三角形的 3 个边满足两边和大于第三边,为了验证构造方法中的3个参数满足以上条件，就可以使用断言来假设。

在程序运行时默认情况下断言是不起作用的，如果想启用断言验证假设须用到java命令的参数-ea，即在运行Triangle程序时必须输入：java-ea Triangle。

程序运行结果一切正常。若在new Triangle对象时传入的不是3,5,7而是3,5,9,则运行的结果如图11-5所示。

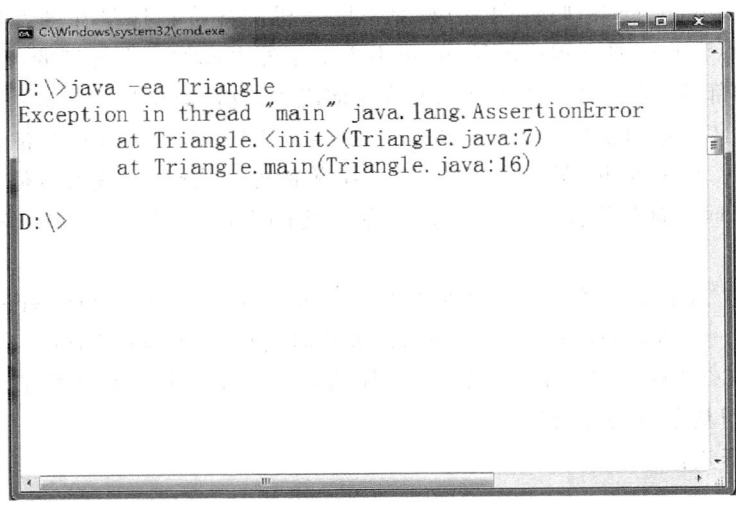

图11-5　断言验证失败结果

【例11-9】　将例11-8改成简单形式断言。

```java
public class Triangle {
    private int a;
    private int b;
    private int c;

    public Triangle(int a,int b,int c){
        assert(a+b<c):"不满足三角形三边条件";
        assert(a+c<b):" 不满足三角形三边条件";
        assert(b+c<a):"不满足三角形三边条件";
        this.a=a;
        this.b=b;
        this.c=c;
    }

    public static void main(String[] args){
        new Triangle(3,5,7);
    }
}
```

程序运行结果如图11-6所示。

从例11-8与例11-9的运行结果对比来看，简单形式中"："后面的字符串在断言失败时

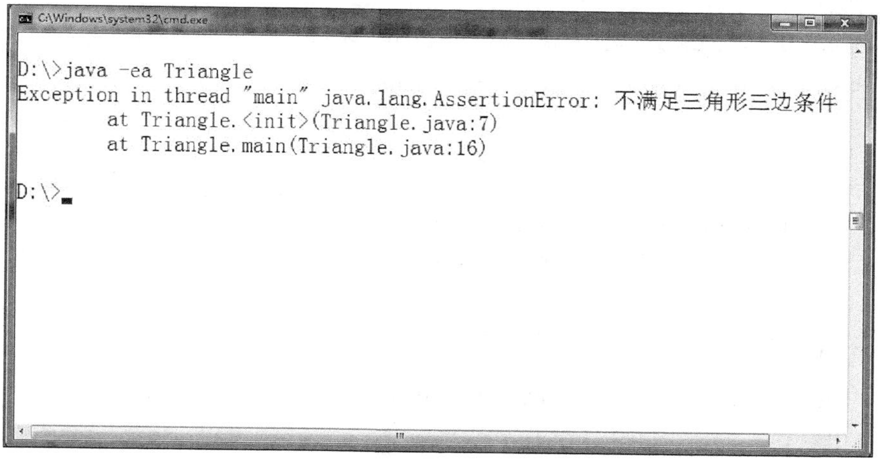

图 11-6　简单形式断言验证失败结果

会提示在失败的信息中,简单形式的断言和非常简单形式的断言之间的区别仅此而已。

由于断言是否开启可以在程序运行时灵活控制,断言典型的应用场景就是用在单元测试中。这样使得程序员的代码更加简洁,且不用为假设失败添加额外的代码。

# 11.5　练　　习

1. 下面程序编译运行的结果是(　　　)。

```
class Example{
    static void test()throws Error{
        if(true){
            throw new AssertionError();
        }
        System.out.println("test");
    }
    public static void main(String[] args){
        try{
            test();
        }
        catch(Exception ex){
            System.out.println("exception"); }
        System.out.println("end");
    }
}
```

   A. 打印 end
   B. 编译错误
   C. 打印 exception end
   D. 打印 exception test end
   E. main 方法抛出一个 Error
   F. main 方法抛出一个 Exception

2. 以下程序运行的结果是(　　　)。

```
public class OverAndOver{
    static String s="";
    public static void main(String[] args){
        try{
            s+="";
            throw new Exception();
        }catch(Exception e){ s+="2";
        }finally{ s+="3"; doStuff();s+="4";
        }
        System.out.println(s);
    }
    static void doStuff(){int x=0; int y=7/x;}
}
```

    A. 12             B. 13           C. 123          D. 1234

    E. 编译失败                        F. 输出 123 后输出一个 Exception

    G. 输出 1234 后输出一个 Exception     H. 输出 Exception

3. Java 捕获异常的代码中,可能产生异常的代码必须放在( )语句块中。

    A. try            B. catch          C. finally         D. throws

4. 以下异常属于受检异常的是( )。

    A. FileNotFoundException

    B. ArrayIndexOutOfBoundsException

    C. ClassCastException

    D. NullPointerException

5. Java 中声明(传播)异常使用( )。

    A. throw         B. throws        C. new          D. try

  6. 在定义银行类时,若取钱数大于余额,则作为异常处理(InsufficientFundsException)。
请编写 InsufficientFundsException 类,并完成银行类中取钱 withdrawal 方法。

# 第 12 章 容器和泛型

本章学习目标:

(1) 了解 Java 中容器的分类及各自特点。

(2) 掌握 List 的使用。

(3) 掌握 Set 的使用。

(4) 掌握 Map 的使用。

(5) 理解泛型的概念。

(6) 掌握泛型在 Java 中的应用。

## 12.1 Java 中容器的分类

在第 3 章中介绍了 Java 中数组的使用,数组在存放数据时有其特点:

(1) 长度固定,在整个生命周期内不可变;

(2) 可以存储基本数据类和引用数据类型;

(3) 数组中必须存储相同类型的数据。

如果一个程序只包含固定数量的且其生命周期都是已知的对象,那么这是一个非常简单的程序。通常,程序总是根据运行时才知道的某些条件去创建新对象。在此之前,不会知道所需对象的数量,甚至不知道确切的类型。为了解决这个普遍的编程问题需要在任意时刻和任意位置创建任意数量的对象。大多数语言都提供了某种方法来解决这个基本问题。Java 中有多种方式来保存对象,例如前面提到的数组,但是由于数组的固定特点,在有些程序中使用数组来存放数据就显得不够灵活了,比如在未知数据个数的情况或者在数据类型不一致的情况下,等等。

Java 的类库中提供了一套相当完整的容器(Container)类型解决以上提到的问题。Java 中的 Container 分为两种不同的概念。

(1) Collection:一个独立元素的序列,这些元素都服从一条或者多条规则。其中又根据元素的不同处理顺序分为 List、Set 和 Queue。

(2) Map:又被称为映射表,一组成对的"键值对"对象,允许使用键来查找值,即允许使用一个对象来查找另外一个对象,这种容器也被称为"关联数组"或"字典",因为它将某些对象与另外一些对象关联在一起。Map 是一个强大的编程工具类型。

List、Set、Queue 和 Map 统称为容器类,也有人称为集合类,但是在 Java 类库中使用了 Collection 这个名字来指代该类库的一个特殊子集,即 List、Set 和 Queue,所以使用了范围更宽泛的术语容器 Container 称呼它们。

JDK 中容器的设计特点是,容器的长度可以动态地改变,可以动态地从容器中插入和删除数据;容器中可以存储不同类型的数据,但只能存储引用类型数据。

容器提供了完善的方法来存储对象,程序中可以使用这些类型来解决数量惊人的信息存储问题。

容器中的 Collection 一支包括集（Set）、列表（List）、队列（Queue），集合（Collection）类型的大家族如图 12-1 所示。

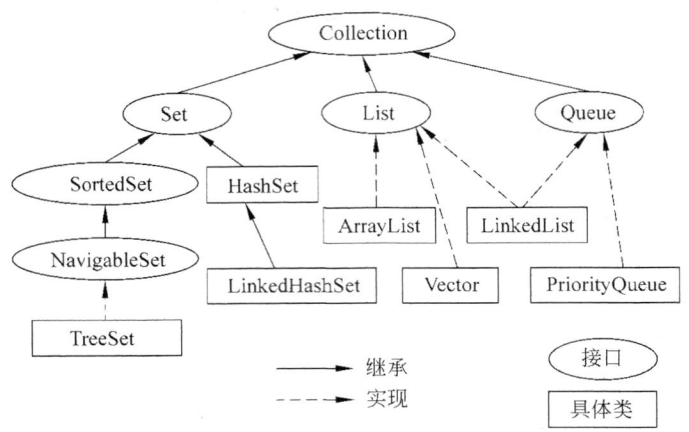

图 12-1　Collection 类型家族

Container 的另外一支映射表（Map）也有具体的不同的实现类，映射（Map）的家族展示如图 12-2 所示。

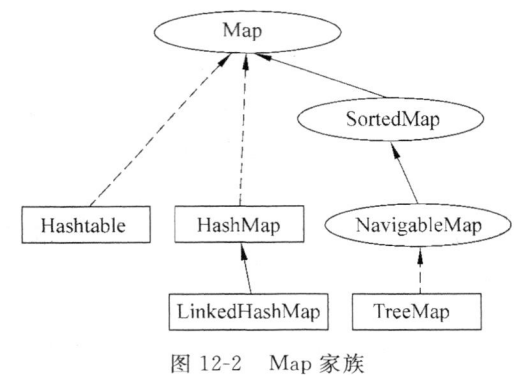

图 12-2　Map 家族

## 12.2　集　合　类　型

在集合（Collection）的大家族中应用最为广泛的是集（Set）和列表（List），下面就分别来学习一下各个具体的集合类型。

### 12.2.1　Set

集（Set）是一种最简单的集合类型，Set 的主要特点是，关心数据的唯一性，即在 Set 中不能存放相同的数据，如果程序中试图将多个相同对象添加到 Set 中，那么 Set 会阻止其中存储重复的对象。

集（Set）在 JDK 中被定义成了接口，并且 Set 具有与父接口 Collection 完全一致的方法,因此说 Set 中并没有添加额外的方法,因此就可以把 Set 看成最简单的 Collection 实现。JDK 中又对 Set 提供了不同的具体实现类,具体包括以下几种。

(1) HashSet。用 Hash 算法根据对象的散列(Hash)码来存放对象,它专门对快速查找进行了优化。

(2) LinkedHashSet。采用链表的数据结构存放对象,保证对象按照插入的顺序排序,具有 HashSet 的查询速度。

(3) TreeSet。采用二叉树结构存放对象,保证对象按照自然顺序进行升序排序,被称为保持次序的 Set。

在 Java 程序设计中,如果没有其他限制,HashSet 是默认的选择,因为它对速度进行了优化。

补充:Java 中每一个对象都会有一个默认的散列(hash)码,对象调用自身的 hashCode() 方法即可获得默认散列码(hashCode() 方法是在 Object 类中定义的方法,所以每一个对象都可以调用此方法)。

对象默认的散列码是根据对象的内存地址计算得来的,这是 Object 中 hashCode 方法的实现决定的。默认的 hashCode 方法不是很有用,因为带有相同内容的对象可能得到不同的散列码。

【例 12-1】 Set 简单示例。

```java
public class SetTest{
    public static void main(String args[]){
        HashSet hashSet=new HashSet();
            hashSet.add("wangwu");
            hashSet.add("zhangsan");
            hashSet.add("lisi");
            hashSet.add("zhangsan");
            Iterator iterator=hashSet.iterator();
            while(iterator.hasNext()){
                System.out.println(iterator.next());
            }
    }
}
```

分析:程序中向 hashSet 中存放了 4 个字符串类型的数据,遍历 hashSet 中所有的元素打印的结果如图 12-3 所示。

从结果看出"zhangsan"这个字符串在 hashSet 中只存储了一份,正说明了在 Set 中不能存储重复元素,并且还可以注意到程序输出的结果并没有任何规律,这是因为处于速度原因的考虑,HashSet 使用了散列。例子中还有一段代码是对于 hashSet 的遍历,关于集合类型的遍历会在下一节中给大家详细介绍。

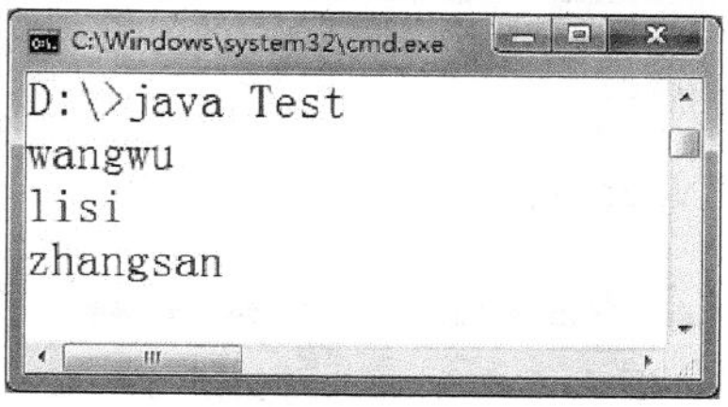

图 12-3　Set 简单示例运行结果

【例 12-2】 将例 12-1 程序中的 HashSet 换成 LinkedHashSet。

```java
public class SetTest{
```

```
public static void main(String args[]){
    LinkedHashSet hashSet=new LinkedHashSet();
    hashSet.add("wangwu");
    hashSet.add("zhangsan");
    hashSet.add("lisi");
    hashSet.add("zhangsan");
    Iterator iterator=hashSet.iterator();
    while(iterator.hasNext()){
        System.out.println(iterator.next());
    }
}
}
```

程序运行的结果如图 12-4 所示。

从程序运行的结果可以看出 LinkedList 中对象的存储顺序为插入顺序。

【例 12-3】 将例 12-1 程序中的 HashSet 改成 TreeSet。

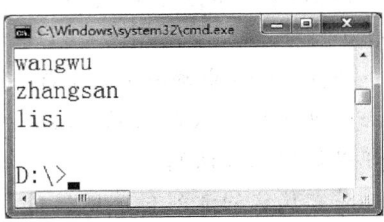

图 12-4　LinkedHashSet 示例运行结果

```
public class SetTest{
    public static void main(String args[]){
        TreeSet hashSet=new TreeSet();
        hashSet.add("wangwu");
        hashSet.add("zhangsan");
        hashSet.add("lisi");
        hashSet.add("zhangsan");
        Iterator iterator=hashSet.iterator();
        while(iterator.hasNext()){
            System.out.println(iterator.next());
        }
    }
}
```

程序的运行结果如图 12-5 所示。

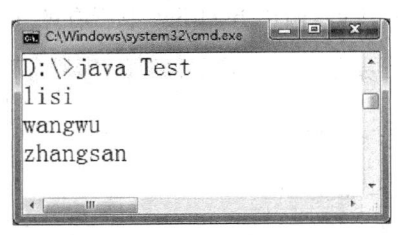

图 12-5　TreeSet 示例运行结果

运行的结果可以看出 TreeSet 存储元素时按照元素的自然顺序存储。

Set 中不能存储重复的元素,刚才的例子中已经验证过,但是 Java 虚拟机是如何来检验两个数据是否重复呢? 这里举一个大家比较容易理解的例子,如果 Set 中存储的是 String 类型对象,那么只要对象所代表的字符串的值相同 Set 就认为是两个对象是相同的。那么到底 Set 中是如何来比较两个对象是否相同的呢? 其他类型的对象怎么比较呢? 比如说在 Set 中放入 Person 类的对象,如何来判断两个 Person 对象是否相同呢? 下面就来解释 Set 中比较对象的"秘密"。

在 Set 中存储对象时,JVM 会比较两个对象是否相同,那么 JVM 在比较两个对象是否相同时首先会分别调用两个对象的 hashCode()方法,如果两个对象的 hashCode()返回值不同,则虚拟机认为是不同的对象;如果 hashCode()返回值相同,则再将两个对象通过 equals()比较。若 equals 返回 false,则虚拟机认为是不同的对象;若返回的是 true,则认为是相同的对象。

对于用户自定义的类型,如果自定义类中没有重写 hashCode()和 equals()方法,那么 Set 中判定两个对象是否相同时,会执行 Object 类中的 hashCode()和 equals()方法,Object 中的这两个方法的调用比较的是两个对象是否是内存中的同一块地址,如果两个对象在内存中是同一块地址,则两个对象的 hashCode()会返回相同的值(因为 Object 中的 hashCode()方法中是按照对象的内存地址来计算散列值的,所以相同的内存地址计算得到的散列值一定相等,但是不相同的内存地址计算得到的散列值有可能相等,有可能不相等),两个对象 equals()比较会返回 true;如果两个对象在内存中不是同一块地址,则两个对象的 hashCode()可能相等也可能不相等,但是两个对象 equals()比较的值肯定是 false。

若想让 Java 虚拟机按照程序员的逻辑来判断两个对象是否是相同的对象的话,那么只能在自定义类中重写父类 Object 类的 hashCode()和 equals()方法来实现。

但是对于 hashCode()和 equals()方法的重写过程中需要遵循一些规则。

(1) equals 契约。

① 自反的。对于任意的 x 引用,x.equals(x)都应该返回 true。

② 对称的。对于任意的 x、y 引用,当且仅当 x.equals(y)返回 true 时,y.equals(x)才会返回 true。

③ 传递的。对任意的 x、y、z 引用,如果 x.equals(y)和 y.equals(z)都返回 true,则 x.equals(z)也返回 true。

④ 一致的。对于任意的 x、y 引用,对象中的所有信息没有做修改的前提下,多次调用 x.equals(y)返回的结果相同。

(2) hashCode 契约。

① equals 方法比较相等的两个对象 hashCode 返回值必须相同。

② equals 方法比较不相等的两个对象 hashCode 返回值可以不相同,也可以相同。

③ 如果没有修改对象的 equals 比较内的任何属性信息,则这个对象多次调用 hashCode 返回相同结果。

**【例 12-4】** 自定义 Person 类,在实际的业务中认为两个 Person 的身份证号相同,则认为是相同的人。请设计 Person 类。

```
import java.util.Date;
public class Person {
    private String cardNo;
    private String name;
    private String sex;
    private Date birthday;
    private String address;
    public String getCardNo(){
        return cardNo;
```

```java
    }
    public void setCardNo(String cardNo){
        this.cardNo=cardNo;
    }
    public String getName(){
        return name;
    }
    public void setName(String name){
        this.name=name;
    }
    public String getSex(){
        return sex;
    }
    public void setSex(String sex){
        this.sex=sex;
    }
    public Date getBirthday(){
        return birthday;
    }
    public void setBirthday(Date birthday){
        this.birthday=birthday;
    }
    public String getAddress(){
        return address;
    }
    public void setAddress(String address){
        this.address=address;
    }
    @Override
    public int hashCode(){
        return this.cardNo.hashCode();
    }
    @Override
    public boolean equals(Object obj){
        if(obj instanceof Person){
            Person p=(Person)obj;
            return this.cardNo.equals(p.getCardNo());
        } else {
            return false;
        }
    }
}
```

为了验证设计的 Person 类是否符合要求,可以用以下程序测试:

```java
import java.util.HashSet;
```

```
import java.util.Iterator;
public class Main {
    /**
     * @param args
     */
    public static void main(String[] args){
        HashSet set=new HashSet();
        for(int i=0; i<10; i++){
            Person person=new Person();
            person.setName("name"+i);
            if(i %2==0){
                person.setCardNo("130182198312120192");
                person.setSex("女");
            } else {
                person.setCardNo("13018219831212018"+i);
                person.setSex("男");
            }
            set.add(person);
        }
        Iterator iterator=set.iterator();
        while(iterator.hasNext()){
            Person p= (Person)iterator.next();
            System.out.println(p.getName()+"----"+p.getCardNo()+"----"+p.
            getSex());
        }
    }
}
```

程序运行的结果如下：

```
name7----130182198312120187----男
name5----130182198312120185----男
name9----130182198312120189----男
name1----130182198312120181----男
name3----130182198312120183----男
name0----130182198312120192----女
```

可以看出 Set 中并没有存储身份证号相同的 Person 对象，说明 Person 类定义是正确的，符合题目要求。

## 12.2.2　List

列表(List)是一种只关心索引的集合类型。List 承诺可以将元素维护在特定的序列中，List 接口在父接口 Collection 的基础上添加了一些方法，使得可以在 List 的中间插入和移除元素。List 存储数据的特点是，数据按索引存储，可以存储重复元素。

List 有 3 个具体的实现类。

（1）ArrayList。使用线性表的数据结构实现，擅长随机访问元素，但是在其中插入和删除元素时相对较慢。

（2）LinkedList。使用链表的数据结构实现，它通过较低的代价就能完成元素的插入和删除，提供了优化的顺序访问。LinkedList 在随机访问方面相对比较慢。

（3）Vector。同 ArrayList，区别在于 Vector 是线程安全的，ArrayList 是非线程安全的。

**【例 12-5】** List 简单示例。

```
import java.util.ArrayList;
public class ListTest{
    public static void main(String[] args){
        ArrayList list=new ArrayList();
        list.add("wangwu");
        list.add("zhangsan");
        list.add("lisi");
        list.add("zhangsan");
        int size=list.size();
        for(int i=0; i<size; i++){
            System.out.println(list.get(i));
        }
    }
}
```

分析：向 ArrayList 中添加 4 个 String 类型的元素，在 List 接口中定义的方法 size()是用来获得当前 List 中存放的元素个数，get(i)是用来获得指定索引位置所存放的元素。程序打印结果如图 12-6 所示。

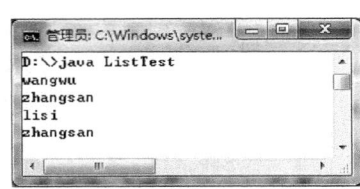

图 12-6　List 示例运行结果

如果要从 List 中查找某一元素，可以直接按照索引值查找数据元素，而无须遍历整个 List；如果想在 List 的某一固定位置插入元素，可以调用 list.add(int i,Object obj)；方法将指定元素 obj 插入到指定索引 i 处。

LinkedList 与 ArrayList 作为 List 使用上没有区别，只不过前者更擅长做元素的动态插入和删除，而后者更擅长元素的遍历和随机访问，我们要根据具体的需求选择合适的集合类型存储数据。

LinkedList 还添加了可以使其用作栈、队列或双向队列的方法，下面会详细为大家介绍 LinkedList 用作队列的使用。

### 12.2.3　Queue

队列（Queue）是一种典型的先进先出的集合类型，即从容器的一端放入事物，从另一端取出，并且事物放入的顺序跟取出的顺序是相同的。队列常被当成一种可靠的将对象从程序的某个区域传输到另一个区域的途径。队列在并发编程中非常重要，因为队列可以安全地将一个对象从一个任务传给另一个任务。

Queue 的主要实现类有以下几种。

（1）LinkedList。它提供了方法以支持队列的行为，并且 LinkedList 实现了 Queue 接口，因此 LinkedList 可以用作 Queue 的一种实现，通过向上转型将 LinkedList 类型对象转为 Queue 类型，并且在 LinkedList 中包含了支持双向队列的方法。

所谓的双向队列，是指可以在队列的任何一端添加或者移除元素，是一个特殊的队列，JDK 类库中并没有显示的用于双向队列的接口，所以 LinkedList 中只是添加了作为双向队列操作的一些方法（比如 getLast()、getFirst()、removeFirst()、removeLast() 等）而并没有实现这样的接口。

**【例 12-6】** LinkedList 作为 Queue 的基本使用。

```java
public class QueueDemo {
    //遍历 Queue 中的所有元素
    public static void printQ(Queue queue){
        while(queue.peek()!=null){
            System.out.print(queue.remove()+" ");
        }
        System.out.println();
    }
    public static void main(String[] args){
        Queue<Integer>queue=new LinkedList<Integer>();
        Random random=new Random(47);
        for(int i=0; i<10; i++){
            queue.offer(random.nextInt(i+10));
        }                           //在 LinkedList 中存入随机数 10 个
        printQ(queue);      //遍历 queue
        Queue<Character>qc=new LinkedList<Character>();
        for(char c : "Brontosaurus".toCharArray()){
            qc.offer(c);
        }                           //在 LinkedList 中存入 B、r、o、n、t、o、s、a、u、r、u、s 等字符
        printQ(qc);         //遍历 qc
    }
}
```

在 Queue 操作中最重要的两个方法就是 offer()、peek()，其中 offer() 方法的调用是将一个元素插入到队尾，如果插入失败返回 false，peek() 方法是判断队列是否为空，如果为空，则返回 null，还有一个与 peek() 功能一致的方法 element()，当队列为空时，element() 方法会抛出 NoSuchElementException 异常。

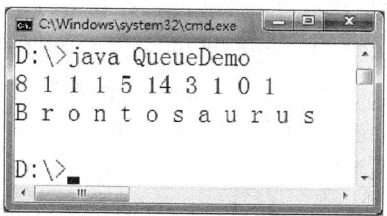

图 12-7　LinkedList 示例运行结果

以上程序运行结果如图 12-7 所示。

**【例 12-7】** 利用 LinkedList 类自定义一个双向队列类。

```java
import java.util.LinkedList;
public class Deque<T>{
```

```java
private LinkedList<T>deque=new LinkedList<T>();
public void addFirst(T t){
    deque.addFirst(t);
}
public void addLast(T t){
    deque.addLast(t);
}
public T getFirst(){
    return deque.getFirst();
}
public T getLast(){
    return deque.getLast();
}
public T removeFirst(){
    return deque.removeFirst();
}
public T removeLast(){
    return deque.removeLast();
}
public int size(){
    return deque.size();
}
public String toString(){
    return deque.toString();
}
public Object[] toArray(){
    return deque.toArray();
}
}
```

以上定义的双向队列类可以应用于数据或者信息的存储程序中,用 Deque 来存储数据。

对于以上程序需要说明的是,程序中用到的 T,这是泛型的使用,关于泛型将在第 12.6 节中详细介绍,这里只需要知道 T 代表了一种不确定的类型。

(2) PriorityQueue。它是个基于优先级堆的极大优先级队列。

PriorityQueue 按照在构造时所指定的顺序对元素排序,既可以根据元素的自然顺序来指定排序(参阅 Comparable),也可以根据 Comparator 来指定,这取决于使用哪种构造方法。PriorityQueue 不允许 null 元素,依靠自然排序的 PriorityQueue 不允许插入不可比较的对象(会导致 ClassCastException)。

PriorityQueue 的头是按指定排序方式的最小元素。如果多个元素都是最小值,则头是其中一个元素,选择方法是任意的。

PriorityQueue 检索操作 poll、remove、peek 和 element 访问处于队列头的元素。PriorityQueue 是无界的,但是有一个内部容量控制着用于存储队列元素的数组的大小。它总是至少与队列的大小相同。随着不断向优先级队列添加元素,其容量会自动增加,无须指定容量增加策略的细节。

使用 PriorityQueue 时需要注意以下几点。

(1) PriorityQueue 是用数组实现,但是数组大小可以动态增加,容量无限。

(2) PriorityQueue 实现不是同步的,即 PriorityQueue 是非线程安全的。即多个线程不应同时修改访问 PriorityQueue 实例,与 PriorityQueue 相同的线程安全的实现类为 PriorityBlockingQueue。

(3) PriorityQueue 不允许使用 null 元素。

(4) PriorityQueue 对应的 Iterator 实例并不保证以有序的方式遍历其中的元素。如果需要按顺序遍历,请考虑使用 Arrays.sort(pq.toArray())(Iterator 会在第 12.4 节中介绍)。

(5) PriorityQueue 可以在构造函数中指定其中的元素如何排序。

例如,构造方法 PriorityQueue()使用默认的初始容量(11)创建一个 PriorityQueue,并根据其自然顺序来排序其元素。

构造方法 PriorityQueue(int initialCapacity)使用指定的初始容量创建一个 PriorityQueue,并根据其自然顺序来排序其元素(使用 Comparable)。

构造方法 PriorityQueue(int initialCapacity,Comparator<? super E> comparator)使用指定的初始容量创建一个 PriorityQueue,并根据指定的比较器 comparator 来排序其元素。

【例 12-8】 将例 12-6 中的 LinkedList 换成 PriorityQueue,程序清单如下:

```java
public class QueueDemo {
    //遍历 Queue 中的所有元素
    public static void printQ(Queue queue){
        while(queue.peek()!=null){
            System.out.print(queue.remove()+" ");
        }
        System.out.println();
    }
    public static void main(String[] args){
        Queue<Integer>queue=new PriorityQueue<Integer>();
        Random random=new Random(47);
        for(int i=0; i<10; i++){
            queue.offer(random.nextInt(i+10));
        }                          //在 PriorityQueue 中存入随机数 10 个
        printQ(queue);        //遍历 queue
        Queue<Character>qc=new PriorityQueue<Character>();
        for(char c : "Brontosaurus".toCharArray()){
            qc.offer(c);
        }                          //在 PriorityQueue 中存入 B、r、o、n、t、o、s、a、u、r、u、s 等字符
        printQ(qc);           //遍历 qc
    }
}
```

程序运行的结果如图 12-8 所示。

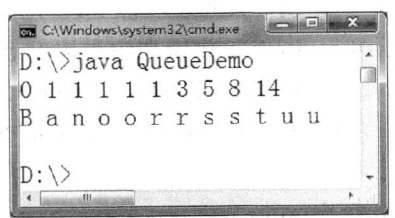

图 12-8　PriorityQueue 示例运行结果

Queue 的两个具体实现类 PriorityQueue 和 LinkedList 两者的差异在于排序行为而不是性能，Queue 还可以用在并发程序中。

## 12.3　Map 类型

映射（Map）是以键—值对的形式来存储数据的，即 Map 中存储的是成对的"键—值"对象，并且在 Map 中允许使用键来查找值。就像我们在字典中使用单词来定义一样。Map 是一个强大的编程工具。将对象映射到其他对象的能力是一种解决编程问题的撒手锏。

Map 与其他的数组和 Collection 一样，可以很容易地扩展到多维，只需要将其值设置为 Map 类型即可，因此可以很容易地将容器类组合在一起生成强大的数据结构。

Map 在 Java 中也被定义为接口，程序中真正可以用的是 Map 的具体实现类，JDK 中提供的常用的 Map 的实现类有以下几种。

（1）HashMap。它所有的键存储在一个 HashSet 对象中，而 HashSet 是不保证存储在其中数据的顺序的，所以 HashMap 中存储的"键值对"也是不保证顺序的，特别是不保证该顺序的不变性。

（2）LinkedHashMap。它所有的键存储在一个 LinkedHashSet 对象中，即 LinkedHashMap 中存储的"键值对"是按照键的插入顺序存储的。

（3）TreeMap。它的键存储在一个 TreeSet 对象中，即 TreeMap 中存储的"键值对"是按照键的自然顺序存储的。

【例 12-9】　考虑一个程序，它将用来检查 Java 中的 Random 类的随机性。理想状态下，Random 可以产生理想的数字分布，但要想测试它，则需要生成大量的随机数，并对落入各种不同范围的数字进行计数。

分析：Map 能很容易地解决该问题。键是由 Random 产生的数字，值是该数字出现的次数。

程序清单：

```
public class MapTest{
    public static void main(String[] args){
        Random random=new Random(47);
        Map<Integer,Integer>m=new HashMap<Integer,Integer>();
        for(int i=0; i<10000; i++){
            int r=random.nextInt(20);
```

```
        Integer freq=m.get(r);
        m.put(r,freq==null ?1 : freq+1);
    }
    System.out.println(m);
    }
}
```

  Java 的容器类型中只能存储引用类型数据,但在上面程序 main 方法中,将 int 类型的 r 放入到了 m 当中,程序依然可以运行,这又是为什么呢?

  在前面的章节中介绍了包装器类的自动装箱和自动拆箱,在容器类中存放数据时,如果是基本数据类型,Java 编译器会先将基本数据类型装箱成包装器类型的对象,然后再放入到容器类对象中。

**【例 12-10】** 使用 String 描述查找 Pet。

```
public class PetMap {
    public static void main(String[] args){
        Map<String,Pet>pets=new HashMap<String,Pet>();
        pets.put("cat1",new Cat("小花"));
        pets.put("cat2",new Cat("小白"));
        pets.put("dog1",new Dog("旺旺"));
        pets.put("dog2",new Dog("大黄"));
        System.out.println(pets);
        System.out.println(pets.get("cat2"));
    }
}
```

程序打印的结果如图 12-9 所示。

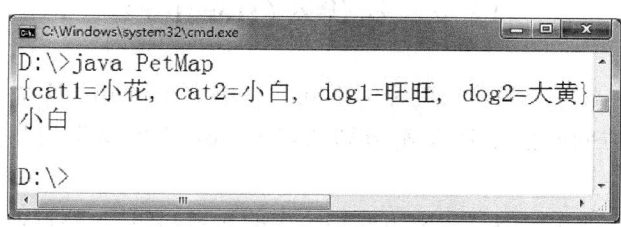

图 12-9 Map 示例运行结果

  在 Map 中可以直接通过键来得到与之对应的值,上例中 pets. get("cat2")得到 cat2 所对应的那只小猫。

  如果想遍历 Map 中的数据,应该如何来做呢? Map 中定义了一个方法 keySet()可以返回它的键的 Set,得到键的集合后,再对这个键的集合遍历即可。

**【例 12-11】** 设计一个类跟踪养多个宠物的人,并且随时能得到跟踪者以及其所有宠物的信息。

程序清单:

```
public class PersonMap {
```

```java
Map<Person,List<Pet>>personMap=new HashMap<Person,List<Pet>>();

public void addPerson(Person person){
    personMap.put(person,new ArrayList<Pet>());
}
public void addPetForPerson(Person person,Pet pet){
    List<Pet>pets=personMap.get(person);
    pets.add(pet);
}
public void ergodicPerson(){
    Set<Person>personSet=personMap.keySet();
    Iterator<Person>it=personSet.iterator();
    while(it.hasNext()){
        Person person=it.next();
        System.out.println(person);
        List<Pet>pets=personMap.get(person);
        System.out.println("所养宠物:"+pets);
    }
}
}
```

Map 与数组和其他的 Collection 一样,可以很容易扩展到多维,而只需要将其值设置为 Map,开发人员能够很容易地将容器组合起来从而快速地生成强大的数据结构。例如,当正在跟踪有多个宠物的人时,只需一个 Map<Person,List<Pet>>即可。

# 12.4　迭代器(Iterator)

在上面章节中对容器类型遍历时都使用到了一个类 Iterator,这个类被称为迭代器,程序中对容器对象的访问必然会涉及遍历算法,Iterator 的主要作用是遍历容器类型中的元素。

迭代器提供了一种通用的方式来访问集合中的元素,它是为容器而专门设计的,它的工作是遍历并选择序列中的对象,而程序员不需要关心该序列底层的结构。

迭代器通常被称为轻量级对象,因为创建它的代价很小。因此,在迭代器的使用过程中会发现一些使用上的限制,比如 Iterator 只能单向移动,而且操作方法也非常有限,其中定义了以下 3 个方法来完成序列中对象的遍历。

(1) Boolean hasNext():判断是否有元素可以继续迭代。

(2) Object next():返回迭代的下一个元素。

(3) void remove():从迭代器指向的集合中移除迭代器返回的最后一个元素。

所有的 Collection 类型中都有一个 iterator()方法,此方法会返回一个 Iterator 类型的对象,通过这个 Iterator 对象就可以轻松遍历 Collection 对象中存储的元素。

关于 Iterator 的使用在前面章节的例子中多次用到这里就不再举例。

# 12.5　Collections 工具类

　　程序开发中经常会涉及对容器中的元素排序,比如对 ArrayList 中存放的 String 类型元素按照字符顺序排序,直接使用循环语句可以实现元素的排序,但程序显得比较烦琐,Java 中提供了一个集合相关的工具类 Collections 来协助程序员完成集合类型元素的基本操作,Collections 中封装了对集合的排序、逆序、替换、求最大、求最小等常用的操作方法。在程序中直接调用 Collections 提供的方法即可轻松地实现相应的功能。

　　Collections 中常用的方法简介。

　　(1) sort():排序 List 中的元素,sort 有几个重载的方法,分别实现 List 不同顺序的排序。

　　(2) max():求集合中最大元素,max 有两个重载的方法,根据参数的不同按不同顺序排序得到最大元素。

　　(3) min():求集合中最小元素,min 有两个重载的方法,根据参数的不同按不同顺序排序得到最小元素。

　　Comparator reverseOrder(Comparator comparator):强行逆转指定的比较器的顺序,此方法的返回类型是 Comparator,即返回一个比较器,该比较器将强行逆转实现了 Comparable 接口的对象 Collection 的自然顺序)。

　　在 Collections 常用的方法中无一不涉及对 Collections 元素的排序问题,对于 String、Integer、Double 等类型元素排序都很容易理解,那么如果是自定义类型(比如 Person、Part、Teacher、Student、Resume 等)的元素应该如何排序呢? 排序的规则是什么呢?

　　对于自定义类型的元素如果向实现排序的话,有两种选择:

**1. 自定义类**

Person、Part、Teacher、Student、Resume 等自定义类可实现 Comparable 接口,并实现其中的 compareTo()方法。

【例 12-12】 自定义学生类,并将学生信息存放在容器中,要求对容器中的 Student 对象排序时按照学号从大到小排序。

　　分析:通过题目的分析得到,需要创建学生类,学生信息的存储可以选择 JDK 提供的容器类型(Set、List、Queue 或 Map),题目要求可以对容器中的学生信息进行排序,所以应该选择具有自动排序或者能借助 Collections 类排序的容器类型,可以选择 List(ArrayList、LinkedList)、LinkedHashSet。这里用 List 来存储学生信息,程序清单如下:

　　首先定义学生类,实现 Comparable 接口:

```
import java.util.Date;
public class Student implements Comparable<Student>{
    private Long no;
    private String name;
    private String sex;
    private Date birthday;
    public Long getNo(){
```

```java
        return no;
    }
    public void setNo(Long no){
        this.no=no;
    }
    public String getName(){
        return name;
    }
    public void setName(String name){
        this.name=name;
    }
    public String getSex(){
        return sex;
    }
    public void setSex(String sex){
        this.sex=sex;
    }
    public Date getBirthday(){
        return birthday;
    }
    public void setBirthday(Date birthday){
        this.birthday=birthday;
    }
    @Override
    public int compareTo(Student student){
        //学生排序规则逻辑
        if(this.getNo()>student.getNo()){
            return 1;
        } else if(this.getNo()<student.getNo()){
            return -1;
        } else {
            return 0;
        }
    }
}
```

然后设计容器存储学生信息,并排序:

```java
import java.util.ArrayList;
import java.util.Collections;
import java.util.Date;
import java.util.Iterator;
import java.util.List;
public class StudentCollections {
    /**
     * @param args
```

```
        * /
    public static void main(String[] args){
        //TODO Auto-generated method stub
        List<Student>list=new ArrayList<Student>();
        for(int i=10; i>0; i--){
            Student student=new Student();
            student.setNo((long)(i+20));
            student.setName("name"+i);
            student.setSex("男");
            student.setBirthday(new Date());
            list.add(student);
        }
        Iterator<Student>iterator=list.iterator();
        System.out.println("排序前的学生信息:");
        while(iterator.hasNext()){
            Student s=iterator.next();
            System.out.println("学号:"+s.getNo()+" 姓名:"+s.getName()+" 性别:"+
            s.getSex()+"  出生日期:"+s.getBirthday());
        }
        System.out.println("-----------------------------");
        Collections.sort(list);
        System.out.println("排序后的学生信息:");
        Iterator<Student>iterator2=list.iterator();
        while(iterator2.hasNext()){
            Student s=iterator2.next();
            System.out.println("学号:"+s.getNo()+" 姓名:"+s.getName()+" 性别:"+
            s.getSex()+"  出生日期:"+s.getBirthday());
        }
    }
}
```

测试程序的运行结果为:

排序前的学生信息:
学号:30 姓名:name10 性别:男   出生日期:Thu Jul 18 22:46:39 CST 2013
学号:29 姓名:name9 性别:男   出生日期:Thu Jul 18 22:46:39 CST 2013
学号:28 姓名:name8 性别:男   出生日期:Thu Jul 18 22:46:39 CST 2013
学号:27 姓名:name7 性别:男   出生日期:Thu Jul 18 22:46:39 CST 2013
学号:26 姓名:name6 性别:男   出生日期:Thu Jul 18 22:46:39 CST 2013
学号:25 姓名:name5 性别:男   出生日期:Thu Jul 18 22:46:39 CST 2013
学号:24 姓名:name4 性别:男   出生日期:Thu Jul 18 22:46:39 CST 2013
学号:23 姓名:name3 性别:男   出生日期:Thu Jul 18 22:46:39 CST 2013
学号:22 姓名:name2 性别:男   出生日期:Thu Jul 18 22:46:39 CST 2013
学号:21 姓名:name1 性别:男   出生日期:Thu Jul 18 22:46:39 CST 2013
----------------------------------------------------------------
排序后的学生信息:

学号:21 姓名:name1 性别:男　　出生日期:Thu Jul 18 22:46:39 CST 2013
学号:22 姓名:name2 性别:男　　出生日期:Thu Jul 18 22:46:39 CST 2013
学号:23 姓名:name3 性别:男　　出生日期:Thu Jul 18 22:46:39 CST 2013
学号:24 姓名:name4 性别:男　　出生日期:Thu Jul 18 22:46:39 CST 2013
学号:25 姓名:name5 性别:男　　出生日期:Thu Jul 18 22:46:39 CST 2013
学号:26 姓名:name6 性别:男　　出生日期:Thu Jul 18 22:46:39 CST 2013
学号:27 姓名:name7 性别:男　　出生日期:Thu Jul 18 22:46:39 CST 2013
学号:28 姓名:name8 性别:男　　出生日期:Thu Jul 18 22:46:39 CST 2013
学号:29 姓名:name9 性别:男　　出生日期:Thu Jul 18 22:46:39 CST 2013
学号:30 姓名:name10 性别:男　　出生日期:Thu Jul 18 22:46:39 CST 2013

### 2. 自定义排序规则类

自定义排序规则的类必须实现 Comparator 接口,实现其中的 compare()方法。

【例 12-13】　自定义学生类,并将学生信息存放在容器中,要求对容器中的 Student 对象排序时即可以按照学号从大到小排序,也可按姓名拼音的字母顺序排序,即两种排序规则都要有,根据调用者实际的需要自行选择。

分析题目要求:容器中对于学生的排序要按照两种规则,所以选择自定义两种排序规则的类来设定学生的两种排序规则,在对学生排序时由调用者自行决定选择哪一种。

首先考虑用单独的类来定义排序规则,所以 Student 类不需要实现其他的接口:

```
import java.util.Date;
public class Student {
    private Long no;
    private String name;
    private String sex;
    private Date birthday;
    public Long getNo(){
        return no;
    }
    public void setNo(Long no){
        this.no=no;
    }
    public String getName(){
        return name;
    }
    public void setName(String name){
        this.name=name;
    }
    public String getSex(){
        return sex;
    }
    public void setSex(String sex){
        this.sex=sex;
    }
    public Date getBirthday(){
```

```
        return birthday;
    }
    public void setBirthday(Date birthday){
        this.birthday=birthday;
    }
}
```

**定义按学号排序的排序规则类：**

```
import java.util.Comparator;
public class PaiXuNo implements Comparator<Student>{
    @Override
    public int compare(Student o1,Student o2){
        //按学号排序
        if(o1.getNo()>o2.getNo()){
            return 1;
        } else if(o1.getNo()<o2.getNo()){
            return -1;
        } else {
            return 0;
        }
    }
}
```

**定义按姓名排序的排序规则类：**

```
import java.util.Comparator;
public class PaiXuName implements Comparator<Student>{
    @Override
    public int compare(Student o1,Student o2){
        //按姓名排序,String 类实现了 Comparable 接口
        //两个 String 类型对象比较时只需要调用其中的 compareTo 方法即可
        return o1.getName().compareTo(o2.getName());
    }
}
```

**设计容器存储学生信息，并排序：**

```
import java.util.ArrayList;
import java.util.Collections;
import java.util.Date;
import java.util.Iterator;
import java.util.List;
public class StudentCollections {
    /**
     * @param args
     */
    public static void main(String[] args) {
```

```
//TODO Auto-generated method stub
List<Student>list=new ArrayList<Student>();
for(int i=10; i>0; i--){
    Student student=new Student();
    student.setNo((long)(i+20));
    if(i%2==0){
    student.setName("name"+i);
    student.setSex("男");
    }else{
        student.setName("张"+i);
        student.setSex("女");
    }
    student.setBirthday(new Date());
    list.add(student);
}
Iterator<Student>iterator=list.iterator();

System.out.println("排序前的学生信息:");
while(iterator.hasNext()){
    Student s=iterator.next();
    System.out.println("学号:"+s.getNo()+" 姓名:"+s.getName()+" 性别:"+s.
    getSex()+"  出生日期:"+s.getBirthday());
}
System.out.println("--------------------------------");
Collections.sort(list,new PaiXuNo());
System.out.println("按学号排序后的学生信息:");
Iterator<Student>iterator2=list.iterator();
while(iterator2.hasNext()){
    Student s=iterator2.next();
    System.out.println("学号:"+s.getNo()+" 姓名:"+s.getName()+" 性别:"+s.
    getSex()+"  出生日期:"+s.getBirthday());
}
System.out.println("--------------------------------");
Collections.sort(list,new PaiXuName());
System.out.println("按姓名排序后的学生信息:");
Iterator<Student>iterator3=list.iterator();
while(iterator3.hasNext()){
    Student s=iterator3.next();
    System.out.println("学号:"+s.getNo()+" 姓名:"+s.getName()+" 性别:"+s.
    getSex()+"  出生日期:"+s.getBirthday());
}
    }
}
```

测试程序运行的结果如下:

排序前的学生信息：

学号:30 姓名:name10 性别:男　出生日期:Thu Jul 18 23:05:53 CST 2013
学号:29 姓名:张 9 性别:女　　出生日期:Thu Jul 18 23:05:53 CST 2013
学号:28 姓名:name8 性别:男　　出生日期:Thu Jul 18 23:05:53 CST 2013
学号:27 姓名:张 7 性别:女　　出生日期:Thu Jul 18 23:05:53 CST 2013
学号:26 姓名:name6 性别:男　　出生日期:Thu Jul 18 23:05:53 CST 2013
学号:25 姓名:张 5 性别:女　　出生日期:Thu Jul 18 23:05:53 CST 2013
学号:24 姓名:name4 性别:男　　出生日期:Thu Jul 18 23:05:53 CST 2013
学号:23 姓名:张 3 性别:女　　出生日期:Thu Jul 18 23:05:53 CST 2013
学号:22 姓名:name2 性别:男　　出生日期:Thu Jul 18 23:05:53 CST 2013
学号:21 姓名:张 1 性别:女　　出生日期:Thu Jul 18 23:05:53 CST 2013

-------------------------------------------------------------

按学号排序后的学生信息：

学号:21 姓名:张 1 性别:女　　出生日期:Thu Jul 18 23:05:53 CST 2013
学号:22 姓名:name2 性别:男　　出生日期:Thu Jul 18 23:05:53 CST 2013
学号:23 姓名:张 3 性别:女　　出生日期:Thu Jul 18 23:05:53 CST 2013
学号:24 姓名:name4 性别:男　　出生日期:Thu Jul 18 23:05:53 CST 2013
学号:25 姓名:张 5 性别:女　　出生日期:Thu Jul 18 23:05:53 CST 2013
学号:26 姓名:name6 性别:男　　出生日期:Thu Jul 18 23:05:53 CST 2013
学号:27 姓名:张 7 性别:女　　出生日期:Thu Jul 18 23:05:53 CST 2013
学号:28 姓名:name8 性别:男　　出生日期:Thu Jul 18 23:05:53 CST 2013
学号:29 姓名:张 9 性别:女　　出生日期:Thu Jul 18 23:05:53 CST 2013
学号:30 姓名:name10 性别:男　出生日期:Thu Jul 18 23:05:53 CST 2013

-------------------------------------------------------------

按姓名排序后的学生信息：

学号:30 姓名:name10 性别:男　出生日期:Thu Jul 18 23:05:53 CST 2013
学号:22 姓名:name2 性别:男　　出生日期:Thu Jul 18 23:05:53 CST 2013
学号:24 姓名:name4 性别:男　　出生日期:Thu Jul 18 23:05:53 CST 2013
学号:26 姓名:name6 性别:男　　出生日期:Thu Jul 18 23:05:53 CST 2013
学号:28 姓名:name8 性别:男　　出生日期:Thu Jul 18 23:05:53 CST 2013
学号:21 姓名:张 1 性别:女　　出生日期:Thu Jul 18 23:05:53 CST 2013
学号:23 姓名:张 3 性别:女　　出生日期:Thu Jul 18 23:05:53 CST 2013
学号:25 姓名:张 5 性别:女　　出生日期:Thu Jul 18 23:05:53 CST 2013
学号:27 姓名:张 7 性别:女　　出生日期:Thu Jul 18 23:05:53 CST 2013
学号:29 姓名:张 9 性别:女　　出生日期:Thu Jul 18 23:05:53 CST 2013

# 12.6　泛　　型

Java 中定义容器类就是为了解决数组的局限性,但在 JDK 1.5 之前的容器存在的一个最主要的问题就是编译器允许向容器中插入不正确的类型。例如,考虑一个 Apple 对象的容器,使用最基本最可靠的容器类型 ArrayList。现在就可以把 ArrayList 看成是“可以自动扩充容量的数组”,创建一个 ArrayList 对象并调用 add()方法向容器中插入对象,调用 get()方法访问这些对象,还用 ArrayList 的 size()方法获得容器中存放有多少个元素,也就不会不小心因索引越界而引发错误了。

在本例中,可以将 Apple 对象放入容器中,还可以将 Orange 对象放入其中,然后将它们取出。在正常取出的情况下编译器会报警告错误,因为在 ArrayList 容器中既有 Apple 对象,又有 Orange 对象。这样就给后续程序的维护带来了不便,如果容器就是一个装 Apple 对象的容器,则在调用 add()方法放入别的类型对象时应该是不允许的,从而保证对这个容器内元素操作的安全性。

在 JDK 1.5 版本中 Java 很大的一个变动就是增加了泛型机制泛型实现了参数化类型的概念,使得代码可以应用于多种类型。"泛型"的意思是"适用于许多许多的类型"。在编程语言中出现泛型的概念,最初的目的是希望类和方法能够具备最广泛的表达能力。通过解耦类或者方法与所使用的类型之间的约束就可以实现以上目的。

有许多原因促成了泛型的出现,其中最主要的一个原因就是本节开始时所描述的问题——容器类。

下面来看一段程序:

```java
class Apple {
    private static long counter;
    private final long id=counter++;
    public long id(){
        return id;
    }
}
public class AppleGenerics {
    public static void main(String[] args){
        ArrayList<Apple>apples=new ArrayList<Apple>();
        //ArrayList 使用了泛型定义
        for(int i=0; i<3; i++){
            apples.add(new Apple());
        }
        for(int i=0; i<3; i++){
            Apple a=apples.get(i);
            System.out.println(a);
        }
    }
}
```

在上面这段程序中就使用了泛型,这时 add()方法就只能向 List 中添加 Apple 类型的对象了。使用泛型之后调用 get()方法返回的对象也不再是 Object,而是泛型中指定的 Apple 类型。

上面程序的运行结果如图 12-10 所示。

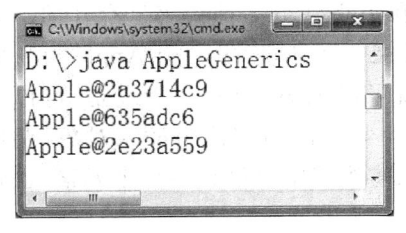

图 12-10　泛型示例运行结果

泛型在表面上跟 C++ 语言中的模板非常类似,但是两者之间有着本质的区别:Java 中的泛型只接收引用类型参数,即可以定义 List<Integer>不能定义 List<int>;C++ 中 List<A>和 List<B>实际上是两个不同的类,而 Java 中 ArrayList<Integer> 和 ArrayList<String>共享相同的类 List。

在 Java 中泛型的主要用途：涉及暂存数据和读取数据基本结构类及数组、字典对象时建议使用泛型。

自己定义的类也可以使用泛型,定义泛型的基本语法如下：

```
class ClassName<E>{
    //E 是其中的泛型,在使用该类时我们可以定义 E 为任何类型
}
```

本章例 12-7 中 Deque 类的定义正是使用了泛型。

泛型使用需要注意的几个地方：

（1）变量声明的类型必须匹配传递给实际对象的类型,即

```
List<Animal>animals=new ArrayList<Animal>();           //正确
List<Animal>animals=new ArrayList<Dog>();              //错误
```

（2）泛型中可以使用通配符"?"。在说明这一问题之前我们首先要说明一点,泛型不仅可以应用在整个类上,比如上面的 List＜Animal＞ animals＝new ArrayList＜Animal＞();,还可以应用在类中的方法上,方法上应用泛型被称为泛型方法。泛型方法能使得方法独立于类而产生变化。程序设计中的一个指导原则是,无论何时,只要能做到,就应该尽量使用泛型。

【例 12-14】 方法上使用泛型示例。

```
public class MethodGen{
    public<T>void getTClass(T t){
        System.out.println(t.getClass().getName());
    }
    public static void main(String[] args){
        MethodGen methodGen=new MethodGen();
        methodGen.getTClass("string");
        methodGen.getTClass(1);
        methodGen.getTClass(methodGen);
        methodGen.getTClass(new ArrayList());
    }
}
```

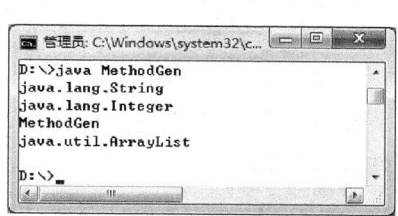

图 12-11 泛型示例运行结果

程序运行结果如图 12-11 所示。

在泛型的使用中除了可以使用具体的泛型（比如上面程序中用到的 T 或者 E 等）,还可以使用通配符"?"。

例如：

```
public class Test {
    public void addAnimal(List<?extends Pet>animals){
                //参数声明时使用通配符
    }
    public static void main(String[] args){
        List<Cat>list=new ArrayList<Cat>();
```

```
        Test test=new Test();
        test.addAnimal(list);
        //在调用addAnimal方法时传入的参数list中的泛型可以是Pet以及所有的子类
    }
}
```

通配符"?"还支持父类的调用,例如:

```
public class Test {
    public void addAnimal(List<? super Cat>animals){
                //参数声明时使用通配符
    }
    public static void main(String[] args){
        List<Pet>list=new ArrayList<Pet>();
        Test test=new Test();
        test.addAnimal(list);
        //在调用addAnimal方法时传入的参数list中的泛型可以是Cat以及它的父类
    }
}
```

需要强调的是通配符"?"只适用于声明,即在变量的声明时才可以用。

# 12.7 练 习

1. 以下( )类实现了 java. util. Map 类。

  A. Hashtable   B. HashMap   C. Vector   D. HashSet

2. 在项目中需要维护一个部件列表,部件是 Part 类型,为了方便按顺序打印出部件,应选择( )容器。

  A. Set    B. Map    C. List    D. Queue

3. 如果改变第 2 题中的要求,这些部件由其唯一的序列号表示,可以通过序列号查找部件,应该选择( )容器。

  A. Set    B. Map    C. List    D. Queue

4. 列举各类容器的优缺点。

5. 编写一个方法,使用 Iterator 遍历 Collection,并打印容器中的每个对象的 toString()。填充各种类型的 Collection,然后对其使用该方法。

6. 编写一个程序,选择合适的容器类型存数学生成绩单,要求便于查找,并且选择一个合适的容器类型存储查询结果,要求能自动排序。

# 第 13 章　流 与 文 件

本章学习目标：

（1）理解 Java 中流的概念。

（2）掌握 Java 中常用的 I/O 流。

（3）掌握对文件的读写。

（4）掌握对象的序列化和反序列化。

在程序中避免不了要与外部的某个设备或者环境进行数据的传递，例如对硬盘进行读写、对视频设备进行读写、对网络主机进行读写等，这些统称为数据的输入输出（Input/Output），因设备或者环境的不同，会有各式各样的输入输出问题和解决方案。埃克尔有句话说的是：“对于程序的设计者来说，创建一个好的输入输出系统是一项艰巨的任务。”这句话足以说明 I/O 操作在编程中的重要性和难度。这种难度不仅来源于各种 I/O 源，还来源于想要与之通信的接收端，而且还需要以多种不同的方式与它们进行通信（比如顺序、二进制、按字符、按行等）。在 Java 中输入输出处理通过使用流技术，用统一的接口来表示而实现。Java 中把所有的输入输出抽象化为 Stream 对象来解决。对不同的输入输出会有不同的 Stream 对象提供解决方案。

输入输出涉及的领域非常广泛。要想理解清楚，必须选择一个主题来专门讨论。本章内容就围绕着 Java 中常见的输入输出问题以及 Java 标准类库中各种各样的类和它们的用法进行阐述。有了本章的基础，再了解其他领域的输入输出问题就不难入手了。

## 13.1　文 件 处 理

在 Java 程序中最常见的输入输出问题就是对文件的输入输出。在学习标准的文件输入输出流之前，先了解一下 Java 程序中对于文件或者目录的表示，以及如何处理文件或者目录等问题。

Java 提供了 File 类专门表示文件。File 类呈现分层路径名的一个抽象的、与系统无关的视图。通过名字很容易误解一个 File 类实例仅代表一个文件，实际不然，File 类的实例既可以表示一个文件，也可以表示一个目录的一组文件，File 类实例可以看成是文件或者文件目录的抽象表示。

【**例 13-1**】　File 实例表示的文件。

```
import java.io.File;
public   class Test{
    public static void main(String[] args){
        File file=new File("C://demo/picture.jpg");
        //将 C://demo/picture.jpg 抽象化为一个 File 实例
        String name=file.getName();                    //得到文件的名称
```

```
        String path=file.getPath();              //得到文件的绝对路径
        String parentName  =file.getParent();      //得到文件的上级目录
        System.out.println("文件名:"+name);
        System.out.println("路径:"+path);
        System.out.println("文件的上级目录:"+parentName);
    }
}
```

程序运行结果如图 13-1 所示。

File 类的构造方法有 3 个。

public File(String path)：通过将给定路径名字

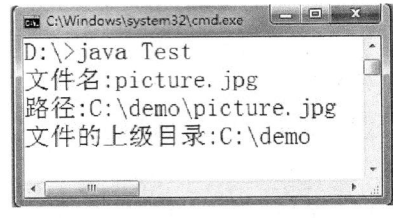

图 13-1　得到文件的基本属性运行结果

符串转换为抽象路径名来创建一个新 File 实例。

public File(String parent,String name)：根据

parent 路径名字符串和 child 路径名字符串创建一个新 File 实例。

public File(File parent,String name)：根据 parent 路径名字符串和 child 路径名字符串创建一个新 File 实例。

在程序中可以通过以上构造方法构造 File 类实例来表示某一具体的文件。

除了例 13-1 中使用到的方法之外，File 类还有提供了以下方法得到文件的一些基本属性。

public boolean canWrite()：判断文件是否有"写"权限。

public boolean canRead()：判断文件是否有"读"权限。

public boolean isFile()：判断引用所代表的是否是文件。

public boolean isDirectory()：判断引用所代表的是否是文件夹。

public long lastModifield()：返回此抽象路径名表示的文件最后一次被修改的时间。

public long length()：返回由此抽象路径名表示的文件的长度。

public boolean delete()：删除文件。

File 类实例不仅可以表示具体的文件，还可以表示一个文件目录，比如 c:/demo 目录，File 类中与文件目录操作相关的方法。

public boolean mkdir()：生成一个该对象指定的路径。

public String[] list()：返回一个字符串数组，这些字符串指定此抽象路径名表示的目录中的文件和目录。

假设想查看一个目录列表，可以调用 File 实例的 list()方法，获得此 File 对象所包含的全部列表，但如果想获得一个有条件的目录列表，如想得到所有扩展名为.jpg 的文件，那么就需要用到另外的一个关于 File 实例的操作——"目录过滤器"，这个类中会允许程序员设置符合条件的 File 对象。

【例 13-2】　编写一个程序可以得到某一路径下指定后缀或者名称的文件以及子目录。

分析程序：要想程序实现这个功能，必须介绍一个接口 FilenameFilter，此接口非常简单，其中只定义了一个方法 public boolean accept(File dir,String name)。此方法必须接收一个代表某一目录的 File 对象，以及代表文件名的 String 对象。这主要是为了测试指定文件是否应该包含在某一文件列表中，要实现特定格式的目录过滤器就必须让过滤器实现此

接口,并实现其中的 accept 方法,具体的程序实现如下:

```java
import java.io.File;
import java.io.FilenameFilter;
import java.util.Arrays;
import java.util.regex.Pattern;
public class DirList {
    public static void main(String[] args){
        File path=new File(".");
        String[] list;
        if(args.length==0){
            System.out.println(args.length);
            list=path.list();
        } else {
            list=path.list(new DirFilter(args[0]));
            Arrays.sort(list,String.CASE_INSENSITIVE_ORDER);
        }
        for(String dirItem : list){
            System.out.println(dirItem);
        }
    }
}
class DirFilter implements FilenameFilter {
    private Pattern pattern;
    public DirFilter(String regex){
        pattern=Pattern.compile(regex);
    }
    @Override
    public boolean accept(File dir,String name){
        //TODO Auto-generated method stub
        return pattern.matcher(name).matches();
    }
}
```

程序的运行结果如下:

(1) 如果调用 java 命令运行此程序时输入的 java 命令是 java DirList,则程序运行的结果是列出当前目录下所有的文件以及目录,如图 13-2 所示。

(2) 如果输入的 java 命令是 java DirList . * /.java $,则程序运行的结果是列出当前目录下所有的.java 结尾的文件,如图 13-3 所示。

**注意**:File 对象的 list(filenameFilter)方法会为此目录下的每一个文件调用 accept 方法,来判断该文件是否包含在其中,结果由 accept 方法的返回值决定。

以上程序中还用到了 Java 中的类 Pattern 正则表达式,Arrays. sort()方法,String. CASE_INSENSITIVE_ ORDER 属性等。其中 accept 方法中使用这个正则表达式的 matcher 对象,来查看参数中的正则表达式是否匹配这个文件的名字。使用 Arrays. sort()

和 String. CASE_INSENSITIVE_ORDER 方法和属性将符合要求的文件和目录按照名称进行排序。

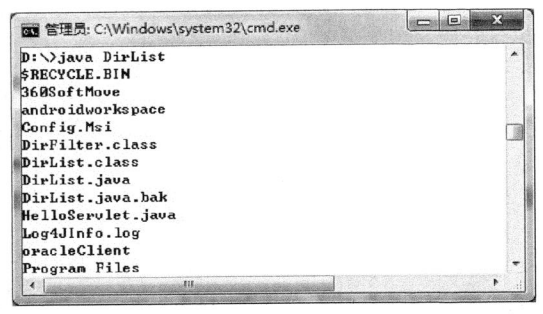
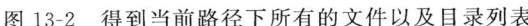

图 13-2　得到当前路径下所有的文件以及目录列表

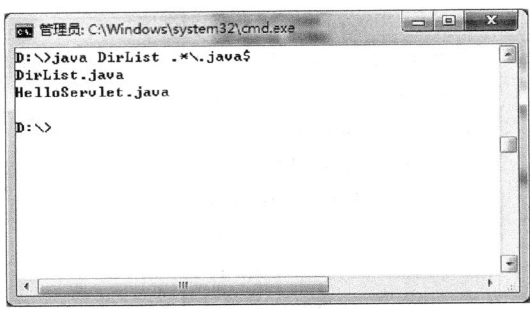

图 13-3　得到当前路径下.java 结尾的文件

## 13.2　I/O 和 流

输入输出是程序设计中非常重要的一部分,即内存中的程序与外部设备之间经常会进行输入(Input)和输出(Output)操作,从外部设备中读取内容到内存称为输入,把内存中的内容写出到外部设备,称为输出,如图 13-4 所示。输入输出简称为 I/O。

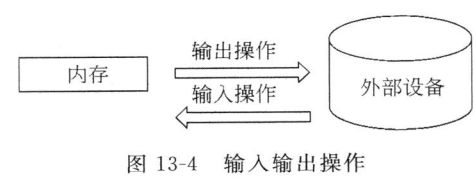

图 13-4　输入输出操作

因为外部设备的种类繁多、各具特点,在编程实现时也各不相同。因此,Java 将不同类型的 I/O 抽象为流(stream),流代表了任何有能力产出数据的数据源对象或者是有能力接收数据的接收端对象。流屏蔽了实际的 I/O 设备中处理数据的细节。Java 中的流用统一的接口来表示,以便抽象出它们的共同点,隐藏各 I/O 的不同,为编程人员提供方便。Java 对于不同的 I/O 问题,提供了不同的实现类。

Java 类库中将 I/O 类分成了输入和输出两部分,在 JDK 文档中可以从各个层级结构中查看。java.io 包里包括了一系列用来实现输入输出处理的类。但是任何自 InputStream 或者 Reader 继承而来的类都含有名为 read() 的方法用于读取单个字节或者字节数组,同样,任何自 OutputStream 或者 Writer 继承而来的类都含有名为 write() 的基本方法用于写单个字节或者字节数组。

Java 中按照不同的分类方式可以将流分成不同的种类,按照数据的流向可以分为输入流和输出流,按照数据处理单位的不同可以分为字节流和字符流,如表 13-1 所示。

表 13-1　流的分类

|  | 字 节 流 | 字 符 流 |  | 字 节 流 | 字 符 流 |
|---|---|---|---|---|---|
| 输入流 | InputStream | Reader | 输出流 | OutputStream | Writer |

字节流 InputStream 和 OutputStream 以及它们的派生类负责处理以字节(byte)为单位的数据;字符流 Reader 和 Writer 以及它们的派生类负责处理以 16 位的 unicode 码表示的字符为

单位的数据。图 13-5 和图 13-6 分别展示了字节流和字符流的相关类以及层次关系。

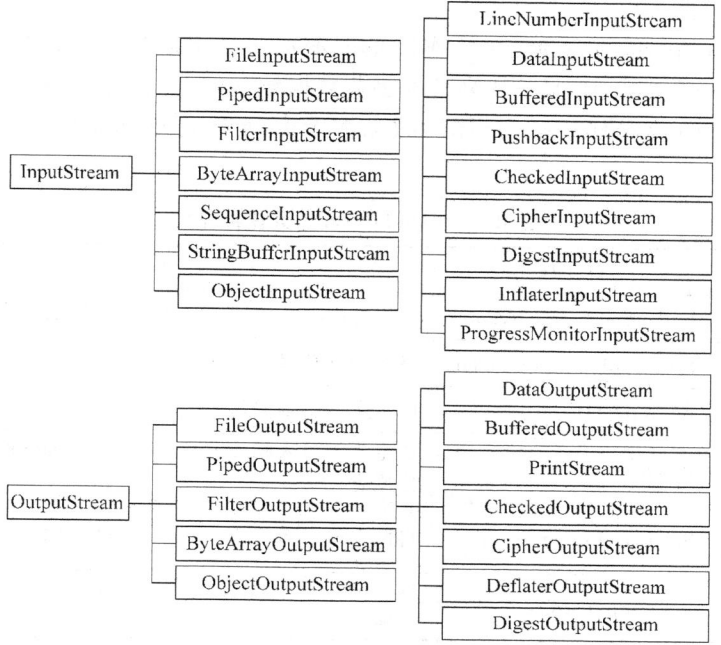

图 13-5　字节输入输出流类

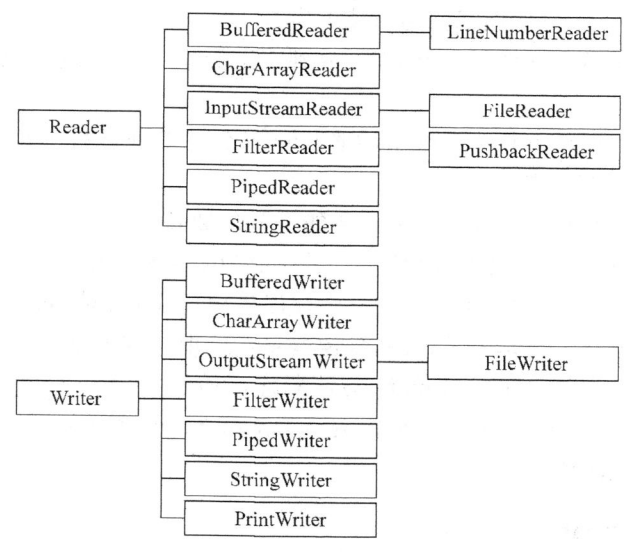

图 13-6　字符输入输出流类

# 13.3　字　节　流

从 InputStream 和 OutputStream 继承来的一系列的类统称为字节流。字节流以字节（byte）为基本处理单位。

### 13.3.1 InputStream

InputStream 是字节输入流,它的作用是表示那些从不同数据源产生输入的类,但是 InputStream 是一个抽象类,真正用来处理字节数据输入的是其子类。根据数据源的不同,InputStream 有不同的实现子类,具体的数据源及其所对应的 InputStream 子类如表 13-2 所示。

表 13-2　InputStream 的具体实现类

| 数 据 源 | 具体实现类 | 功　能 |
|---|---|---|
| 字节数组 | ByteArrayInputStream | 允许将内存的缓冲区当作 InputStream 使用 |
| String 对象 | StringBufferInputStream | 将 String 转换为 InputStream |
| 文件 | FileInputStream | 用于文件中读取信息 |
| 管道 | PipedInputStream | 产生用于写入相关 PipedOutputStream 的数据。实现管道化概念 |
| 一个由其他种类的流组成的序列 | SequenceInputStream | 将两个或者多个 InputStream 转换成一个 InputStream |
| 其他数据源 | FilterInputStream | 抽象类,"装饰器"接口,为其他的 InputStream 提供有用的功能 |

InputStream 中定义了一些数据输入常用的方法。

int read():读一个字节,返回值为所读的字节。

int read(byte b[]):一次读多个字节,放到字节数组 b 中。返回值为实际读取字节的数目。

int read(byte b[],int off,int len):读取 len 个字节,放到下数组 b 中从下标 off 开始的位置,返回值为读取的字节数目。

int available():返回值为流中尚未读取的字节的数目。

long skip(long $n$):指针跳过 $n$ 个字节,返回值为实际跳过的字节数目。

void mark(int readlimit):在此输入流中标记当前的位置,对 reset 方法的后续调用会在最后标记的位置重新定位此流,以便后续读取重新读取相同的字节。

void reset():把指针重新指向 mark 方法所标记的位置。

boolean markSupported():测试输入流是否支持 mark 和 reset 方法。

void close():关闭流。

### 13.3.2 OutputStream

OutputStream 是字节输出流,该类的作用是决定输出所要去往的目的地,该类也是一个抽象类,它的具体子类用来处理字节数据的输出。根据输出目的地的不同 OutputStream 也有不同的实现类,如表 13-3 所示。

OutputStream 类中定义了输出数据时常用的方法。

void write(int b):向流中写入一个字节 b。

void write(byte b[]):字节数组 b 中的内容写入到流。

表 13-3　OutputStream 的具体实现类

| 输入目的源 | 具体实现类 | 功　　能 |
|---|---|---|
| 字节数组 | ByteArrayOutputStream | 在内存中创建缓冲区,所有送往"流"的数据都要放置在此缓冲区 |
| 文件 | FileOutputStream | 用于将数据写至文件 |
| 管道 | PipedOutputStream | 任何写入其中的信息都会自动作为相关 PipedInputStream 的输出,实现"管道化"的概念 |
| 其他数据源 | FilterOutputStream | 抽象类,作为"装饰器"的接口,为其他 OutputStream 提供有用的功能 |

void write(byte b[],int off,int len):把数组 b 中从下标 off 开始长度为 len 的内容写入到流中。

void flush():刷新此输出流并强制写出所有缓冲的输出字节。

boolean markSupported():测试此输出流是否支持 mark 和 reset 方法。

void close():关闭流。

## 13.3.3　FilterInputStream 和 FilterOutputStream

FilterInputStream 和 FilterOutputStream 是用来提供装饰器类接口以控制特定输入流(InputStream)和输出流(OutputStream)的两个类,它们分别继承自 I/O 类库中的 InputStream 和 OutputStream,这两个类是装饰器的必要条件,关于装饰器主要是为了将不同的 I/O 有效地组合在一起使用(关于装饰器大家可以学习《13 种设计模式》中的装饰器模式)。

FilterInputStream 和 FileOutputStream 都是抽象类,具体 FilterInputStream 和 FilterOutputStream 如何从其他的 InputStream 和 OutputStream 中读取和写入数据呢?

FilterInputStream 和 FilterOutputStream 都有其具体的实现类和其特殊的功能,如表 13-4 和表 13-5 所示。

表 13-4　FilterInputStream 的具体实现类

| 实　现　类 | 功　　能 | 构　造　方　法 |
|---|---|---|
| DataInputStream | 与 DataOutputStream 搭配使用,可以按照可移植方式从流读取基本数据类型(int、long、float 等) | DateInputStream (InputStream in) |
| BufferedInputStream | 使用缓冲区,代表每次读取数据时不需要都进行实际的写操作 | BufferedInputStream (InputStream in) |
| LineNumberInputStream | 跟踪输入流中的行号,可以调用 get/setLineNumber() | LineNumberInputStream (InputStream in) |
| PushbackInputStream | 具有"能弹出一个字节的缓冲区",可以读到最后一个字符再回退 | PushbackInputStream (InputStream in) |

这些实现类其中使用比较多的是 DataInputStream 和 DataOutputStream,BufferedInputStream 和 BufferedOutputStream 以及 PrintStream。

DataInputStream 是用来读取不同的基本数据类型以及 String 对象的,它提供的方法都是以 read 开头的,比如:readByte()读取 byte 类型数据,readFloat()读取 float 类型数

表 13-5　FilterOutputStream 的具体实现类

| 实　现　类 | 功　　能 | 构　造　方　法 |
|---|---|---|
| DataOutputStream | 与 DataInputStream 搭配使用,因此可以按照可移植方式向 6 种写入基本类型数据(int、long、float 等) | DataOutputStream (OutputStream ou) |
| PrintStream | 用于产生格式化输出,一般 DataOutputStream 负责处理数据的存储,PrintStream 负责数据处理显示 | PrintStream (OutputStream ou) |
| BufferedOutputStream | 代表"使用缓冲区",可以调用 flush()清空缓冲区,使用它可以避免每次发送数据时都要进行实际的写操作 | BufferedOutputStream (OutputStream ou) |

据,等等。与之对应的 DataOutputStream 类主要是输出各种基本数据类型以及 String 类型的对象,那么在任何计算机上的任何 DataInputStream 都可以读取到它们了。

　　BufferedInputStream 和 BufferedOutputStream 是一对输入输出流,它们主要的功能是对要读写的数据采用缓存技术,所以每次向流读取和写入时,不必每次都进行实际的物理读写操作。两个相比来说更常用的是 BufferedOutputStream。

　　PrintStream 类设计的目的是以可视化格式打印所有的基本数据库类型以及 String 对象,这好像和 DataOutputStream 有点相似,但是所不同的是,DataOutputStream 写入的数据可以通过 DataInputStream 读取,但是 PrintStream 却不能,而且没有与之对应的输入流,PrintStream 中有两个非常重要,非常常用的方法 print()和 println(),两者之间的差异是 println 会在操作完毕会加一个换行符,相信提到这两个方法大家都会想到程序中经常会用到的两条语句: System. out. print(); System. out. println();其中我们通过 System 类得到其中的静态成员 out,out 就是 PrintStream 类型的对象,再调用其 print()或者 println()向控制台打印数据。

## 13.3.4　字节文件处理(FileInputStream 和 FileOutputStream)

　　InputStream 和 OutputStream 更常用的两个具体的实现类是 FileInputStream 和 FileOutputStream,两者是用于对文件进行读写操作的两个实现类,并且是经常用来对字节类型文件处理的输入输出流。

　　【例 13-3】　将存储于 c 盘下的 image. jpg 这幅图片复制到 d 盘根目录下。

```
import java.io.File;
import java.io.FileInputStream;
import java.io.FileNotFoundException;
import java.io.FileOutputStream;
import java.io.IOException;
import java.text.ParseException;
import java.text.SimpleDateFormat;
import java.util.Calendar;
import java.util.Date;

public class ByteFileExample {
    public static void main(String[] args)throws ParseException,IOException {
```

```
File fileSource=new File("c://image.jpg");
  //创建源文件对象
  File fileDes=new File("d://image.jpg");
  //创建目标文件对象
FileInputStream fis=new FileInputStream(fileSource);
  //创建基于源文件的文件输入流
FileOutputStream fos=new FileOutputStream(fileDes);
  //创建基于目标文件的文件输出流
int read=fis.read();                              //读文件,一次读一个字节
while(read !=-1){
    fos.write(read);                              //写文件,一次写一个字节
    read=fis.read();
}
fos.flush();                                      //刷新写文件流的缓存
fos.close();                                      //关闭文件输出流
fis.close();                                      //关闭文件输入流
System.out.println("复制完毕");
    }
}
```

程序运行后会将 c:/image.jpg 文件复制到 d:/image.jpg。

以上程序的实现使用了一次读取写入一个字节数据的方式,请读者自己参考 JDK API 以及前面章节介绍的 BufferedInputStream 和 BufferedOutputStream 的特性将程序改写为一次读取写入多个字节的方式实现。

# 13.4 字 符 流

从 Reader 和 Writer 继承来的一系列类称为字符流。这两个类是在 JDK 1.1 版本中的重大修改,当初次看到 Reader 和 Writer 类时,可能会以为这两个类是用来取代 InputStream 和 OutputStream 的,但实际上并非如此。Reader 和 Writer 主要是以 16 位的 unicode 码表示的字符为基本处理单位的输入输出流。在 JDK 1.1 版本中 InputStream 和 OutputStream 中还加入了一些新的实现类,并且在程序中有时必须把来自于"字节"层次中的类和"字符"层次的类结合起来使用,所以 Reader 和 Writer 绝不是 InputStream 和 OutputStream 的替代,同时,为了能让"字节流"和"字符流"结合起来使用,JDK 中还引入了具有适配器(关于适配器可以学习《13种设计模式》中的适配器模式)功能的 InputStreamReader 和 OutputStreamWriter 两个类,可以将 InputStream 转换为 Reader,将 OutputStream 转换为 Writer。

那么既然 JDK 1.1 中加入 Reader 和 Writer 不是为了取代 InputStream 和 OutputStream,那又是为了什么呢?

JDK 1.1 之前的 I/O 流中的层次结构仅支持 8 位的字节流,而并不能很好地处理 16 位的 Unicode 字符,但是 Unicode 是字符的国际化标准,所以添加 Reader 和 Writer 是为了国际化,并且这种设计使得程序在操作数据时比旧类库更快。

Java 中几乎所有 InputStream 和 OutputStream 的具体子类都有对应的 Reader 和

Writer 类子类来处理 Unicode 数据。但并不是所有的场合都适合使用 Reader 和 Writer 的，有时候使用字节流才是正确的解决方案，比如 java.util.zip 包中的类库就是面向字节的而不是面向字符的。

## 13.4.1　Reader

Reader 是字符输入流，是一个抽象类。其具体的子类用来处理 Unicode 数据的输入。其中的一些具体子类和应用场景如表 13-6 所示。

表 13-6　Reader 的具体实现类

| 实 现 类 | 功　　能 |
| --- | --- |
| FileReader | 读取 Unicode 的字符文件，与 FileInputStream 对应 |
| StringReader | 读取 Unicode 编码的字符串对象 |
| BufferedReader | 从字符输入流中读取文本，缓冲各个字符，从而实现字符、数组和行的高效读取，与 BufferedInputStream 对应 |
| CharArrayReader | 实现一个可用作字符输入流的字符缓冲区，与 ByteArrayInputStream 对应 |
| PipedReader | 字符管道输入流，与 PipedInputStream 对应 |

Reader 中定义了操作 Unicode 数据常用的方法，其中包括以下几种。

int read()：读取一个字符，返回所读的字符。

int read(char c[])：一次读取多个字符放到字符数组 c 中，返回值为实际读取的字符数目。

int read(char c[],int off,int len)：读取 len 个字符，放到下数组 c 中从下标 off 开始的位置，返回值为读取的字符数目。

void mark(int readlimit)：给当前流做标记，最多支持 readlimit 个字符的回溯。

void reset()：将当前流重置到 mark 所作的标记处。

boolean markSupported()：判断当前流是否支持 mark 方法所作的标记。

void close()：关闭流。

## 13.4.2　Writer

Writer 是字符输出流，是一个抽象类。其具体的子类用来处理字符数据的输出。其中的一些具体子类和各自的应用场景如表 13-7 所示。

表 13-7　Writer 的具体实现类

| 实 现 类 | 功　　能 |
| --- | --- |
| FileWriter | 用来写入 Unicode 的字符文件的类，与 FileOutputStream 对应 |
| StringWriter | 一个字符流，可以用其回收在字符串缓冲区中的输出来构造字符串 |
| BufferedWriter | 将文本写入字符输出流，缓冲各个字符，从而提供单个字符、数组和字符串的高效写入，与 BufferedOutputStream 对应 |
| CharArrayWriter | 此类实现一个可用作 Writer 的字符缓冲区，与 ByteArrayOutputStream 对应 |
| PipedWriter | 字符管道输出流，与 PipedOutputStream 对应 |

Writer 类中定义了写入 Unicode 字符数据的常用方法,其中包括以下几种。

void write(c):向流中写入一个字符 c。

void write(byte c[]):把字符数组 c 中的内容写入到流。

void write(byte c[],int off,int len):把数组 c 中从下标 off 开始长度为 len 的内容写入到流中。

void write(String str):将字符串 str 中的字符写到输出流。

void flush():刷新输出流并强制输出缓冲的字符。

void close():关闭流。

### 13.4.3　字符文件的处理(FileReader 和 FileWriter)

Reader 和 Writer 的具体实现子类中最容易理解,也是应用最为广泛的是 FileReader 和 FileWriter,下面以对字符文件的读写来介绍这一对输入输出流的基本使用。

【例 13-4】　将 d:/message.txt 文件复制到 e:/。

```
import java.io.File;
import java.io.FileReader;
import java.io.FileWriter;
import java.io.IOException;
import java.text.ParseException;
public class Test {
    public static void main(String[] args)throws ParseException,IOException {
        File fileSource=new File("d:/message.txt");
        File fileDes=new File("e:/message.txt");
        FileReader fr=new FileReader(fileSource);
        FileWriter fw=new FileWriter(dileDes);
        char[] c=new char[1024];
        int read=fr.read(c);
        while(read !=-1){
            fw.write(c);
            x=fr.read(c);
        }
        fw.flush();
        fw.close();
        fr.close();
    }
}
```

程序运行后会将 d:/message.txt 文件复制到 e:/message.txt。

以上程序的实现使用了一次读取或写入 1024 个字符,请参考 FileReader 和 FileWriter 的 API 将程序改写为一次读取或写入一个字符的方式实现。

# 13.5　对　象　流

## 13.5.1　对象的序列化和反序列化

在程序运行过程中,对象的寿命通常随着生成该对象程序的终止而终止。但是在某些情况下,需要将对象某个时刻的状态保存下来,这样在下次程序运行时或者在其他程序运行时需要该信息时,则可以再将对象恢复,让对象从那个时刻的状态继续运行。这种需求在分布式系统和跨平台运行的系统中经常会遇到。

在 Java 中将内存中对象的信息转化为字节序列输出到指定位置实现对象状态的保存,再将某一位置保存的对象通过字节序列恢复成内存中对象实现对象的恢复。Java 中将这两个过程分别称为对象的序列化和对象的反序列化。

对象在序列化时会保存其自身的状态,比如对象中的属性在这一时刻的值。对象的序列化就是把对象的信息转换为字节序列,然后存储在硬盘上以便以后需要的时候可以通过对象的反序列化重新运行该对象,也可以将转换的字节序列通过网络或其他形式传输到另一台机器上继续运行该对象。

对象的序列化和反序列化的概念加入到 Java 中是为了支持两种主要特性,一是 Java 的远程方法调用(remote method invocation,RMI),它使得存活在其他计算机上的对象使用起来就像存活于本机上一样。当向远程对象发送消息时,需要通过对象序列化来传输参数和返回值。关于 RMI 本书中不做详细介绍。再者,对一个 Java 类来说,要使用这个类,一般是在设计阶段对其状态信息进行设置,并在程序启动时进行后期恢复,这也用到了对象的序列化和反序列化,所以说序列化和反序列化对于 Java 类来说也是必需的。

序列化和反序列化的应用场景:不同线程之间远程传递对象。

(1) 手机端访问网站提供的对象。

(2) 分布式跨平台应用程序的运行。

对象的序列化和反序列化,需要使用到 I/O 流中的 ObjectOutputStream 和 ObjectInputStream。

### 13.5.2  ObjectInputStream 和 ObjectOutputStream

对象的序列化和反序列化需要用到 I/O 流中的对象流:对象输入流 ObjectInputStream 和对象输出流 ObjectOutputStream。

(1) ObjectOutputStream。对象输出流,它的 writeObject(obj)方法可对参数指定的对象进行序列化并把得到的字节序列写到目标输出流中。

(2) ObjectInputStream。对象输入流,它的 readObject( )方法从一个源输入流中读取字节序列,并将此字节序列反序列化为一个对象。

在 Java 中不是所有的对象都可以序列化和反序列化的。只有实现了 Serializable 接口的类的对象才可以被序列化和反序列化。Java 中接口 Serializable 用来作为实现对象序列化的工具。

对象序列化的步骤如下:

① 创建一个 ObjectOutputStream 对象。

② 通过 ObjectOutputStream 的 writeObject(object)方法将指定的对象转化为字节序列并输出。

对象反序列化步骤如下:

① 创建一个 ObjectInputStream 对象。

② 通过 ObjectInputStream 的 readObject( )方法将字符序列读入到内存并转化为

对象。

**注意：**

（1）实现 Serializable 的类中若有不参与序列化的变量可用 transient 关键字修饰。

（2）用 static 修饰的静态成员变量，不参加序列化过程。

**【例 13-5】** 对象的序列化示例，将程序中某一时刻的银行账号的信息永久保存下来。

```java
import java.io.File;
import java.io.FileInputStream;
import java.io.FileOutputStream;
import java.io.IOException;
import java.io.ObjectInputStream;
import java.io.ObjectOutputStream;
import java.io.Serializable;
class BankAccount implements Serializable{
private transient String accountName;
//transient 关键字修饰的变量不会被序列化
private Double accountMoney;
private String accountNo;
public String getAccountName(){
        return accountName;
    }
    public void setAccountName(String accountName){
        this.accountName=accountName;
    }
    public Double getAccountMoney(){
        return accountMoney;
    }
    public void setAccountMoney(Double accountMoney){
        this.accountMoney=accountMoney;
    }
    public String getAccountNo(){
        return accountNo;
    }
    public void setAccountNo(String accountNo){
        this.accountNo=accountNo;
    }
}
public class Test {
    public static void main(String[] args)throws IOException,ClassNotFoundException {
BankAccount ba=new BankAccount();
        ba.setAccountNo("00000001");
        ba.setAccountName("Mr zhang");
        ba.setAccountMoney(150000.02);
        File baFile=new File("d:/bankAccount.obj");
        FileOutputStream fos=new FileOutputStream(baFile);
```

```
        ObjectOutputStream oos=new ObjectOutputStream(fos);
        oos.writeObject(ba);
        oos.close();
        fos.close();
    }
}
```

程序运行结束在 d:/会有一个 bankAccount.obj 的文件。

【例 13-6】 对象的反序列化示例,在某程序运行过程中的某一时刻得到之前保存的银行账号的信息开始其他的操作。

```
import java.io.File;
import java.io.FileInputStream;
import java.io.FileOutputStream;
import java.io.IOException;
import java.io.ObjectInputStream;
import java.io.ObjectOutputStream;
import java.io.Serializable;
class BankAccount implements Serializable{
    private transient String accountName;
    //transient 关键字修饰的变量不会被序列化
    private Double accountMoney;
    private String accountNo;
    public String getAccountName(){
            return accountName;
    }
    public void setAccountName(String accountName){
        this.accountName=accountName;
    }
    public Double getAccountMoney(){
        return accountMoney;
    }
    public void setAccountMoney(Double accountMoney){
        this.accountMoney=accountMoney;
    }
    public String getAccountNo(){
        return accountNo;
    }
    public void setAccountNo(String accountNo){
        this.accountNo=accountNo;
    }
}
public class Test {
    public static void main(String[] args)throws IOException,ClassNotFoundException {
        File baFile=new File("d:/bankAccount.obj");
        FileInputStream fis=new FileInputStream(baFile);
```

```
ObjectInputStream ois=new ObjectInputStream(fis);
BankAccount ba=(BankAccount)ois.readObject();
System.out.println("银行账号所属人姓名:"+ba.getAccountName());
System.out.println("银行账号:"+ba.getAccountNo());
System.out.println("账号资金:"+ba.getAccountMoney());
    }
}
```

程序运行结果如图 13-7 所示。

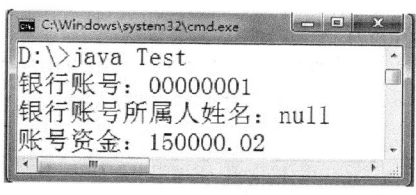

从程序的运行结果可以看出例 13-5 程序的序列化是成功的,同时可以看出 transient 修饰的变量是不参与对象序列化过程的。

图 13-7　对象的序列化和反序列化示例

对象的序列化非常的"聪明",它不仅能保存对象的"全景图",而且还能保存对象中所包含的其他对象(要求其他对象所属的类型也必须实现 Serializable 或者 Externalizable 接口),以及其他对象中包含的其他对象,以此类推,这种情况被称为"对象网"。

### 13.5.3　对象序列化的控制

通过上一节中的讲解和示例可以看到,默认的序列化机制并不难操纵,但是如果程序中有特殊的需求(比如要考虑特殊的安全问题,希望对象的某一些部分不被序列化,又或者序列化对象的所包含的对象不需要序列化)该怎么办呢?

在一些特殊情况下可以通过让类实现 Externalizable 接口取代实现 Serializable 接口,从而来对对象的序列化进行控制。Externalizable 接口继承自 Serializable 接口,并同时增加了两个方法 writeExternal()和 readExternal(),实现了 Externalizable 接口的类的对象在序列化和反序列化时这两个方法会被自动调用,可以在这两个方法中实现一些特殊的操作。

【例 13-7】　Externalizable 接口的简单实现示例。

```
import java.io.Externalizable;
import java.io.IOException;
import java.io.ObjectInput;
import java.io.ObjectOutput;

public class BankAccount implements Externalizable {
    private transient String accountName;
    //transient 关键字修饰的变量不会被序列化
    private Double accountMoney;
    private String accountNo;
    private int num=0;
    public String getAccountName(){
        return accountName;
    }
    public void setAccountName(String accountName){
        this.accountName=accountName;
```

```
        }
    public Double getAccountMoney(){
        return accountMoney;
    }
    public void setAccountMoney(Double accountMoney){
        this.accountMoney=accountMoney;
    }
    public String getAccountNo(){
        return accountNo;
    }
    public void setAccountNo(String accountNo){
        this.accountNo=accountNo;
    }
    public int getNum(){
        return num;
    }
    public void setNum(int num){
        this.num=num;
    }
    @Override
    public void readExternal(ObjectInput in)throws IOException,
            ClassNotFoundException {
        //TODO Auto-generated method stub
        System.out.println("BankAccount.readExternal");
        accountName=(String)in.readObject();
        accountMoney=(Double)in.readObject();
        accountNo=(String)in.readObject();
        num=in.read();
    }
    @Override
    public void writeExternal(ObjectOutput out)throws IOException {
        //TODO Auto-generated method stub
        System.out.println("BankAccount.writeExternal");
        out.writeObject(accountName);
        out.writeObject(accountMoney);
        out.writeObject(accountNo);
        out.write(88);
    }
}
```

测试实现了 Externalizable 接口的类的对象序列化的程序：

```
import java.io.FileInputStream;
import java.io.FileNotFoundException;
import java.io.FileOutputStream;
import java.io.IOException;
```

```
import java.io.ObjectInputStream;
import java.io.ObjectOutputStream;
public class Main {

    /**
     * @param args
     * @throws IOException
     * @throws FileNotFoundException
     * @throws ClassNotFoundException
     */
    public static void main(String[] args) throws FileNotFoundException,
            IOException, ClassNotFoundException {
        BankAccount bankAccount=new BankAccount();
        bankAccount.setAccountName("张三");
        bankAccount.setAccountMoney(5000.00);
        bankAccount.setAccountNo("9787012345667");
        ObjectOutputStream oos=new ObjectOutputStream(new FileOutputStream
        ("bankAccount.obj"));
        oos.writeObject(bankAccount);
        oos.flush();
        oos.close();
        ObjectInputStream ois=new ObjectInputStream(new FileInputStream
        ("bankAccount.obj"));
        BankAccount ba=(BankAccount)ois.readObject();
        System.out.println(ba.getAccountName()+"---"+ba.getAccountMoney()+
        "---"+ba.getAccountNo()+"----"+ba.getNum());
        ois.close();
    }

}
```

程序的运行结果:

```
BankAccount.writeExternal
BankAccount.readExternal
张三---5000.0---9787012345667----88
```

writeExternal()方法中将 transient 修饰的 accountName 进行的写的操作,在 readExternal()方法中又进行了读的操作,则在对象 bankAccount 对象序列化和反序列化过程中都包含了 accountName 属性。并且还在 writeExternal()方法中 write 了一个 88 的整数值,在 readExternal()方法中将序列化的 88 值读取出来赋值给对象的 num 属性,程序运行的结果验证了:实现了 Externalizable 接口的类对象在序列化时会执行 writeExternal()和 readExternal()方法中的逻辑。

对象的序列化必须依赖于 Serializable 或 Externalizable 接口,下面对这两个接口做一个简单的比较。

Serializable 接口中未定义任何方法,实现此接口无须实现额外的方法,给程序员带来一定的方便,如果实现 Serializable 接口的类对象序列化和反序列化时会使用默认的 Java 内建的机制,由于内建的机制是通用的所以其存储会占用较大的空间,而且还有可能由于额外的开销导致程序的运行速度比较慢。

Externalizable 接口中定义的额外的方法 writeExternal()和 readExternal(),这就要求程序员自定义对象序列化和反序列化时具体的操作,这种方式虚拟机不提供任何关于对象序列化和反序列化的帮助,所有的工作落在了程序员的头上,相较 Serializable,后者存储的开销会小一些(由程序员决定),可能提升程序的执行效率。

如果程序中不是特别坚持实现 Externalizable 接口,那么还可以实现 Serializable 接口,并在类中添加(注意是"添加"而不是"实现"、"覆盖"或者"重写")writeExternal()和 readExternal()两个方法,这样对象在序列化和反序列化时同样会自动调用这两个方法。换句话说,只要我们在类中添加 writeExternal()和 readExternal()两个方法,就会使得此类对象的序列化和反序列化不按照默认的方式执行。哪怕是 writeExternal()和 readExternal()两个方法声明为 private。

```
private void writeExternal(ObjectOutputStream out)throws IOException;
private void readExternal(ObjectInputStream in)throws IOException;
```

有的人看到这里可能会很诧异,将 writeExternal()和 readExternal()声明为 private 说明只能在类内部被访问,但是在对象的序列化和反序列化时调用 ObjectOutputStream 和 ObjectInputStream 的 writeObject()和 readObject()时明明是在类的外部,怎么可能会执行 writeExternal()和 readExternal()两个方法呢? 这正是 Java 对象序列化和反序列化的神奇之处,如果感兴趣,可以自行阅读 Java 的源代码找到问题的答案。

在这里还需要强调的一点,Externalizable 接口中定义的 writeExternal( )和 readExternal()方法是 public(因为接口中所有的方法声明必须为 public,默认也为 public),如果类实现了 Externalizable 接口则不能阻止类外的程序调用类对象的 writeExternal()和 readExternal()方法,所以如果想 writeExternal()和 readExternal()方法只在对象的序列化和反序列化时被调用,则可以让类实现 Serializable 接口而不是 Externalizable 接口,在类中定义 private 的 writeExternal()和 readExternal()方法即可,这也是 Java 编程中的一个小技巧。

## 13.6　其他常用流

**1. 缓存流 BufferedReader 和 BufferedWriter**
它们可以直接读一行字符或写一行字符。

(1) BufferedReader:从字符输入流中读取文本,缓冲各个字符,从而实现字符、数组和行的高效读取。

一般地,建议用 BufferedReader 如 FileReader 和 InputStreamReader 等,因为他们的 read()操作可能开销很高。

(2) BufferedWriter:将文本写入字符输出流,缓冲各个字符,从而提供单个字符、数组和字符串的高效写入。

一般地,建议用 BufferedWriter 包装 FileWriter、OutputStreamWriter 等,因为它们的 write()操作开销很高。

【例 13-8】 使用 BufferedReader 和 BufferedWriter 对 Unicode 字符文件进行读取和写入操作。

```
File file=new File("d://账户信息.txt");
FileReader fr=new FileReader(file);
BufferedReader br=new BufferedReader(fr);
//使用 BufferedReader 包装 FileReader
File file_copy=new File("D://账户信息-copy.txt");
FileWriter fw=new FileWriter(file_copy);
BufferedWriter bw=new BufferedWriter(fw);
//使用 BufferedWriter 包装 FileWriter
String str=br.readLine();
while(str !=null){
    bw.write(str);
    str=br.readLine();
}
bw.flush();
bw.close();
fw.close();
br.close();
fr.close();
```

### 2. DataOutputStream 和 DataInputStream

DataInputStream 和 DataOutputStream 是数据输入输出流,它允许应用程序以与所用计算机无关方式从底层输入流中读取基本 Java 数据类型,两个类中提供了读取和写入基本数据类型的特定方法,比如 double readDouble()、void writeDouble()、int readInt()、void writeInt()等。

【例 13-9】 使用 DataInputStream 和 DataOutputStream 向文件中写入基本数据类型数据,并再读取出来。

```
import java.io.DataInputStream;
import java.io.DataOutputStream;
import java.io.FileInputStream;
import java.io.FileNotFoundException;
import java.io.FileOutputStream;
import java.io.IOException;
public class Main {

    /**
     * @param args
     * @throws IOException
     * @throws FileNotFoundException
     * @throws ClassNotFoundException
```

```
    */
    public static void main(String[] args)throws FileNotFoundException,
        IOException,ClassNotFoundException {
        DataOutputStream dos = new DataOutputStream(new FileOutputStream("C:/a.
        txt"));
        dos.writeUTF("身高:");
        dos.writeDouble(15.2);dos.writeUTF("年龄:");
        dos.writeInt(15);
        dos.flush();
        dos.close();
        DataInputStream dis = new DataInputStream(new FileInputStream("C:/a.
        txt"));
        String title1= dis.readUTF();
        double d=dis.readDouble();
        System.out.println(title1+d);
        String title2=dis.readUTF();
        int i=dis.readInt();
        System.out.println(title2+i);
        dis.close();
    }
}
```

### 3. InputStreamReader 和 OutputStreamWriter

用来在字节流和字符流之间做中介,是字节流通向字符流的桥梁。例如在网络编程中,一台计算机向另一台计算机发送字符信息,该字符信息在网络中是以字节流的形式传输的,另一台计算机需要获得这个字节流,读取该字节流中的内容,并以字符的形式显示出来,这时候就需要使用 InputStreamReader 和 OutputStreamWriter 在字节流和字符流之间进行转换。

```
...
InputStream in=socket.getInputStream();
InputStreamReader inreader=new InputStreamReader(in);
...
```

# 13.7　练　习

1. 以下程序的运行结果是（　　）。

```
1.import java.io.*;
2.class CodeWalkSeven{
3.    public static void main(String [] args){
4.        Car c=new Car("Nissan",1500,"blue");
5.        System.out.println("before: "+c.make+" "+c.weight);
6.        try {
7.            FileOutputStream fs=new FileOutputStream("Car.ser");
```

```
8.              ObjectOutputStream os=new ObjectOutputStream(fs);
9.              os.writeObject(c);
10.             os.close();
11.         }catch(Exception e){ e.printStackTrace(); }
12.         try {
13.             FileInputStream fis=new FileInputStream("Car.ser");
14.             ObjectInputStream ois=new ObjectInputStream(fis);
15.             c=(Car)ois.readObject();
16.             ois.close();
17.         }catch(Exception e){ e.printStackTrace(); }
18.         System.out.println("after: "+c.make+" "+c.weight);
19.     }
20.}
21.class NonLiving {}
22.class Vehicle extends NonLiving {
23.         String make="Lexus";
24.         String color="Brown";
25.}
26.class Car extends Vehicle implements Serializable {
27.         protected int weight=1000;
28.         Car(String n,int w,String c){
29.             color=c;
30.             make=n;
31.             weight=w;
32.         }
33.}
```

A. before：Nissan 1500 after：Lexus 1000

B. before：Nissan 1500 after：Lexus 1500

C. before：Nissan：1000 after：Lexus 1000

D. before：Nissan：1000 after：Lexus 1500

E. 编译失败

2. 下列描述正确的是(      )。

A. 当一个对象被序列化时,整个类的信息将会被保存

B. 当一个对象被序列化时,整个对象(对象中所有的属性和它们的值)的状态被保存

C. FileInputStream 不能读取文本文件,只能用它读取 image 文件

D. 以上说法都不对

3. 以下程序的运行结果是(      )。

```
1. import java.io.*;
2. public class QuestionEight {
3.     public static void main(String[] args)throws IOException {
4.         File inputFile=new File("scjp.txt");
```

```
5.          File outputFile=new File("scjpcopy.txt");
6.           BufferedReader in=new BufferedReader(inputFile);
7.               BufferedWriter out = new BufferedWriter ( new  FileWriter
(outputFile));
8.          String line;
9.          while((line=in.readLine())!=null){
10.             out.write(line);
11.             out.newLine();
12.         }
13.         in.close();
14.         out.close();
15.     }
16.}
```

A. 第 3 行有一个编译错误

B. 第 6 行有一个编译错误

C. 程序编译正常,在第 6 行有一个运行时异常

D. 第 7 行有一个编译错误

E. 程序正常编译,正常运行,没有任何错误和异常

4. 打开一个文本文件,每次读取一行内容。将每行作为一个 String 读入,并保存在 LinkedList 中,按相反的顺序打印出 LinedList 中的所有行?

5. 修改第 1 题程序,强制 LinkedList 中的所有行都变成大写形式,并将结果发给 System.out?

6. 创建一个 Serializable 类,其中包含一个对第二个 Serializable 类对象的引用,并创建一个这个类的对象,将其序列化到硬盘上,然后再进行反序列化恢复它,从而验证"对象网"的正确性。

7. 在 JDK 文档中查找 DataInputStream 和 DataOutputStream,并创建一个程序,这个程序可以存储和获取 DataInputStream 和 DataOutputStream 类提供的所有不同类型,验证它可以准确地存储和获取某个值。

# 第14章　字符串解析、日期格式化

本章学习目标：

(1) 了解 Java 中字符串的分类。

(2) 掌握 Java 应用字符串类进行各种字符处理。

(3) 掌握日期类型的分类和使用。

(4) 掌握字符串的解析和日期的格式化。

## 14.1　字　符　串

字符串指的是 N 个字符组成的序列。字符串操作时计算机程序设计中最常见的行为。在 Java 中表示字符串这种数据的类型有 java. lang. String、java. lang. StringBuffer、java. lang. StringBuilder 和 java. uti. StringTokenizer，其中应用最多的当属 java. lang. String 和 java. lang. StringBuffer，这两个类提供了很多字符串处理的方法。

JDK 中每一个字符串类都有其自身的特点和适用的场合，下面简单介绍一下这几个类各自的特征。

(1) java. lang. String：字符串常量类，一旦赋值或实例化后不能再更改。

(2) java. lang. StringBuffer：字符串变量类，如果频繁地修改字符串的值，可以使用 StringBuffer。

(3) java. lang. StringBuilder：字符串变量类，用法同 StringBuffer，非线程安全。

(4) java. lang. StringTokenizer：主要用途是将字符串以定界符为界，分析成一个一个的 Token，定界符可以自己指定。

### 14.1.1　String

java. lang 包中的 String 类是最常用的字符串类。Java 编译器保证每个字符串（比如"abcd"字符串）默认是 String 类型。

String 类被称为是字符串常量类，即 String 对象在创建之后其值不能改变。在 JDK 文档中查到的每一个看起来会修改 String 值的方法，实际上都是创建了一个全新的 String 对象，以包含修改后的字符串内容。

【例 14-1】　String 常量类示例程序 1。

```
class Immutable{
    public String upcase(String s){
        return s.toUpperCase();
    }
}
public class Test{
```

```
public static void main(String[] args){
    String q="hello";
    System.out.println(q);
    String qq=new Immutable().upcase(q);
    System.out.println(qq);
    System.out.println(q);
}
}
```

运行以上程序,程序打印的结果如下:

```
hello
HELLO
hello
```

分析程序:在 main 方法中向 upcase 方法传递的是 String 类型的 q,实际传递的是 q 引用的一个副本,即引用类型变量参数传递按地址传递,在 upcase 方法的执行过程中,局部变量 s 才存在,upcase 方法执行结束,s 就消失了,其返回值只是最终结果的一个引用。

根据程序打印的结果可以看到,upcase 方法的参数 q 和返回值 qq 所引用的内存对象的值并不相同,足以说明 upcase 方法的返回值已经指向了一个新的对象,而原来的 q 则还在原地。这就是 String 对象的不变性,不过 String 的这种特性正是想要的,比如:

```
String s="abcs";
String x=new Immutable().upcase(s);
```

难道真的希望 upcase 方法改变其参数 s 吗? 对于一个方法而言,参数是为该方法提供信息的,而不是方法改变自己的。正是有了这种保障才使得代码易于编写和阅读。

【例 14-2】 String 字符串类重载的"+"操作符示例。

```
public class Concatenation{
    public static void main(String[] args){
        String mango="mango";
        String s="abc"+mango+"def"+47;
        System.out.println(s);
    }
}
```

例 14-2 程序运行的结果如下:

```
abcmangodef47
```

Java 中操作符"+"可以用来连接 String,但是"+"操作符用在 String 类中被赋予了特殊的意义,String 中的"+"和"+="是 Java 中仅有的两个重载过的操作符,但是 Java 并不允许程序员重载任何操作符。

可以试想一下程序执行的过程:String 类中可能会有一个 append 的方法,它会生成一个新的 String 对象,以包含"abc"与 mango 连接后的字符串,然后该对象再与"def"相连,生成另一个新的 String 对象,以此类推。这种方式自然是行得通的,但是知道 Java 中 String

对象的不变性,那么为了生成最终的 String 就会产生一大堆需要垃圾回收的中间对象,这样会使得程序的性能非常差。Java 程序的设计师应该早就发现了这种方式的不可行性。

其实在上面程序的执行过程中编译器自作主张地自动引入了 StringBuilder 类,使用此类来构造最终的 String 对象,并为每个字符串调用一次 StringBuilder 中的 append 方法,最后调用 StringBuffer 的 toString 方法生成结果,并存在 s 里面。

所以 Java 中用于 String 类型操作的"+"和"+="本质是借助了 StringBuilder 类。

【例 14-3】 String 常量类示例程序 2。

```
public class StringTest{
    public static void main(String[] args){
        String str1="HelloWorld";
        String str2="HelloWorld";
        System.out.println(str1==str2);
        String str3=new String("HelloWorld");
        System.out.println(str1==str3);
    }
}
```

以上程序运行的结果如下:

```
true
false
```

例 14-3 的程序中,"HelloWorld"称为字符串常量,在 Java 中会保证一个字符串常量只有一个副本(即内存中只会存在一份),那么 Java 中是如何来保证的呢? Java 中有一个特殊的内存空间被称为"常量池"。

常量池(constant pool)指的是在编译期被确定,并被保存在已编译的 .class 文件中的一些数据。它包括了关于类、方法、接口等中的常量,也包括字符串常量。

程序中的 str1 和 str2 都是字符串常量,它们在编译期就被确定了,所以 str1==str2 返回值是 true,而 str3 是通过 new String("HelloWorld")创建的对象,通过 new String()创建的对象不是字符串常量,不能在编译期确定,它们不会放在常量池中,而是在程序运行时动态的分配自己的内存地址,所以 str1==str3 返回 false。

创建 String 类型对象可以直接使用字符串常量,也可以调用 String 类型的构造方法。

String 类型提供的构造方法有以下几种。

public String():初始化一个新创建的 String 对象,它表示一个空的字符串序列。

public String(String original):初始化一个新创建的 String 对象,表示一个与参数 original 相同的字符串序列。

public String(char[] value):初始化一个新创建的 String 对象,它表示一个当前字符串数组参数 value 中所有字符组成的字符串序列。

public String(char[] value,int offset,int count):初始化一个新创建的 String 对象,它表示一个当前字符串数组参数 value 的一个子数组组成的字符串序列。offset 参数是子数组的第一个字符的索引,count 参数指定子数组的长度。即新创建的字符串对象的值是由 value 中的从第 offset 个位置开始的 count 个元素组成的字符串序列。

public String(byte[] bytes)：初始化一个新创建的 String 对象，方法是使用平台默认的字符集编码指定的字节数组。参数 bytes 表示要解码为字符的字节。

public String(byte[] bytes,String charsetName)：构造一个新的 String，方法是使用参数 charsetName 指定的字符编码解码参数 bytes 指定的字节数组。

程序中经常会涉及对字符串的截取，拼接或者查找指定字符等操作，String 类中提供了常用的字符串操作的方法。

（1）public int length()：返回字符串的长度。

（2）public int compareTo(String anotherString)：按字典顺序比较两个字符串。

（3）public int compareToIgnoreCase(String anotherString)：按字典顺序比较两个字符串，不考虑大小写。

（4）public boolean endWidth(String suffix)：测试此字符串是否以参数指定的字符串结尾。

（5）public int indexOf(String str)：返回参数指定字符串在此字符串中第一次出现的位置，此方法有 4 个重载的构造方法。

（6）public int lastIndexOf(String str)：返回参数指定字符串在此字符串中最后一次出现的位置，此方法有 4 个重载的构造方法。

（7）public String replace(char oldChar,char newChar)：返回一个新的字符串，它是通过用 newChar 替换此字符串中出现的所有 oldChar 得到的。

（8）public char charAt(int index)：返回指定索引处的 char 值，索引范围为 $0 \sim$ length()$-1$。

（9）public void getChars(int srcBegin,int srcEnd,char[] dst,int dstBegin)：将字符从当前字符串赋值到目标字符数组。要赋值的第一个字符在索引 srcBegin 处，要赋值的最后一个字符在索引 srcEnd$-1$ 处。复制到 dst 数组中从 dstBegin 索引处开始。

（10）public boolean equals(Object anObject)：比较此字符串与参数 anObject 指定的对象，当且仅当 anObject 不为 null，并且表示与此对象相同的字符序列的 String 对象时，结果才为 true。

【例 14-4】 String 类型对象调用 equals()方法示例 1。

```
public   class StringTest{
    public static void main(String[] args){
        String str1=new String("HelloWorld");
        String str2=new String("HelloWorld");
        System.out.println(str1.equals(str2));
        System.out.println(str1==str2);
    }
}
```

程序运行的结果如下：

```
true
false
```

程序分析："=="比较运算符比较的是两个对象的内存地址是否一致，在内存中 str1

和 str2 是两块不同的内存,故返回的是 false。而 equals()方法比较的是两个对象所表示的字符串值是否相同,因为 str1 的值是"HelloWorld",str2 的值也是"HelloWorld",故equals()方法返回的是 true。

**【例 14-5】** String 类型对象调用 equals()方法示例 2。

```
public   class StringTest{
    public static void main(String[] args){
        String str1="HelloWorld";
        String str2="HelloWorld";
        System.out.println(str1.equals(str2));
        System.out.println(str1==str2);
    }
}
```

程序运行的结果如下:

```
true
true
```

程序分析:在上面程序中 str1 和 str2 两个变量都指向了"HelloWorld"这个字符串所在内存,即为同一个内存地址,所以"=="运算符返回的结果也是 true。

(11) public boolean equalsIgnoreCase(String anotherString):用法与 equals 方法一致,区别在于此方法是忽略字符串大小写的比较。

(12) public int compareTo(String anotherString):按字典顺序比较两个字符串。该比较是基于字符串中各个字符的 unicode 值。将此 String 对象表示的字符序列与参数字符串所表示的字符序列进行比较,如果按字典顺序,此 String 对象在参数字符串之前,则比较返回结果为一个负数;如果位于参数字符串之后,则比较结果为一个正数;如果两个字符串相等,则结果为 0。

**【例 14-6】** 一个字符串数组按字典顺序重新排序。

```
public class StringSort{
    public static void main(String[] args){
        String s[]={"door","apple","Applet","girl","boy"};
        for(int i=0; i<s.length-1; i++){
            for(int j=i+1; j<s.length; j++){
                if(a[j].compareTo(s[i])<0){
                    String temp=s[i];
                    s[i]=s[j];
                    s[j]=temp;
                }
            }
        }
        for(int i=0; i<s.length; i++){
            System.out.print(" "+s[i]);
        }
```

```
    }
}
```

程序运行的结果如图 14-1 所示。

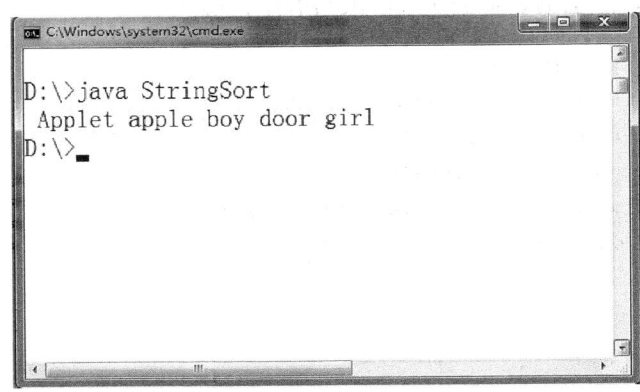

图 14-1　String 排序运行结果

（13）public String concat(String str)：将指定的字符串 str 连接到此字符串的结尾。若 str 字符串是一个空串，则返回此字符串，否则创建一个新的 String 对象，对象的值是连接后的字符串序列。

（14）public String[] split(String regex)：根据给定正则表达式的匹配拆分此字符串。此方法返回的数组包含此字符串的每个子字符串，这些子字符串由另一个匹配给定的表达式的子字符串终止或由字符串结束来终止（关于正则表达式会在第 19 章中详细介绍）。

【例 14-7】　把字符串"Java procedure is very easy"按空格拆分为字符串数组。

```
public class StringSplit{
    public static void main(String[] args){
    String s="Java procedure is very easy";
        String[] sArray=s.split(" ");
        for(String ss : sArray){
            System.out.println(ss);
        }
    }
}
```

（15）public int indexOf(int ch)：返回 ch 指定的字符在此字符串中第一次出现处的索引值。如果在此 String 对象表示的字符序列中出现值为 ch 的字符，则返回第一次出现该字符的索引；如果此字符串中没有这样的字符串，则返回−1。

（16）public int lastIndexOf(int ch)：返回 ch 指定的字符最后一次出现的索引值。如果此字符串中没有指定的字符，则返回−1。

（17）public String substring(int beginIndex)：返回一个新的字符串，这个新的字符串是此字符串的一个子串，始于此字符串的 beginIndex 索引处，一直到此字符串末尾。

（18）public String replaceAll（String regex，String replacement）：使用给定的replacement 字符串替换此字符串中每一个 regex 字符串。

（19）public String trim()：返回字符串的副本，忽略前导空格和尾部空格。即去除字符串的开始和结尾的空格。

（20）public String toLowerCase()/toUpperCase()：将字符串中的字符全部转换为小写或大写后，返回一个新的 String 对象，如果没有发生变化，则返回原始的 String 对象。

需要注意的是，在这些方法中，当需要改变字符串的内容时，String 类的方法都会返回一个新的 String 对象，如果内容没有发生改变，String 类的方法只是返回指向原对象的引用而已。这样可以节约存储空间以及避免额外的开销。

### 14.1.2　StringBuffer

java.lang 包中的 StringBuffer 类是字符串变量类。StringBuffer 相当于带缓冲区的String。通过某些方法的调用可以改变 StringBuffer 对象的长度和内容。

StringBuffer 类上主要的操作方法是 append 和 insert。每个方法都能有效地将给定的数据转换成字符串，然后将该字符串的字符追加或者插入到字符串缓冲区中。append 方法始终将这些字符串添加到缓冲区的末端；而 insert 方法则会将这些字符串添加在指定的位置。

【例 14-8】　向 StringBuffer 对象中追加和插入字符。

```java
public class StringBufferTest{
    public static void main(String[] args){
        StringBuffer str1=new StringBuffer("HelloWorld");
        StringBuffer str2=str1;
        str1=str1.append(" test");
        str1.insert(5," ");
        System.out.println(str1);
        System.out.println(str2);
        System.out.println(str1==str2);
    }
}
```

以上程序运行的结果如图 14-2 所示。

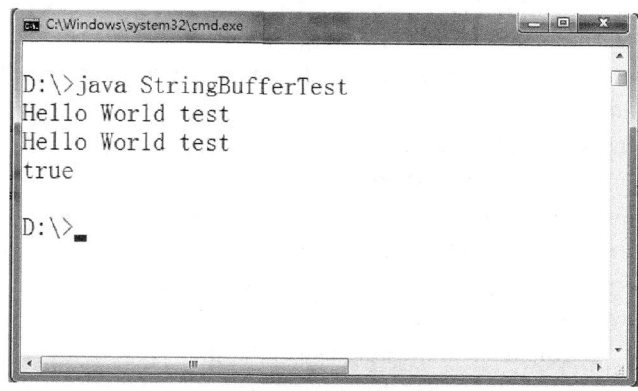

图 14-2　StringBuffer 示例运行结果

在程序中构建 StringBuffer 类型对象时不能使用字符串常量直接赋值,必须使用构造方法。StringBuffer 中的构造方法如下。

public StringBuffer():构造一个其中不带字符的字符串缓冲区,其初始容量为 16 个字符。

public StringBuffer(int capacity):构造一个不带字符,具有 capacity 指定容量的字符串缓冲区。

public StringBuffer(String str):构造一个字符串缓冲区,并将其内容初始化为指定的字符串内容。

StringBuffer 中常用的方法如下。

(1) public String toString():返回此序列中数据的字符串表示形式。

(2) public StringBuffer append(Object o):将参数 o 转换成字符串类型追加到此序列缓冲区。

(3) public int length():返回长度(字符数)。

(4) public void setCharAt(int index,char ch):将给定索引处的字符设置为 ch。

(5) public char getChars(int srcBegin,int srcEnd,char[] dst,int dstBegin):将字符从此序列复制到目标字符数组 dst。

(6) public String substring(int start):返回一个新的 String,它包含此字符序列当前所包含的字符子序列。

(7) public StringBuffer reverse():将对象所代表的字符串逆序排列。

【例 14-9】 StringBuffer 使用示例。

在一些项目中经常会看到组合条件查询的问题,对于这样的条件不清楚用户到底会选择哪些条件,因此查询语句是随着用户的输入随机生成的,即向数据库执行的 SQL 语句会经常变化,故对于 SQL 语句的组装可以借助 StringBuffer 来实现,下面程序模拟是对组装 SQL 的模拟。

```java
public class StringBufferDemo{
    public static void main(String[] args){
        String bookName=null;
        String author="老舍";
        String publishing="清华大学出版社";
        StringBuffer strb=new StringBuffer("select * from book ");
        if(bookName !=null){
            strb.append(" where bookName='")
                    .append(bookName).append("'");
            if(author !=null){
                strb.append(" and author='")
                        .append(author).append("'");
            } else if(publishing !=null){
                strb.append(" and publishing='")
                        .append(publishing).append("'");
            }
        } else {
```

```
            if(author !=null){
                strb.append("where author='")
                        .append(author).append("'");
                if(publishing !=null){
                    strb.append("and publishing='")
                            .append(publishing).append("'");
                }
            } else if(publishing !=null){
                strb.append("where publishing='")
                        .append(publishing).append("'");
            }
        }
        System.out.println(strb.toString());
    }
}
```

程序运行的结果如图 14-3 所示。

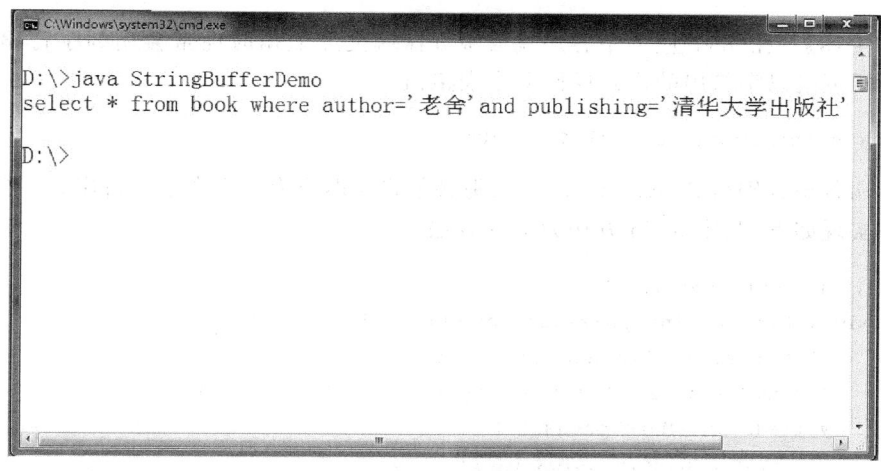

图 14-3　SQL 组装运行结果

StringBuilder 类与 StringBuffer 类的方法调用是一致的,两个类的区别如下。

StringBuffer 是线程安全的,而 StringBuilder 是非线程安全的。

StringBuffer(StringBuilder)与 String 区别如下。

String:字符串常量类,一旦赋值或实例化后就不能更改。

StringBuffer(StringBuilder):字符串缓冲区(又称字符串变量类),支持可变的字符串。

如果对字符串中的内容经常进行操作,特别是内容要修改时,使用 StringBuffer;如果最后需要 String,使用 StringBuffer 的 toString()方法即可。

### 14.1.3　StringTokenizer

java.util 包下的 StringTokenizer 类允许应用程序将字符串分解为标记。tokenization 方法比 StreamTokenizer 类所使用的方法更简单。StringTokenizer 方法不区分标识符、数和带引号的字符串。在 Java 引入正则表达式和 Scanner 类之前,分割字符串唯一的方法是使用 StringTokenizer 来分词。

StringTokenizer 常用方法如下。

(1) public int countTokens():计算在生成异常之前可以调用此 tokenizer 的 nextToken 方法的次数。

(2) public String nextToken():返回此 string tokenizer 的下一个标记。

(3) public Object nextElement():除了其声明返回值是 Object 而不是 String 之外,它返回与 nextToken 方法相同的值。

(4) public boolean hasMoreTokens():测试此 tokenizer 的字符串中是否还有更多的可用标记。

(5) public boolean hasMoreElements():返回与 hasMoreTokens 方法相同的值。

StringTokenizer 主要应用在字符串分隔,会轻松地将一串字符按照指定的分隔符分隔为一个一个的子串,但是 StringTokenizer 是出于兼容性的原因而被保留的遗留类,在现在的程序中并不鼓励使用。设计到字符串分隔的需求时可以借助 String 类中的 split()方法实现。

**【例 14-10】** 在 Web 应用中客户端与服务器端交互数据时经常会用到字符串的解析,比如浏览器可能以字符串的形式返回多个表格值。

```
String s="name=Boy&sex=male&age=20";
```

在服务器端若想分别得到 name、sex、age,则必须将 s 拆分为若干个子字符串。

程序实现如下,其中 main 方法为测试方法。

```java
public class StringParse {
    public List<String>parse(String str,String token){
        List<String>list=new ArrayList<String> ();
        StringTokenizer st=new StringTokenizer(str,token);
        while(st.hasMoreTokens()){
            list.add(st.nextToken());
        }
        return list;
    }
    public static void main(String args[]){
        String s="name=Boy&sex=male&age=20";
        StringParse stringParse=new StringParse();
        List<String>list=stringParse.parse(s,"&");
        Iterator<String>it=list.iterator();
        while(it.hasNext()){
            System.out.println(it.next());
        }
    }
}
```

程序运行的结果为:

```
name=Boy
sex=male
age=20
```

## 14.1.4　Scanner 扫描输入

在 JDK 1.4 和 JDK 1.5 版本中分别加入了正则表达式和 Scanner,有了它们,可以使用更加简单、更加简洁的方式来完成字符串的输入处理和字符串分割等方面的工作。java. util. Scanner 类是一个用于扫描输入文本的新的实用程序。它是以前的 StringTokenizer 和 Matcher 类之间的某种结合。Scanner 类可以任意地对字符串和基本类型(如 int 和 double)的数据进行分析。借助于 Scanner,可以针对任何要处理的文本内容编写自定义的语法分析器。

【例 14-11】　利用 Scanner 读取并分析文本文件:hrinfo. txt。
文本文件的内容如下:

老赵,28,feb-01,true 小竹,22,dec-03,false 阿波,21,dec-03,false 凯子,25,dec-03,true

程序实现:

```java
import java.util.Scanner;
import java.io.File;
import java.io.FileNotFoundException;
public class readhuman {
private static void readfile(String filename){
    try {
        Scanner scanner=new Scanner(new File(filename));
      scanner.useDelimiter(System.getProperty("line.separator"));
      while(scanner.hasNext()){
          parseline(scanner.next());
      }
      scanner.close();
    }catch(FileNotFoundException e){
    System.out.println(e);
  }
}
private static void parseline(String line){
    Scanner linescanner=new Scanner(line);
    linescanner.useDelimiter(",");
    //可以修改 usedelimiter 参数以读取不同分隔符分隔的内容
    String name= linescanner.next();
    int age= linescanner.nextInt();
    String idate= linescanner.next();
    boolean iscertified= linescanner.nextBoolean();
    System.out.println("姓名:"+name+",年龄:"+age+",入司时间:"+idate+",验证标
    记:"+iscertified);
```

```
        }
        public static void main(String[]args){
            if(args.length!= 1){
                System.err.println("usage:java readhuman file location");
                System.exit(0);
            }
            readfile(args[0]);
        }
    }
```
运行程序:C:\java>java    readhuman hrinfo.txt
姓名:老赵,年龄:28,入司时间:feb-01,验证标记:true
姓名:小竹,年龄:22,入司时间:dec-03,验证标记:false
姓名:阿波,年龄:21,入司时间:dec-03,验证标记:false
姓名:凯子,年龄:25,入司时间:dec-03,验证标记:true

Scanner 的构造器可以接收任何类型的输入对象,包括 File 对象、InputStream、String 或者 Readable 对象,Readable 是 JDK 1.5 中新加入的一个接口,表示"具有 read()方法的某种东西"。Scanner 在默认情况下根据空白字符对输入进行分词,但是可以用正则表达式指定自己所需要的定界符。在本书第 19 章将详细介绍正则表达式。

# 14.2　日期、日期的格式化以及字符串的解析

Java 语言中提供了两个类表示日期类型的数据。

(1) java.util.Date:包装了一个 long 类型数据,表示与 GMT(格林威治标准时间)的 1970 年 1 月 1 日 00:00:00 这一时刻所相距的毫秒数。

(2) java.util.Calendar:可以灵活地设置或读取日期中的年、月、日、时、分、秒等信息。

## 14.2.1　Date

java.util.Date 类实际上只是一个包裹类,它包含的是一个长整型数据,表示的是从 GMT(格林尼治标准时间)1970 年,1 月 1 日 00:00:00 这一刻之前或者是之后经历的毫秒数。

创建一个 Date 类对象可以调用 Date 的构造方法,Date 的构造方法如下。

public Date():分配 Date 对象并初始化,以表示本地当前时间。

public Date(long date):分配 Date 对象并初始化此对象,以表示自从标准基准时间 (称为"历元"(epoch),即 1970 年 1 月 1 日 00:00:00 GMT)以来的指定毫秒数。

【例 14-12】　创建 Date 对象的简单示例。

```
import java.util.Date;
public class DateExample1{
    public static void main(String[]args){
        //Get the system date/time
        Date date=new Date();
        System.out.println(date.getTime());                    //得到毫秒值
```

```
        }
    }
```

在 2013 年 7 月 18 日 15∶09 分左右,上面程序打印的结果为 1374131363590。

就目前来说 Date 类中常用的方法有以下几种。

(1) public boolean after(Date when):测试此日期是否在指定日期之后。

(2) public boolean before(Date when):测试此日期是否在指定日期之前。

(3) public int compareTo(Date antherDate):比较两个日期的顺序,如果参数 Date 等于此 Date,则返回值 0;如果此 Date 在 Date 参数之前,则返回小于 0 的值;如果此 Date 在 Date 参数之后,则返回大于 0 的值。

(4) public String toString():把此 Date 对象转换为以下形式的 String:

dow mon dd hh:mm:ss zzz yyyy

其中:

dow 是一周中的某一天 (Sun,Mon,Tue,Wed,Thu,Fri,Sat)。

mon 是月份 (Jan,Feb,Mar,Apr,May,Jun,Jul,Aug,Sep,Oct,Nov,Dec)。

dd 是一月中的某一天(01 至 31),显示为两位十进制数。

hh 是一天中的小时(00 至 23),显示为两位十进制数。

mm 是小时中的分钟(00 至 59),显示为两位十进制数。

ss 是分钟中的秒数(00 至 61),显示为两位十进制数。

zzz 是时区(并可以反映夏令时)。标准时区缩写包括方法 parse 识别的时区缩写。如果不提供时区信息,则 zzz 为空,即根本不包括任何字符。

yyyy 是年份,显示为 4 位十进制数。

## 14.2.2　Calendar

Calendar 类中文的翻译就是“日历”,通过这个名字立刻联想到日常生活中有阳(公)历、阴(农)历之分。实际上,在历史上有着许多纪元的方法。它们各自的差异也很大,比如说一个人的生日是“九月九日”,那么一种可能是阳(公)历的九月九日,也可能是阴(农)历的九月节日。为了交流方便,必须选择一种统一的计时方式。现在最为普及和通用的日历就是“Gregorian Calendar”,即常用的“公元几几年”。

Calendar 类中定义了足够的方法来表述日历的规则,Java 本身提供了对“Gregorian Calendar”规则的实现。

java. util. Calendar 类是一个抽象类,它为特定时间与一组诸如 YEAR、MONTH、DAY_OF_MONTH、HOUR 等日历字段之间的转换提供了一些方法,并为操作日历字段(例如获得下星期的日期)提供了一些方法。瞬间可用毫秒值来表示,它是距历元(即格林威治标准时间 1970 年 1 月 1 日的 00∶00∶00.000,格里高利历)的偏移量。

Java 中提供了 Calendar 类的一个具体的实现类 GregorianCalendar,由于 Calendar 是抽象类,并且其中构造方法是 protected 修饰的,所以在程序中要创建其实例不能调用构造方法,而是调用 Calendar 类中定义的一个 static getInstance( )方法,并且 Calendar. getInstance( )方法返回的实例就是一个 GreogrianCalendar 对象。以下程序的运行结果可以证明以上观点是正确的。

```java
import java.io.*;
import java.util.*;
public class WhatIsCalendar{
    public static void main(String[] args){
        Calendar calendar=Calendar.getInstance();
        if(calendar instanceof GregorianCalendar){
            System.out.println("It is an instance of GregorianCalendar");
        }
    }
}
```

在程序中还可以定义 Calendar 的具体实现类。

Calendar 类的方便之处就在于其可以灵活地设置和获取日期对应的年、月、日、时、分、秒信息,并且可以灵活地对日期进行加减操作。Calendar 中的 set(int field) 和 get(int field)方法可以用来设置和读取日期的特定部分,这两个方法的调用会结合着 Calendar 类中定义的一系列的属性常量使用,这些常量包括以下几种。

(1) HOUR:get 和 set 的字段数字,指示上午或下午的小时。

(2) DATE:set 和 get 的字段数字,指示一个月中的某一天。

(3) MONTH:指示月份的 get 和 set 的字段数字。

(4) YEAR:指示年的 get 和 set 的字段数字。

(5) DAY_OF_MONTH:get 和 set 的字段数字,指示一个月中的某天。

(6) DAY_OF_WEEK:get 和 set 的字段数字,指示一个星期中的某天。

(7) DAY_OF_WEEK_IN_MONTH:get 和 set 的字段数字,指示当前月中的第几个星期。

(8) DAY_OF_YEAR:get 和 set 的字段数字,指示当前年中的天数。

(9) WEEK_OF_MONTH:get 和 set 的字段数字,指示当前月中的星期数。

(10) WEEK_OF_YEAR:get 和 set 的字段数字,指示当前年中的星期数。

(11) HOUR_OF_DAY:get 和 set 的字段数字,指示一天中的小时。

(12) AM_PM:get 和 set 的字段数字,指示 HOUR 是在中午之前还是在中午之后。

(13) PM:指示从中午到午夜之前这段时间的 AM_PM 字段值。

(14) AM:指示从午夜到中午之前这段时间的 AM_PM 字段值。

Calendar 类中常用的方法如下。

(1) public int get(int field):返回给定日历字段的值。

(2) public void set(int field,int value):将给定的日历字段设置为给定值,需要注意如果设置月份的值起始值是 0 而不是 1。

(3) public void set(int year,int month,int date):设置日历字段 YEAR、MONTH 和 DAY_OF_MONTH 的值。

(4) public void set(int year,int month,int date,int hourOfDay,int minute):设置日历字段 YEAR、MONTH、DAY_OF_MONTH、HOUR_OF_DAY 和 MINUTE 的值。

(5) public static Calendar getInstance():使用默认时区和语言环境获得一个日历。

（6）public static Calendar getInstance(Locale aLocale)：使用默认时区和指定语言环境获得一个日历。

（7）public TimeZone getTimeZone()：获得时区。

（8）public void add(int field,int amount)：根据日历的规则,为给定的日历字段添加或减去指定的时间量。

**【例 14-13】** Calendar 使用示例：计算当前日期距离你生日还有多少天。

```
public class BirthdayTest{
    public static void main(String args){
        Calendar cnow=Calendar.getInstance();
        Calendar cbirthday=Calendar.getInstance();
        //假定生日是 11 月 20 日
        //判断当前日期是否过了今年的生日,若过了,下一个生日就是明年
        if(cnow.get(Calendar.MONTH)>10){
            cbirthday.set(Calendar.YEAR,cnow.get(Calendar.YEAR)+1);
        } else if(cnow.get(Calendar.MONTH)==10
                && cnow.get(Calendar.DAY_OF_MONTH)>20){
            cbirthday.set(Calendar.YEAR,cnow.get(Calendar.YEAR)+1);
        }
        cbirthday.set(Calendar.MONTH,10);
        cbirthday.set(Calendar.DAY_OF_MONTH,20);
        //将两个日期转换成毫秒数相减,得到差值
        long cbirthdayMillis=cbirthday.getTimeInMillis();
        long cnowMillis=cnow.getTimeInMillis();
        long dayMillis=0;
        if(cnow.after(cbirthday)){
            dayMillis=cnowMillis - cbirthdayMillis;
        } else {
            dayMillis=cbirthdayMillis - cnowMillis;
        }
        int day=(int)(dayMillis / 1000 / 60 / 60 / 24);
        System.out.println("距离我生日还有:"+day+"天");
    }
}
```

程序的运行结果会根据当前时间不同而改变,假设当前运行时间是 11 月 1 日,程序运行的结果如图 14-4 所示。

Calendar 与 Date 类都是表示日期的类,那么 Java 中可以通过一定的方法将同一日期从一种类型转换为另一种类型表示,两者之间的转换非常简单。

（1）从一个 Calendar 对象中获取 Date 对象：

```
Calendar calendar=Calendar.getInstance();
Date date=calendar.getTime();
```

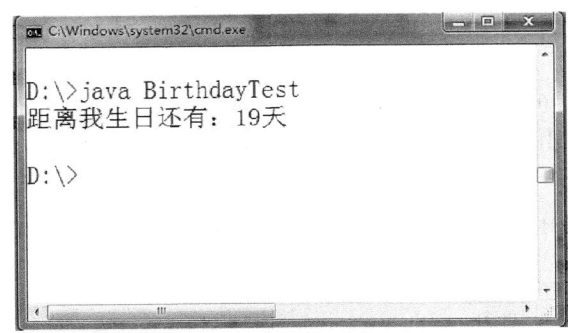

图 14-4　Calendar 示例运行结果

（2）将 Date 对象转换为一个 Calendar 对象：Calendar 没有构造函数可以接收 Date 类型参数，需要先获得一个 Calendar 实例，然后调用 setTime 方法

```
calendar.setTime(date);
```

得到对应 Date 对象的 Calendar 表示。

### 14.2.3　日期的格式化和解析

在程序中有时需要以不同的格式显示日期，这就需要对时间进行格式化。Java 中提供了专门格式化日期的类：java.text.DateFormat 和 java.text.SimpleDateFormat。

DateFormat 是日期/时间格式化的抽象类，它以与语言无关的方式格式化并解析日期或时间。日期/时间格式化类（如 SimpleDateFormat）允许进行格式化（也就是日期→文本）、解析（文本→日期）和标准化。将日期表示为 Date 对象，或者表示为从 GMT（格林尼治标准时间）1970 年 1 月 1 日 00：00：00 这一刻开始的毫秒数。

DateFormat 可帮助进行格式化并解析任何语言环境的日期。在程序中创建 DateFormat 类型对象需要调用其静态的 getDateInstance()方法：DateFormat df＝DateFormat.getDateInstance(参数)，其中参数可以的取值范围如下：

（1）DateFormat. SHORT 完全为数字，如 12-9-10。

（2）DateFormat. MEDIUM 较长，如 2012-9-10。

（3）DateFormat. LONG 更长，如 2012 年 9 月 10 日。

（4）DateFormat. FULL 是完全指定，如 2012 年 9 月 10 日星期一。

DateFormat 常用方法如下。

（1）public String format(Date date)：将一个 Date 格式化为日期/时间字符串。

（2）public Date parse(String source)：从给定字符串的开始解析文本，以生成一个日期。

【例 14-14】　使用 DateFormat 将日期以不同的格式打印。

```
public class FormatDate {
    public static void main(String[] args){
        Date d=new Date();
        String s;
```

```java
        /** Date 类的格式：Tue Nov 06 10:58:27 CST 2012 */
        System.out.println(d);
          System.out.println("********************************");

        /** getDateInstance() */
        /** 输出格式：2012-11-6 */
        s=DateFormat.getDateInstance().format(d);
        System.out.println(s);

        /** 输出格式：2012-11-6 */
        s=DateFormat.getDateInstance(DateFormat.DEFAULT)
                .format(d);
        System.out.println(s);

        /** 输出格式：2012 年 11 月 6 日 星期二 */
        s=DateFormat.getDateInstance(DateFormat.FULL)
                .format(d);
        System.out.println(s);

        /** 输出格式：2012-11-6 */
        s=DateFormat.getDateInstance(DateFormat.MEDIUM)
                .format(d);
        System.out.println(s);

        /** 输出格式：12-11-6 */
        s=DateFormat.getDateInstance(DateFormat.SHORT)
                .format(d);
        System.out.println(s);
          System.out.println("********************************");
    }
}
```

程序运行结果如图 14-5 所示。

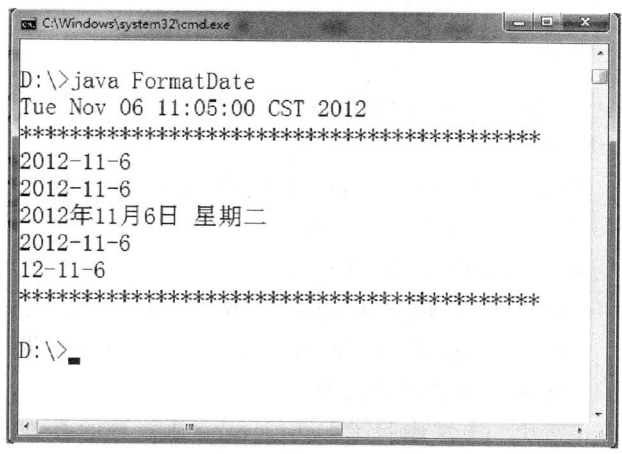

图 14-5　DateFormat 展示不同格式的日期

SimpleDateFormat 是 DateFormat 的直接子类,是一个以与语言环境有关的方式来格式化和解析日期的具体类。SimpleDateFormat 使得用户可以自定义日期和时间格式的模式。

日期和时间格式由"日期和时间模式"字符串指定。在日期和时间模式字符串中,未加引号的字母'A'到'Z'和'a'到'z'被解释为模式字母,用来表示日期或时间字符串元素。文本可以使用单引号"' "引起来,以免进行解释。"' "表示单引号。所有其他字符均不解释;只是在格式化时将它们简单复制到输出字符串,或者在解析时与输入字符串进行匹配。

模式字母如表 14-1 所示。

表 14-1　模式字母表

| 字母 | 日期或时间元素 | 表　示 | 示　　例 |
| --- | --- | --- | --- |
| Y | 年 | Year | 2012;12 |
| M | 年中的月份 | Month | July;Jul;07 |
| w | 年中的周数 | Number | 27 |
| W | 月份中的周数 | Number | 2 |
| D | 年中的天数 | Number | 189 |
| D | 月中的天数 | Number | 23 |
| F | 月份中的星期 | Number | 2 |
| A | am/pm 标记 | Text | PM |
| E | 星期中的天数 | Text | Tuesday;Tue |
| H | 一天中的小时数(0~23) | Number | 0 |
| K | 一天中的小时数(1~24) | Number | 24 |
| K | am/pm 中的小时数(0~11) | Number | 0 |
| H | am/pm 中的小时数(1~12) | Number | 12 |
| M | 小时中的分钟数 | Number | 30 |
| S | 分钟中的秒数 | Number | 50 |
| S | 毫秒数 | Number | 978 |

SimpleDateFormat 是一个具体类,所以其对象的构造可以直接通过 new 操作,SimpleDateFormat 构造方法如下。

public SimpleDateFormat():用默认的模式和默认语言环境的日期格式符号构造 SimpleDateFormat。

public SimpleDateFormat(String pattern):用给定的模式和默认语言环境的日期格式符号构造 SimpleDateFormat。

public SimpleDateFormat(String pattern,DateFormatSymbols formatSymbols):用给定的模式和日期符号构造 SimpleDateFormat。pattern - 描述日期和时间格式的模式,formatSymbols - 要用来格式化的日期格式符号。

public SimpleDateFormat(String pattern,Locale locale):用给定的模式和给定语言环境的默认日期格式符号构造 SimpleDateFormat。pattern - 描述日期和时间格式的模式,locale - 其日期格式符号要被使用的语言环境。

SimpleDateFormat 常用的方法中除了 DateFormat 中提到的方法外,还包括以下方法。

(1) public StringBuffer format(Date date, StringBuffer toAppendTo, FieldPosition

pos)：将给定的 Date 格式化为日期/时间字符串,并将结果添加到给定的 StringBuffer。

（2）parse(String text,ParsePosition pos)：解析字符串的文本,生成 Date。

【例 14-15】 使用 SimpleDateFormat 把日期转换为不同格式输出。

```
public class FormatDateTime {
    public static void main(String[] args){
        SimpleDateFormat myFmt=
            new SimpleDateFormat("yyyy年 MM月 dd日 HH时 mm分 ss秒");
        SimpleDateFormat myFmt1=
            new SimpleDateFormat("yy/MM/dd HH:mm");
        SimpleDateFormat myFmt2=
            new SimpleDateFormat("yyyy-MM-dd HH:mm:ss");
            //等价于 now.toLocaleString()
        SimpleDateFormat myFmt3=new SimpleDateFormat(
            "yyyy年 MM月 dd日 HH时 mm分 ss秒 E ");
        SimpleDateFormat myFmt4=new SimpleDateFormat(
            "一年中的第 D天 一年中第 w个星期 一月中第 W个星期 在一天中 k时 z时区");
        Date now=new Date();
        System.out.println(myFmt.format(now));
        System.out.println(myFmt1.format(now));
        System.out.println(myFmt2.format(now));
        System.out.println(myFmt3.format(now));
        System.out.println(myFmt4.format(now));
        System.out.println(now.toGMTString());
        System.out.println(now.toLocaleString());
        System.out.println(now.toString());
    }
}
```

程序运行的结果如图 14-6 所示。

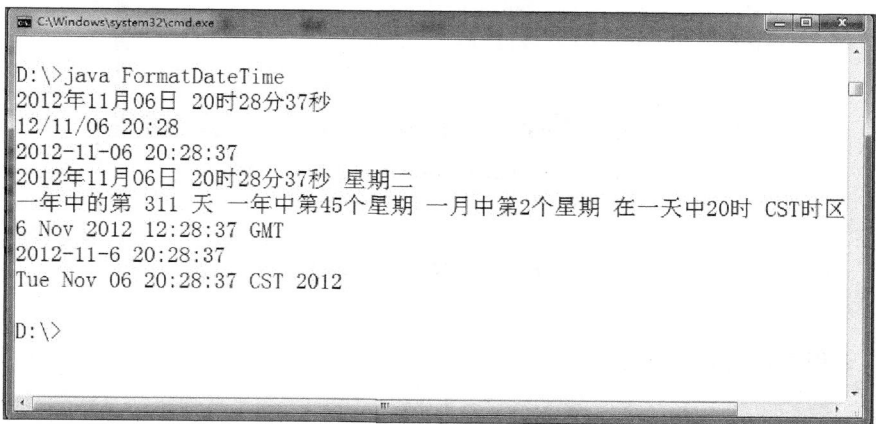

图 14-6　SimpleDateFormat 展示不同格式的日期

在实际程序中 DateFormat 和 SimpleDateFormat 除了格式化日期外,还可以将符合特定格式的字符串转换为日期类型,调用其 parse()方法即可实现字符串的解析,但在解析字符串时如果字符串不符合 DateFormat 或 SimpleDateFormat 实例所指定格式,则会产生 ParseException,这个异常属于受检异常,在程序中必须对此异常进行处理。

**【例 14-16】** 使用 SimpleDateFormat 解析字符串。

```
public class ParseString {
    public static void main(String[] args){
        SimpleDateFormat myFmt=
            new SimpleDateFormat("yyyy年MM月dd日HH时mm分ss秒");
        Date date=null;
        try {
            date=myFmt.parse("2012-11-11");
        } catch(ParseException e){
            System.out.println("字符串格式错误!");
        }
        System.out.println(date);
    }
}
```

程序分析:程序中 myFmt 对象指定的日期格式为"yyyy 年 MM 月 dd 日 HH 时 mm 分 ss 秒",现在使用 myFmt 解析字符串时,字符串必须符合以上格式,否则会抛出 ParseException,在程序中显示捕获此异常,并做相应处理。

程序运行结果如图 14-7 所示。

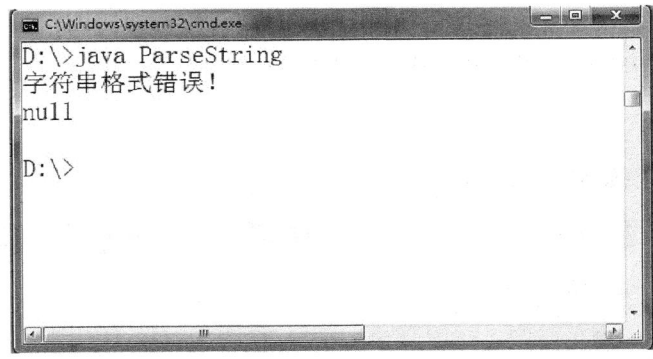

图 14-7　SimpleDateFormat 解析字符串结果

## 14.3　练　习

1. 以下程序运行的结果是(　　　)。

```
public class StringIndexMute {
    public static void main(String[] args){
        StringBuilder str=new StringBuilder("0123 456 ");
        if(str.length()==9)
```

```
            str.insert(9,"abcde");
        str.delete(2,5);
        System.out.println(str.indexOf("d"));
        }
    }
```

A. 9          B. 8          C. 7          D. −1

E. 编译错误          F. 发生运行时异常

2. 以下程序如果在 main 方法中运行输出结果为(          )。

```
1. String str=new String("Hello");
2. str.concat(" dear");
3. System.out.println(str);
```

A. Hello dear          B. Hello

C. 第一行编译错误          D. dear

3. 给出如下代码:

```
Date d=new Date(0);
    String ds="December 15 2004";
    //insert code here
    try{
        d=df.parse(ds);
    }catch(ParseException e){
        System.out.println("Unable to parse"+ds);
    }
    //insert code here too
```

请问：在程序中// insert code here too 处插入以下(          )代码能正确地创建 DateFormat 对象,并能得到原来日期的第二天是什么日期。

A. Dateformat df＝Dateformat. getDateFormat();

　　d. setTime((60 ∗ 60 ∗ 24)＋d. getTime());

B. Dateformat df＝Dateformat. getDateInstance();

　　d. setTime((1000 ∗ 60 ∗ 60 ∗ 24)＋d. getLocalTime());

C. Dateformat df＝Dateformat. getDateFormat();

　　d. setLocalTime((100 ∗ 60 ∗ 60 ∗ 24)＋d. getLocalTime());

D. Dateformat df＝Dateformat. getDateInstance();

　　d. setLocalTime((60 ∗ 60 ∗ 24)＋d. getLocalTime());

4. 简述 String 与 StringBuffer 类的区别。

5. 编写一个类,其功能是获取本周一的日期。

6. 请用一两句话概述 Date 与 Calendar 之间的区别。

# 第 15 章　线程和多线程

本章学习目标：
（1）掌握多线程的概念。
（2）掌握 Java 中如何定义、实例化、并启动线程。
（3）掌握线程中常用的方法。
（4）了解多线程程序的同步、死锁等问题。

## 15.1　线　程　简　介

在前面章节中介绍的所有程序和范例都是单线程程序，也就是启动的 Java 程序在"同一时间"内只会执行一段程序。编程问题中有相当大的部分都可以通过使用顺序编程来解决，然而对于某一些问题，如果能够并行地执行程序中的多个部分，则会变得非常方便甚至是非常必要。并行编程可以使速度运行速度得到极大地提高，但是熟练掌握并发编程理论和技术对于目前学习进度来说是一种飞跃。在本章只是将 Java 中的并发编程用到的一些核心技术做一个简单的阐述，即便融会贯通了本章的内容，也并不能说明自己是一个优秀的并发程序员了。并发编程可以将程序划分为多个分离的，独立运行的任务，通过使用多线程机制，这些独立的任务中的每一个都将由执行线程来驱动。那么什么是线程呢？了解线程的基本概念成为目前的首要任务。

### 15.1.1　程序、进程、线程

程序是指一段静态的代码，在前面章节中介绍的范例都是程序。

进程是指程序的一次动态的执行过程，它对应了程序从加载、执行到执行完毕的整个过程，这个过程也是进程本身从产生、发展到消亡的过程。随着计算机的飞速发展，个人计算机上的操作系统也纷纷采用多任务和分时设计，一般可以在同一时间内执行多个程序的操作系统都有进程的概念。一个进程就是一个执行中的程序，每一个进程都有自己独立的一块内存空间、一组系统资源。

线程是比进程更小的执行单位，每个进程在其执行过程中，可以产生多个线程，形成多条执行线索，每条线索，即每个线程也有它自身的产生、存在和消亡的过程，也是一个动态的概念。如果在一个进程中只有一个执行线索，则称为单线程。如果在一个进程中可以同时运行多个不同执行线索，执行不同的任务，则称为多线程。即单个进程可以拥有多个并发执行的线程，这就使得每个线程都好像有自己的 CPU 一样，然而其底层机制是切分 CPU 时间，但通常不需要考虑它。

线程与进程都是程序动态执行的过程，两者的区别在于同类的多个线程是共享一块内存空间和一组系统资源的，线程本身的数据通常只有微处理器的寄存器数据以及一个供程序执行时使用的堆栈。系统在产生的各个线程之间切换时，负担要比进程小得多，所以有人也称线程为轻负荷进程。

　　线程模型为编程带来了便利,它可以简化单一程序中同时交织在一起的多个操作的处理。在使用多线程时,CPU 将轮流给每个任务分配其占用时间,每个任务都觉得自己在一直占用 CPU,但实际上 CPU 时间是划分成片段分配给了所有的任务(除非程序确实运行在多个 CPU 之上)。

　　在 Java 中每一个程序都有一个默认的线程,就是当 JVM 发现 main 方法时启动的线程,这个线程叫作 Java 程序的主线程,在 Java 程序中如果想启动更多的线程,就必须借助 main 方法,即主线程是产生其他线程的线程。在 main 方法的执行过程中如果没有启动其他的线程,则当 Main 方法执行完最后一条语句,JVM 就会结束应用程序,这样的程序称为单线程程序;如果在 main 方法的执行过程中又启动了其他的线程,那么 JVM 就会在主线程和其他线程之间轮流切换,JVM 要等程序中所有的线程都运行结束之后才结束程序,这样的程序称为多线程程序。

## 15.1.2　线程的生命周期

　　线程一个完整的生命周期包括新建、就绪、运行、阻塞和死亡 5 种状态,如图 15-1 所示。线程在这 5 种状态之间的转换要借助一定的方法来实现。

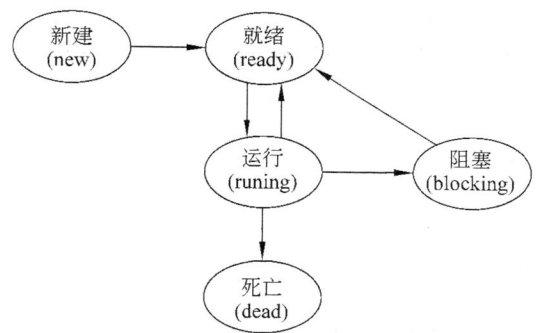

图 15-1　线程生命周期的 5 种状态

　　Java 中使用 Thread 类及其子类的对象来表示线程,线程的 5 种状态。

　　(1) 新建状态(创建状态)。当一个 Thread 或者其子类的对象被声明并创建时,线程就处在新建状态,当一个线程处于新建状态时,JVM 仅仅为其分配内存资源,但这时的线程并不能执行。

　　(2) 就绪状态。当一个线程处在就绪状态时,系统会为这个线程准备好一切运行所需要的资源,但这时线程并没有运行,由于很多计算机都是单处理器的,所以要在同一时刻运行所有的处于可运行状态的线程是不可能的,Java 的运行系统必须实现调度来保证这些线程共享处理器。即处在就绪状态的线程会等待被调度。

　　(3) 运行状态。就绪状态的线程在得到 CPU 调度之后即可开始执行,这个状态被称为运行状态。

　　(4) 阻塞状态。阻塞状态又被称为不可运行状态,即处在这个状态的线程,即便处理器空闲它也没有办法运行。线程进入阻塞状态的原因如下。

　　① 线程调用了 sleep()方法。

② 线程调用了 suspend()方法。

③ 为了等候一个条件变量,线程调用了 wait()方法。

④ 输入输出流中发生了线程阻塞。

(5) 死亡状态。所谓死亡状态就是线程释放了实体。处于死亡状态的线程不具有继续运行的能力,即此状态是不可逆的。线程一般可以通过以下方式进入死亡状态。

① 自然撤销,正常运行的线程完成了它的全部工作,也就是线程执行完毕。

② 线程被停止,调用了 stop()方法。一般不推荐调用 stop()方法来终止线程的执行。

**注意**:程序在不同的计算机上运行或者在同一台计算机上多次运行的结果不尽相同,运行的结果依赖当前 CPU 资源的使用情况。

# 15.2 Java 中创建多线程

## 15.2.1 定义任务

线程可以驱动任务,因此需要一种描述任务的方式,可以由 Runnable 接口来实现任务的定义。想要定义任务只需要实现 Runnable 接口并实现接口中的 run 方法即可,定义任务的格式如下:

```java
public class MyThreadImplementsRunnable implements Runnable{
    @Override
    public void run(){
        //线程运行时执行的代码
    }
}
```

【例 15-1】 定义任务示例。

```java
public class LiftTask implements Runnable{
    protected int countDown=10;                          //Default
    private static int taskCount;
    private final int id=taskCount++;
    public LiftTask(){
    }
    public LiftTask(int countDown){
        this.countDown=countDown;
    }
    public String status(){
        return "#"+id+"("+(countDown>0?countDown:"liftTask")+"),";
    }
    public void run(){
        while(countDown -->0){
            System.out.print(status());
        }
    }
}
```

类中定义的变量 id 可以用来区分任务的多个实例,任务中的 run 方一般会以某种形式循环,使得任务一直运行下去,直到不再需要,所以在循环中必须设定跳出循环的条件,一般 run 方法中会写成无限循环的形式,除非某个条件使得 run 终止,否则它将永远运行下去。

下面在 main 方法中直接调用上面定义的任务的实例:

```
public class MainThread{
    public static void main(String[] args){
        LiftTask liftTask=new LiftTask();
        liftTask.run();
    }
}
```

程序运行的结果为:

#0(9),#0(8),#0(7),#0(6),#0(5),#0(4),#0(3),#0(2),#0(1),#0(liftTask),

从程序的输出可以看到:当创建实现 Runnable 接口的类的实例,并调用其 run 方法时程序并不会产生任何内在的线程能力,要实现多线程的行为,必须显示地将一个任务附着在线程上。

Thread 类或其子类的实例表示一个真正的线程,通过 Thread 实例可以启动线程、终止线程、挂起线程等。

将 Runnable 的对象附着在线程上只需要将 Runnable 对象作为参数构造一个 Thread 对象,创建 Thread 实例直接调用 Thread 类的构造方法即可,如下:

```
public class MoreThread{
public static void main(String[] args){
        LiftTask r=   new LiftTask();
        Thread t=new Thread(r);
        t.start();
        System.out.println("新线程已经启动");
    }
}
```

程序运行结果如下:

新线程已经启动
#0(9),#0(8),#0(7),#0(6),#0(5),#0(4),#0(3),#0(2),#0(1),#0(liftTask),

调用 Thread 对象的 start 方法为该线程执行必须得初始化操作,然后调用 Runnable 的 run 方法,以便在新线程中启动该任务。Start 方法的作用是启动一个新的线程,start 方法的调用会迅速地返回,因为"新线程已经启动"这句话在 LiftTask 实例的 run 方法执行完成之前就出现了。实际上,Thread 对象的 start 方法的调用时对 LiftTask 对象的 run 方法的调用,但是是由不同的线程执行的,因此程序仍旧可以执行 main 线程中的其他操作(这种能力并不局限于 main 线程,任何线程都可以启动新的线程)。因此程序会同时运行两个方法: main()和 LiftTask 中的 run()。

有了 Thread 类就可以很容易地添加更多的线程去驱动更多的任务。

Thread 类中定义了多个重载的构造方法，从而能够更灵活地在程序中添加新的线程。

（1）public Thread()：分配新的 Thread 对象。这种构造方法与 Thread(null,null,gname) 具有相同的作用，其中 gname 是一个新生成的名称。自动生成的名称的形式为"Thread-"＋$n$，其中的 $n$ 为整数。

（2）public Thread(Runnable target)：分配新的 Thread 对象。这种构造方法与 Thread(null,target,gname) 具有相同的作用，其中的 gname 是一个新生成的名称。自动生成的名称的形式为"Thread-"＋$n$，其中的 $n$ 为整数。

（3）public Thread(Runnable target,String name)：分配新的 Thread 对象。这种构造方法与 Thread(group,target,gname) 具有相同的作用，其中的 gname 是一个新生成的名称。自动生成的名称的形式为 "Thread-"＋$n$，其中的 $n$ 为整数。

（4）public Thread(String name)：分配新的 Thread 对象。这种构造方法与 Thread(null,null,name) 具有相同的作用。

（5）public Thread(ThreadFroup group,Runnable target)：分配新的 Thread 对象。这种构造方法与 Thread(group,null,name) 具有相同的作用。

（6）public Thread(ThreadGroup group,Runnable target,String name)：分配新的 Thread 对象，以便将 target 作为其运行对象，将指定的 name 作为其名称，并作为 group 所引用的线程组的一员。

（7）public Thread(ThreadGroup group,Runnable target,String name,long stackSize)：分配新的 Thread 对象，以便将 target 作为其运行对象，将指定的 name 作为其名称，作为 group 所引用的线程组的一员，并具有指定的堆栈大小。

（8）public Thread(ThreadGroup group,String name)：分配新的 Thread 对象。这种构造方法与 Thread(null,target,name) 具有相同的作用。

在 Thread 类中也定义了一个 run 方法，通过继承 Thread 类的方式我们也可以自定义任务，形式如下所示：

```
public class MyThread extends Thread{
    public void run(){
        //线程实例运行时执行的代码
    }
}
```

通过继承 Thread 类方式自定义的任务可以自动附着在一个线程上。在程序中启动此类线程的代码如下：

```
public class Test{
    public static void main(String[] args){
        MyThread t1=new MyThread();      //创建线程实例调用无参数的构造方法
        t1.start();                      //启动线程,新线程会执行 t1 实例中的 run 方法
    }
}
```

【例 15-2】 继承 Thread 类自定义任务并启动线程举例。

```
class ThreadDemo extends Thread {
    public void run(){
        for(int i=0; i<60; i++){
            System.out.println("demo run------------"+i);
        }
    }
}
public class Test {
    public static void main(String[] args){
        ThreadDemo tDemo=new ThreadDemo();
        tDemo.start();
        for(int i=0; i<60; i++){
            System.out.println("main run-----"+i);
        }
    }
}
```

程序运行的结果如图 15-2 所示。

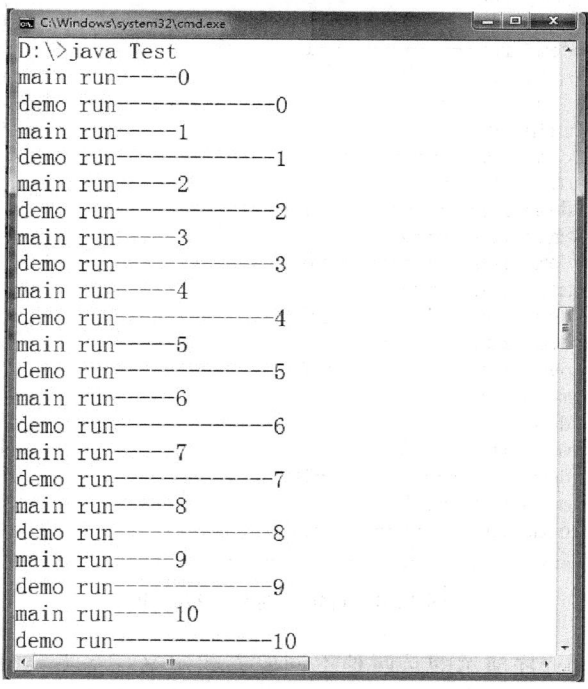

图 15-2    通过 Thread 类自定义任务并启动线程的运行结果

【例 15-3】    实现 Runnable 接口自定义任务并启动线程示例。

```
public class Test {
    public static void main(String[] args){
        ThreadDemo rDemo=new ThreadDemo();
        Thread t=new Thread(rDemo);
```

```
        t.start();
        for(int i=0; i<60; i++){
            System.out.println("main run-----"+i);
        }
    }
}
class ThreadDemo implements Runnable {
    public void run(){
        for(int i=0; i<60; i++){
            System.out.println("demo run------------"+i);
        }
    }
}
```

程序运行的结果如图 15-3 所示。

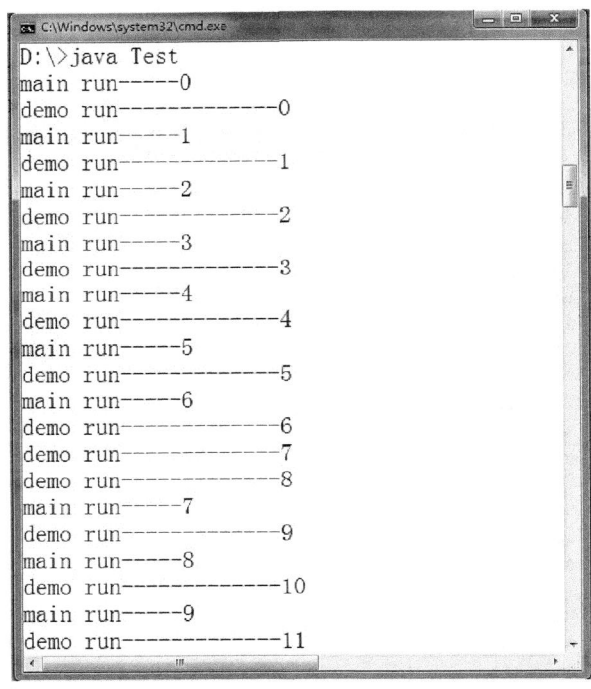

图 15-3　自定义线程运行结果

例 15-2 和例 15-3 程序演示的是两种不同的方式定义任务并启动新线程的方式,对比两种方式。请思考:哪种方式灵活性更好,可用性更高,并说明理由?

### 15.2.2　线程中常用的方法

在第 15.2.1 节中介绍了定义任务以及启动新的线程(即进入就绪状态)的方式。

在多线程程序中除了能启动线程之外,还经常会对线程进行一些其他的操作,在这里把对线程常用的操作总结如下。

（1）start()：线程启动的方法,线程对象调用此方法会从新建状态进入就绪队列排队,一旦 CPU 资源轮转到它时,它就会脱离主线程开始自己的生命周期。

（2）run()：线程对象被调度之后所执行的操作,是系统自动调用的而用户不能直接调用此方法,当 run()方法执行完毕,线程就变成死亡状态。在线程没有结束 run()方法之前不要让线程再调用 start()方法,否则将发生 IllegalThreadStateException 异常。在 JDK 的 Thread 类中定义的 run()方法是一个空方法,即没有具体的代码,用户定义自己的线程子类时需要重写 run()方法。

（3）sleep(int millsecond)：Thread 类的静态方法。让正在运行的线程进入休眠状态,休眠的时长为参数指定的毫秒数。此方法的调用会让线程从运行状态进入阻塞状态,当线程休眠醒来时进入就绪状态排队等待继续运行。在程序中一般优先级高的线程可以在它的 run()方法中调用 sleep()方法来使自己放弃处理器资源,休眠一段时间。如果线程在休眠期间被打断,JVM 会抛出 InterruptedException 异常,因此必须在 try-catch 语句块中调用 sleep()方法。

（4）yield()：Thread 类的静态方法。暂停当前正在执行的线程,让同等优先级的线程运行。此方法在功能上与 sleep()方法很类似,但是两者之间是有区别的：

sleep()方法会给其他线程运行的机会,不考虑其他线程的优先级,因此会给较低优先级线程一个运行的机会;yield()方法只会给相同优先级或者更高优先级的线程一个运行的机会。

当线程执行了 sleep(long millis)方法,将转到阻塞状态,参数 millis 指定睡眠时间;当线程执行了 yield()方法,将转到就绪状态。

sleep()方法声明抛出 InterruptedException 异常,而 yield()方法没有声明抛出任何异常。

sleep()方法比 yield()方法具有更好的可移植性。不能依靠 yield()方法来提高程序的并发性能。对于大多数程序员来说,yield()方法的唯一用途是在测试期间人为地提高程序的并发性能,以帮助发现一些隐藏的错误。

（5）join()：当前线程邀请调用 join()方法的线程优先执行,在调用方法的线程执行结束之前,当前线程不能再执行。

【例 15-4】 线程 join 方法演示示例。

```java
public class TestJoin {
    public static void main(String[] args){
        for(int i=0; i<100; i++){
            System.out.println(Thread.currentThread().getName()+"  "+i);
            if(i==20){
                JoinThread jt=new JoinThread();
                jt.start();
                //主线程调用 jt 的 join 方法
                //主线程必须等待 jt 线程执行完才能继续执行
                try {
                    jt.join();
                } catch(InterruptedException e){
```

```
                    e.printStackTrace();
                }
            }
        }
    }
}
class JoinThread extends Thread {
    @Override
    public void run(){
        for(int i=0; i<100; i++){
            System.out.println(this.getName()+"  "+i);
        }
    }
}
```

程序运行的结果如图 15-4 所示。由于篇幅限制效果图只截取了其中 jt 运行完成后 main 方法运行的一部分。

（6）isAlive()：此方法是用来测试线程状态的，可以通过 Thread 中的 isAlive()方法来获取线程是否处于活动状态。线程由 start()方法启动后，直接到其被终止之间的任何时刻都处于 Alive 状态。线程在新建状态时，调用 isAlive()方法返回 false；线程在进入死亡状态后，调用 isAlive()方法返回 false。

（7）currentThread()：Thread 类的静态方法。该方法返回当前正在运行状态的线程对象。

（8）interrupt()：此方法常用来"吵醒"休眠的线程。当线程调用 sleep()方法处于睡眠状态时，一个占用 CPU 资源的线程可以让休眠的线程调用 interrupt()方法唤醒自己，导致休眠的线程发生 InterruptedException 异常结束休眠，重新排队等待 CPU 资源。

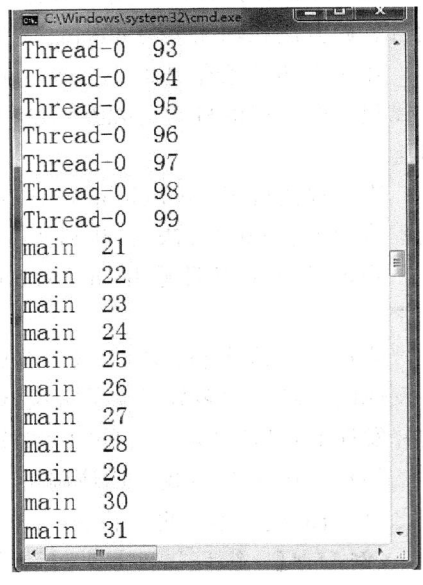

图 15-4　Thread 的 join()方法运行结果

【例 15-5】　有两个线程：student 和 teacher 其中 student 准备睡两个小时后再开始上课；teacher 在输入 1 句"上课"后，吵醒正在休眠的线程 student。

程序实现：

```
//构造线程类
class Classes implements Runnable {
    Thread student;
    Thread teacher;
    public Classes(){
        student=new Thread(this);
        teacher=new Thread(this);
```

```
            student.setName("高红");
            teacher.setName("孙教授");
        }
        @Override
        public void run(){
            if(Thread.currentThread()==student){
                System.out.println(student.getName()+" 正在睡觉,不听课");
                try {
                    Thread.sleep(1000 * 60 * 60 * 2);
                } catch(InterruptedException e){
                System.out.println(student.getName()+" 被老师 "+teacher.getName()+
                " 叫醒了");
                }
            } else if(Thread.currentThread()==teacher){
                System.out.println("上课");
                try {
                    Thread.sleep(500);
                } catch(InterruptedException e){
                }
            }
            student.interrupt();                    //叫醒学生
        }
    }
public class Test {
    public static void main(String[] args){
        Classes c=new Classes();
        c.student.start();
        c.teacher.start();
    }
}
```

程序运行的结果如图 15-5 所示。

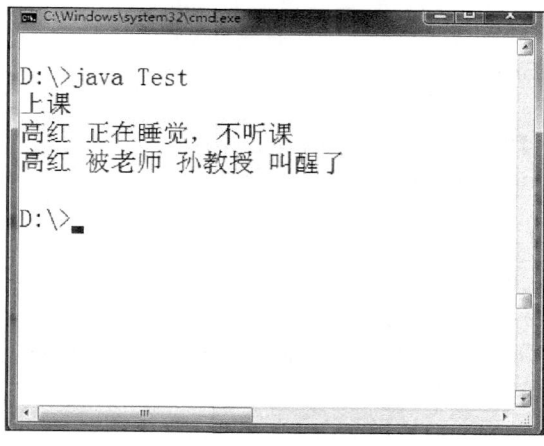

图 15-5　Thread 示例运行结果

(9) stop()：通过调用线程实例的 stop()方法来终止线程。线程终止后，其生命周期结束，即进入死亡状态，终止后的线程不能再被调度。

### 15.2.3  线程的优先级

对于多线程的程序来说，最关键的就是多个线程处于就绪状态应该如何调度和运行。在 Java 中提供一个线程调度器来监控程序启动后进入就绪状态的所有线程，线程调度器按照线程的优先级决定应该调度哪些线程来执行。

线程的优先级是将该线程的重要性传递给了调度器。尽管 CPU 处理现有线程级的顺序是不确定的，但是调度器将倾向于让优先权最高的线程先执行。但是，这并不意味着优先权较低的线程将得不到执行。优先权较低的线程仅仅是执行的频率较低。

线程的优先级用数字来表示，范围从 1～10，在 JDK 的 Thread 类中定义了几个表示线程优先级的常量分别是 Thread. MIN_PRIORITY 最低优先级、Thread. MAX_PRIORITY 最高优先级、Thread. NORM_PRIORITY 默认优先级。

如果想对线程对象的优先级操作可以使用：

(1) int getPriority()：得到线程的优先级。

(2) void setPriority(int newPriority)：可以通过此方法改变线程的优先级。

线程调度器按线程的优先级从高到低选择线程执行，同事线程调度是抢先式调度，即如果在当前线程执行过程中，一个更高优先级的线程进入可运行状态，则这个线程立即被调度执行。

抢先式调度又分为两种。

(1) 时间片方式。当前活动的线程执行完当前时间片后，如果有其他处于就绪状态的相同优先级的线程，系统会将执行权交给其他就绪状态的相同优先级线程；当前活动线程转入等待执行队列，等待下一个时间片的调度。

(2) 独占方式。当前活动的线程一旦获得执行权，将一直执行下去，直到执行完毕或者由于某种原因主动放弃 CPU，比如调用 yield()、sleep()方法等，或者有一个更高优先级的线程处于就绪状态。

【例 15-6】  生成 3 个线程，其中一个线程在最低优先级下运行，另外两个在最高优先级下运行。

```java
class MyThread extends Thread {
    String message;
    public MyThread(String message){
        this.message=message;
    }
    @Override
    public void run(){
        for(int i=0; i<3; i++){
            System.out.println(message+" "+getPriority());
            //获得线程优先级
        }
    }
}
```

```
        }
    public class TestJoin {
        public static void main(String[] args){
            Thread t1=new MyThread("T1");
            t1.setPriority(Thread.MIN_PRIORITY);        //设置优先级为最小
            t1.start();
            Thread t2=new MyThread("T2");
            t2.setPriority(Thread.MAX_PRIORITY);        //设置优先级为最大
            t2.start();
            Thread t3=new MyThread("T3");
            t3.setPriority(Thread.MAX_PRIORITY);        //设置优先级为最大
            t3.start();
        }
    }
```

程序的运行结果如图 15-6 所示。

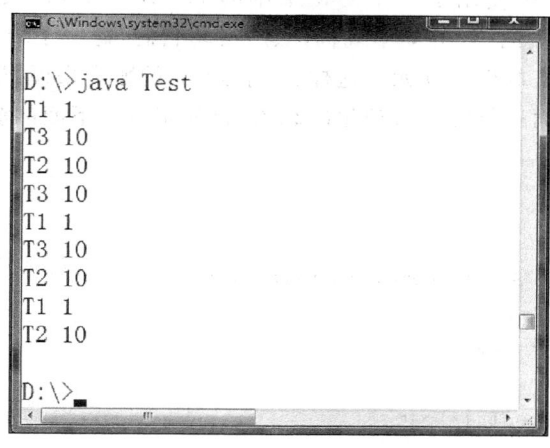

图 15-6　Thread 示例运行结果

## 15.3　多线程的同步和死锁

在第 15.1 节中介绍了多线程之间会共享数据,即在两个或更多个并行运行的程序之间可能会同时使用相同且有限的资源。

当两个或多个线程同时访问同一个变量,并且一个线程需要修改这个变量时,应对这样的问题做出处理,否则可能发生混乱。比如一个工资管理人员正在修改雇员的工资表,而一些雇员同时正在领取工资,如果容许这样做,必然会引起混乱。因此,工资管理人员正在修改工资表时(包括他中途休息一会儿),将不容许任何雇员领取工资,也就是说这些雇员必须等待。

在程序中多线程程序和传统的单线程程序设计上最大的区别在于各线程的执行各自独立,而又访问相同的资源,各个线程之间的代码是乱序执行的,由此会带来线程调度、资源访问冲突以及死锁等问题。

### 15.3.1 多线程同步

多线程同步指多个线程同时访问同一个资源时，要控制交互的线程之间的运行进度，而控制的方式就是采用锁机制。

为了解决多线程同时访问同一资源而带来的数据不完整性的问题，在 Java 语言中，引入了对象互斥锁的概念来保证共享的数据操作的完整性。每个对象都对应于一个可称为"互斥锁"的标记，这个标记和关键字 synchronized 联合起来使用达到控制线程之间的运行进度，从而保证在任意时刻不会出现多线程访问相同资源而出现数据错误的问题。同时 synchronized 关键字还可以用来修饰方法，表示方法在任意时刻只能被一个线程访问。

下面，通过一个例子来帮助理解多线程程序中出现的资源访问问题，以及使用同步的方式解决问题的思路。

首先编写一个非常简单的多线程的程序，是模拟银行中的多个线程同时对同一个储蓄账户进行存款、取款操作的。

【例 15-7】 在程序中使用了一个简化版本的 Account 类，代表了一个银行账户的信息。在主程序中首先生成了 10 000 个线程，然后启动它们，每一个线程都对 John 的账户进行存 100 元，然后马上又取出 100 元。这样，对于 John 的账户来说，最终账户的余额应该是还是 1000 元才对。然而运行的结果却超出想象，首先来看看下面的演示代码：

```
class Account {
    String name;
    float amount;
    public Account(String name,float amount){
        this.name=name;
        this.amount=amount;
    }
    public void deposit(float amt){
        float tmp=amount;
        tmp+=amt;
        try {
            Thread.sleep(100);                //模拟其他处理所需要的时间,比如刷新数据库等
        } catch(InterruptedException e){
            //ignore
        }
        amount=tmp;
    }
    public void withdraw(float amt){
        float tmp=amount;
        tmp-=amt;
        try {
            Thread.sleep(100);                //模拟其他处理所需要的时间,比如刷新数据库等
        } catch(InterruptedException e){
        }
        amount=tmp;
```

```
        }
    public float getBalance(){
        return amount;
    }
}
public class AccountTest {
    private static int NUM_OF_THREAD=10000;
    static Thread[] threads=new Thread[NUM_OF_THREAD];
    public static void main(String[] args){
        final Account acc=new Account("John",1000.0f);
        for(int i=0; i<NUM_OF_THREAD; i++){
            threads[i]=new Thread(new Runnable(){
                public void run(){
                    acc.deposit(100.0f);
                    acc.withdraw(100.0f);
                }
            });
            threads[i].start();
        }
        for(int i=0; i<NUM_OF_THREAD; i++){
            try {
                threads[i].join();          //等待所有线程运行结束
            } catch(InterruptedException e){
                //ignore
            }
        }
        System.out.println("Finally,John's balance is:"+acc.getBalance());
    }
}
```

运行 3 次的结果如图 15-7 所示。

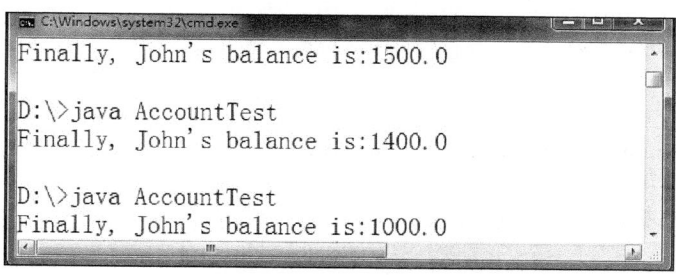

图 15-7　银行取钱示例结果

为什么会出现这样的问题？这就是多线程中的同步的问题。在程序中 Account 中的 amount 会同时被多个线程所访问，这就是一个竞争资源，通常称作竞态条件。对于这样的多个线程共享的资源必须进行同步，以避免一个线程的改动被另一个线程所覆盖。在这个程序中，Account 中的 amount 是一个静态条件，所以所有对 amount 的修改访问都要进行

同步,将 deposit() 和 withdraw() 方法进行同步,修改为:

```
public synchronized void deposit(float amt){
        float tmp=amount;
        tmp+=amt;
        try {
            Thread.sleep(100);              //模拟其他处理所需要的时间,比如刷新数据库等
        } catch(InterruptedException e){
            //ignore
        }
        amount=tmp;
    }
    public synchronized void withdraw(float amt){
        float tmp=amount;
        tmp-=amt;
        try {
            Thread.sleep(100);              //模拟其他处理所需要的时间,比如刷新数据库等
        } catch(InterruptedException e){
            //ignore
        }
        amount=tmp;
    }
```

此时,再运行,就能够得到正确的结果了。Account 中的 getBalance() 也访问了 amount,为什么不对 getBalance() 同步呢? 因为 getBalance() 并不会修改 amount 的值,所以,同时多个线程对它访问不会造成数据的混乱。

需要说明的是,同步加锁的是对象,而不是代码。

因此,如果类中有一个同步方法,这个方法可以被两个不同的线程同时执行,只要每个线程自己创建一个的该类的实例即可。参考以下代码:

```
class Foo extends Thread {
    private int val;
    public Foo(int v){
        val=v;
    }
    public synchronized void printVal(int v){
        while(true)
            System.out.println(v);
    }
    public void run(){
        printVal(val);
    }
}
public class SyncTest {
    public static void main(String args[]){
        Foo f1=new Foo(1);
```

```
            f1.start();
            Foo f2=new Foo(3);
            f2.start();
        }
    }
```

　　运行 SyncTest 产生的输出是 1 和 3 交叉的。程序运行的结果证明两个线程都在并发地执行 printVal()方法,即使该方法是同步的并且由于是一个无限循环而没有终止。

　　通过上面的例子了解了 synchronized 修饰方法可以防止多个线程同时访问这个对象(这是重点字眼)的 synchronized 方法。

　　如果在上面的程序中想实现只要有一个线程访问 printVal()方法其他的线程就不能再访问了(不管访问的是否是同一个对象 printVal()),则应该如下这样实现。

　　【例 15-8】　实现类的同步。

```
class Foo extends Thread {
    private int val;
    public Foo(int v){
        val=v;
    }
    public void printVal(int v){
        synchronized(Foo.class){
        //对 Foo 类进行同步
            while(true)
                System.out.println(v);
        }
    }
    public void run(){
        printVal(val);
    }
}
public class SyncTest {
    public static void main(String args[]){
        Foo f1=new Foo(1);
        f1.start();
        Foo f2=new Foo(3);
        f2.start();
    }
}
```

　　程序中的 synchronized(Foo. class)是对 Foo 类进行同步,对于类 Foo 而言,它只有唯一的类定义,两个线程在相同的锁上同步,因此只有一个线程可以执行 printVal()方法。

　　这个代码也可以通过对公共对象加锁。例如给 Foo 添加一个静态成员。两个方法都可以同步这个对象而达到线程安全。

　　【例 15-9】　静态成员的同步起到跟类同步相同的作用。

```
class Foo extends Thread {
    private int val;
    private static Object lock=new Object();
    public Foo(int v){
        val=v;
    }
    public void printVal(int v){
        synchronized(lock){
        //对 lock 静态成员对象进行同步
            while(true)
                System.out.println(v);
        }
    }
    public void run(){
        printVal(val);
    }
}
public class SyncTest {
    public static void main(String args[]){
        Foo f1=new Foo(1);
        f1.start();
        Foo f2=new Foo(3);
        f2.start();
    }
}
```

例 15-8 的这段实现比例 15-9 的实现要好一些,因为例 15-8 的加锁是针对类定义的,一个类只能有一个类定义,而同步的一般原理是应该尽量减小同步的粒度以到达更好的性能。例 15-9 的同步粒度比例 15-8 的要小。

在 Java 程序中经常会几种 synchronized 关键字的使用,总结如下。

(1) 方法前使用 synchronized 关键字。

① synchronized aMethod(){}。synchronized 修饰非静态方法是对象实例范围内的同步,表示可以不允许多个线程同时访问同一个对象的 synchronized 方法(如果一个对象有多个 synchronized 方法,只要一个线程访问了其中的一个 synchronized 方法,其他线程不能同时访问这个对象中任何一个 synchronized 方法)。但是不同的对象实例的 synchronized 方法是不相干扰的。即其他线程可以同时访问类的不同对象实例中的 synchronized 方法。

② synchronized static aStaticMethod{}。synchronized 修饰静态方法是类范围内的同步,表示不允许多个线程同时访问同一个类中的 synchronized static 方法。

(2) 方法中的某个区域块使用 synchronized。

① synchronized(this)。它是对象范围的同步,表示只对这个区域块的资源实行互斥访问。当两个并发线程访问同一个对象中的 synchronized(this)代码块时,同一时间只能有一个线程得到执行。然而,当一个线程访问对象的一个 synchronized(this)代码块时,另一个线程仍然可以访问该对象中的非 synchronized(this)代码块,尤其关键的是当一个线程访问

对象的一个 synchronized(this) 代码块时，其他线程对对象中所有其他 synchronized(this) 代码块的访问将被阻塞。

② synchronized(类名.class)。它是类范围的同步，在例 15-8 中已介绍。

③ synachronized(静态成员)。它是类范围的同步，是 synchronized(类名.class)的一种变相实现。

**注意**：synchronized 关键字是不能继承的，即父类的方法 synchronized f(){} 在子类中并不自动是 synchronized f(){}，而是变成了 f(){}。子类需要显式地指定它的某个方法为 synchronized。

## 15.3.2　多线程的死锁问题

通过第 15.3.1 小节的学习，对线程同步问题有了进一步的理解，线程 A 等待另一个线程 B 的完成才能继续，而如果在线程 B 中又要调用或者更新线程 A 中的方法或者资源，在线程 B 和线程 A 之间如果未能正确处理两线程同步的问题，极有可能导致两线程间的死锁。

死锁的原因是由于两个线程相互等待对方已被锁定的资源。下面通过一个简单的示例来帮助理解线程间的死锁的概念。

【例 15-10】　线程死锁示例。

```
public class DeadLock {
    public static void main(String[] args){
        Object obj1=new Object();
        Object obj2=new Object();
        DeadLockThread1 diedLock1=new DeadLockThread1(obj1,obj2);
        DeadLockThread2 diedLock2=new DeadLockThread2(obj2,obj1);
        diedLock1.start();
        diedLock2.start();
    }
}
class DeadLockThread1 extends Thread {
    private Object obj1;
    private Object obj2;
    public DeadLockThread1(Object obj1,Object obj2){
        this.obj1=obj1;
        this.obj2=obj2;
    }
    @Override
    public void run(){
        synchronized(obj1){
            System.out.println("执行"+obj1);
            try {
                Thread.sleep(1000);
                synchronized(obj2){
                    System.out.println("执行"+obj2);
                    obj2.getClass();
```

```
                    }
                } catch(InterruptedException e){
                    //TODO Auto-generated catch block
                    e.printStackTrace();
                }
            }
        }
    }
    class DeadLockThread2 extends Thread {
        private Object obj1;
        private Object obj2;
        public DeadLockThread2(Object obj1,Object obj2){
            this.obj1=obj1;
            this.obj2=obj2;
        }
        @Override
        public void run(){
            synchronized(obj1){
                System.out.println("执行"+obj1);
                try {
                    Thread.sleep(1000);
                    synchronized(obj2){
                        obj2.getClass();
                        System.out.println("执行"+obj2);
                    }
                } catch(InterruptedException e){
                    e.printStackTrace();
                }
            }
        }
    }
```

diedLock1 和 diedLock2 两个线程同时运行,其中 diedLock1 先给 obj1 加了锁,diedLock2 先给 obj2 加了锁,然后双方互相等待对方释放彼此的占用资源,而导致了程序无法正常运行结束,造成死锁的发生。

程序中出现死锁的情况可以分为以下几类。

(1) 相互排斥:一个线程永远占用某一资源。

(2) 循环等待:线程 A 等待线程 B,线程 B 等待线程 C,线程 C 又等待线程 A。

(3) 部分分配:线程 A 和 B 都需要访问 a 和 b 资源,线程 A 先拿到了 a 资源,线程 B 先拿到了 b 资源,但两个线程不能获得全部的资源,出现互相等待。

(4) 缺少优先权:一个线程访问了某一资源,但一直不释放该资源,即使线程处在阻塞状态。

死锁会导致程序无法运行下去,所以在程序中要避免死锁的发生,死锁的发生大部分是由于锁嵌套的多个线程在相互等待资源,为了有效避免死锁的发生,总结以下几点:

（1）利用 OOP 技术，资源尽量封装到类中。

（2）针对接口编程设计到资源的操作和访问都通过接口访问，接口内加锁，资源访问对外透明。

（3）多个线程竞争性的资源，可以适当采用单件方式。

（4）避免过多的函数嵌套。

（5）方法内使用资源尽量使用面向对象的方式管理锁的生命周期。

### 15.3.3　Daemon 线程

一个 Daemon 线程是在后台执行的服务线程，例如网络服务器监听连接端口的服务、隐藏系统线程、垃圾收集线程或其他的 JVM 建立的线程。当程序中所有的非 Daemon 的线程都结束了，即使 Daemon 线程的 run 方法中还有需要执行的语句，也立刻结束执行。

线程默认是非 Daemon 线程，但是通过调用线程对象的 setDaemon(boolean on)方法可以将自己设置成一个 Daemon 线程。参数 on 取值为 true 意味着是 Daemon 线程，取值为 false 意味着是非 Daemon 线程，非 Daemon 线程也被称为用户线程。

Java 中默认所有的 Daemon 线程产生的线程也是 Daemon 线程，原因在于一个后台服务线程衍生出来的线程，也应该是为了后台服务而生的，所以产生它的线程停止后，它衍生线程也应该跟着停止。

# 15.4　练　　习

1. 启动线程的方法是（　　　）。

    A. start()　　　　　B. run()　　　　　　C. sleep()　　　　　　D. yield()

2. 以下程序运行结果是（　　　）。

```
public class TGo implements Runnable {
    public static void main(String argv[]){
        TGo tg=new TGo();
        Thread t=new Thread(tg);
        t.start();
    }
    public void run(){
        while(true){
            Thread.currentThread().sleep(1000);
            System.out.println("looping while");
        }
    }
}
```

    A. 编译通过没有输出

    B. 编译通过，反复输出"looping while"

    C. 编译通过，只输出一次"looping while"

    D. 编译失败

3. 设置线程优先级的方法（　　）。

    A. getPriority()　　　B. setPriority()　　　C. join()　　　　　D. start()

4. 简述线程生命周期中的几种状态以及几种状态之间的转换。

5. Java 中创建线程类有几种方式？分别是什么？

6. 创建两个线程的实例，分别将一个数组从小到大和从大到小排列并输出结果。

# 第16章 网 络 编 程

本章学习目标:

(1) 了解网络编程中的基本概念。

(2) 掌握 Java 中网络编程一般流程。

(3) 重点掌握 Java 实现基于 TCP/IP 协议的网络编程。

(4) 了解 Java 中网络编程的应用。

## 16.1 网络编程基础

从 Java 的产生来看,Java 是为网络编程而设计的,所以很多方面都是专门为网络设计的,用 Java 语言开发网络应用软件特别方便。在 Internet 时代,Java 遍布全球,本节将重点介绍 Java 网络功能及网络编程的特点。

### 16.1.1 TCP/IP 基本概念

网络编程的目的是直接或者间接地通过网络协议与其他计算机进行通信。网络编程中有两个主要的问题,一个是如何准确定位网络上的一台或多台主机,另一个就是找到主机后如何可靠高效地进行数据传输。在 TCP/IP 协议中 IP 层主要负责主机的定位,由 IP 地址可以唯一确定 Internet 上的一台主机。而 TCP 层则提供面向应用的可靠的或非可靠的数据传输机制,这是网络编程的主要对象,一般不需要关心 IP 层是如何处理数据的。

目前较为流行的网络编程模型是客户机/服务器(C/S)结构,即通信双方一方作为服务器等待客户提出请求并予以响应,另一方则作为客户在需要服务时向服务器提出请求。服务器一般作为守护进程始终运行,监听网络端口,一旦客户请求,就会启动一个独立线程来响应客户,同时自己继续监听服务端口,使后来的客户也能及时得到服务。

TCP/IP 协议是 Java 环境下网络编程的基础知识,所以先简单来介绍一些 TCP/IP 协议中的一些基本的概念。

(1) 主机名:网络地址的主机名,按照域名进行分级管理。例如:www.redmine.edu2act.org。

(2) IP 地址:标识计算机等网络设备的网络地址,由 4 个 8 位的二进制数组成,中间以小数点分隔。例如 192.163.10.1。

(3) 端口号:网络通信时,同一机器上不同进程的标识。如 80、21、23、25,其中 1~1024 为系统保留的端口号。

(4) 服务类型:网络的各种服务。如 http、telnet、ftp、smtp。服务类型是 TCP 层上面的应用层概念。

(5) TCP:传输层协议。TCP(Transfer Control Protocol)是一种面向连接的、保证可靠传输的协议,通过 TCP 协议传输得到的是一个顺序的、无差错的数据流。发送方和接收方必须成功建立连接,才能在 TCP 协议基础上进行通信。TCP 协议是一个可靠的协议,它确保接收方完全正确地获取发送方所发送的全部数据。

(6) UDP:传输层协议,UDP(User Datagram Protocol)是一种无连接的协议,每个数据包都是一个独立的信息,包括完整的源地址和目的地址。UDP 协议无须建立发送方和接收方的连接即可以进行通信。它在网络上以任何可能的路径传往目的地,所以能否到达目的地,到达目的地的时间以及内容的正确性都不能保证。UDP 是一个不可靠的协议,发送方所发送的数据包并不一定以相同的次序到达接收方。

## 16.1.2　URL 及应用

Java 程序可以从网络上获得图像、声音、HTML 文档以及文本等资源,并可以对获得的资源进行处理。在 Java 中一般是通过 URL 获得网络上指定的资源的,Java 中又把这种编程技术称为基于 URL 的网络编程。

URL:URL(Uniform Resource Locator,流资源定位符),表示 Internet 上某一资源的地址。URL 是最为直观的一种网络定位方法。使用 URL 符合人们的语言习惯,容易记忆,应用十分广泛,并且在 TCP/IP 中对于 URL 中主机名的解析也是协议的一个标准,即域名解析服务。URL 一般的格式:

```
protocol://hostname[:port]/path/[;parameters][?query]#fragment
```

其中各部分含义如下。

(1) protocol:指定使用的传输协议,包括 file://、ftp://、http://、https://、mms://等。

(2) hostname:是指存放资源的服务器的域名系统,主机名或者 IP 地址。

(3) :port:端口号,整数,可选,省略时使用默认端口号,各种传输协议都有默认的端口号,如 http 协议默认端口号是 80。

(4) path:路径,由零个或多个“/”符号隔开的字符串一般用来表示主机上的一个目录或文件地址。

(5) ;parameters:参数,用于指定特殊参数的可选项。

(6) ? query:查询,用于给动态网页传递参数,可以有多个参数用“&”符号隔开,每个参数的名和值用“=”隔开,可选项。

(7) fragment:信息片段,字符串,用于指定网络资源中的片段。

Java 中基于 URL 的网络编程的基本思路是,首先创建 URL 对象,调用 URL 对象的 openConnection( )方法打开该 URL 对象上的连接,然后使用 getInputStream( ),getOutputStream()得到输入/输出流与远程对象进行通信。

# 16.2　基于套接字的 Java 网络编程

## 16.2.1　Socket 通信

网络上的两个程序通过一个双向的通信连接实现数据的交换,这个双向链路的一端称为一个 Socket。Socket 通常用来实现客户方和服务器方的连接。一个 Socket 由一个 IP 地址和一个端口号唯一确定,如图 16-1 所示。

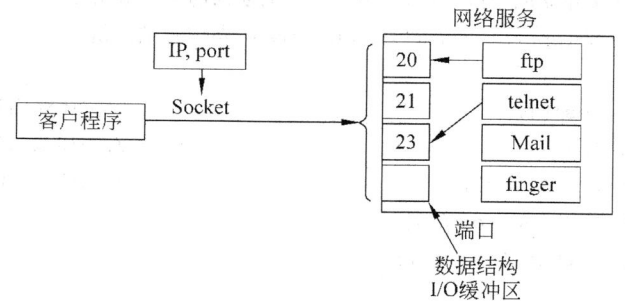

图 16-1　Socket 通信原理

　　Socket 编程是底层的网络编程技术,所以 Socket 编程比基于 URL 的网络编程提供了更强大的功能和更灵活的控制,但更复杂一些。

## 16.2.2　Socket 通信的过程

　　使用 Socket 进行网络程序设计的一般思路是:服务器端(Server 端)监听某个端口是否有连接请求,客户端(Client 端)向服务器端发送连接请求,服务器端向客户端返回接收(Accept)消息,这样客户端和服务器端的连接就建立成功了,服务器端和客户端可以通过 Send、Write 等方法与对方通信。

　　一个完整的 Socket 工作过程包括以下 4 个基本的步骤。

　　(1) 创建 Socket。

　　(2) 打开连接到 Socket 的输入输出流。

　　(3) 按照一定的协议对 Socket 进行读写操作。

　　(4) 关闭 Socket。

　　其中第(3)步是程序实现的关键,并且针对不同的传输协议实现略有不同。

　　在 Java 中提供了两个与 Socket 相关的类,分别是 java.net.Socket 和 java.net.ServerSocket。其中 java.net.Socket 表示 Socket 通信中的客户端,java.net.ServerSocket 表示服务器端,这两个类使用非常方便。

　　【例 16-1】　一个简单的 Socket 通信的程序。

　　服务器端程序:

```
public class Server {
    public static void main(String[] args){
        try {
            ServerSocket serverSocket=new ServerSocket(5555);
            //创建一个 ServerSocket 在 5555 端口监听客户请求
            Socket socket=serverSocket.accept();
            //accept()方法是一个阻塞的方法
            //一旦有客户请求,就会产生一个 Socket 对象与客户端交互
            System.out.println("socket 连接成功");
            InputStream is=socket.getInputStream();
```

```
            OutputStream os=socket.getOutputStream();
            //连接建立成功后,可以得到与客户端通信的输入输出流
            //通过 InputStream 和 OutputStream 与客户端通信
            ⋮
            os.close();                                    //关闭输出流
            is.close();                                    //关闭输入流
            socket.close();                                //关闭 socket
        } catch(IOException e){
            e.printStackTrace();
        }
    }
}
```

客户端程序:

```
public class Client {
    public static void main(String[] args){
        try {
            Socket socket=new Socket("127.0.0.1",5555);
            //127.0.0.1 是 TCP/IP 协议中默认的本机 IP 地址
            //或者写成默认的本机主机名 localhost
            InputStream is=socket.getInputStream();
            OutputStream os=socket.getOutputStream();
            //连接建立成功后,可以得到与服务器端通信的输入输出流
            //通过 InputStream 和 OutputStream 与客户端通信
            ⋮
            os.close();                                    //关闭输出流
            is.close();                                    //关闭输入流
            socket.close();                                //通信结束关闭 socket
        } catch(UnknownHostException e){
            e.printStackTrace();
        } catch(IOException e){
            e.printStackTrace();
        }
    }
}
```

上例中是 Socket 典型的通信模式,只不过这个程序中服务器端只能接收一个客户端请求,接收到客户端请求后服务器就退出了,在实际的应用中服务器端会不停地循环接收,只要有客户端请求,服务器就会创建一个服务线程来为新客户服务,而自己继续监听客户端请求。这就涉及多线程编程的相关知识。在程序中只要客户端和服务器端成功建立连接后,双方就可以通过 socket 对象得到输入输出流,从而可以进行数据和信息的传递。由于每个 Socket 对象都会占用一定的资源,所以当客户端和服务器端通信结束后,应该将 Socket 对象以及通信时的输入输出流都关闭,以释放所有的资源。但是要注意关闭的顺序。先关闭

输入输出流,再关闭 Socket,如图 16-2 所示。

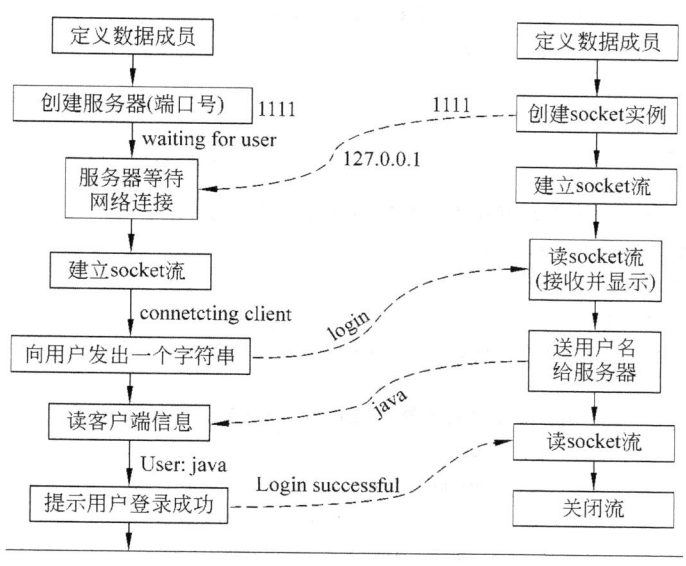

图 16-2　Socket 通信过程图

## 16.2.3　Socket 基于 TCP 协议的网络编程

通过例 16-1 了解了 Socket 程序中客户端和服务器端基本的通信过程,但在实际应用中服务器端需要能接收多个客户端的请求,能跟多个客户端同时通信。那这就需要用到多线程编程。也就是说在实际的 Socket 网络程序中都会结合着多线程一起来使用。

下面给出一个完整的 Socket 网络通信的示例程序,可以根据程序更深刻地理解 Socket 通信中的各个概念以及流程,并且要再体会多线程程序的编程注意事项。

【例 16-2】　实现一个没有图形界面的 Socket 网络通信。

客户端程序实现:

```java
public class Client extends Thread {
    //客户端类定义
    private Socket socket;
    //客户端 Socket 对象声明
    private InputStream is;
    private OutputStream os;
    public Client(){
        try {
            socket=new Socket("127.0.0.1",5555);
            //创建客户端的 Socket 对象,即向 127.0.0.1 地址的 5555 端口发送请求
            is=socket.getInputStream();
            os=socket.getOutputStream();
            //请求成功后得到 socket 通信的输入输出流
        } catch(UnknownHostException e){
            //TODO Auto-generated catch block
            e.printStackTrace();
```

```java
            } catch (IOException e) {
                //TODO Auto-generated catch block
                e.printStackTrace();
            }
        }
        @Override
        public void run() {
            //创建接收服务器端发送来的数据的线程对象,并启动
            new Thread(new Runnable() {
                @Override
                public void run() {
                    DataInputStream br=new DataInputStream(is);
                    try {
                    //线程启动后不停地接收服务器端发送来的数据,并将数据打印到控制台
                        while(true) {
                            String message=br.readUTF();
                            if(message !=null) {
                                System.out.println(message);
                                if(message.equals("bye"))
                                    break;
                            }
                        }
                        br.close();
                        socket.close();
                    } catch(IOException e) {
                        e.printStackTrace();
                    }
                }
            }).start();
            //创建向服务器端发送数据的线程对象,并启动
            new Thread(new Runnable() {
                @Override
                public void run() {
                    DataOutputStream bw=new DataOutputStream(os);
                    BufferedReader br=
                     new BufferedReader(newInputStreamReader(System.in));
                        try {
                //线程对象启动后不停地从控制台得到发往服务器端的数据,并发送到服务器端
                        while(true) {
                            String message=br.readLine();
                            if(message !=null) {
                                bw.writeUTF(message);
                                bw.flush();
                                if(message.equals("bye"))
                                    break;
                            }
                        }
```

```
                    br.close();
                    bw.close();
                    socket.close();
                } catch(IOException e){
                    e.printStackTrace();
                }
            }
        }).start();
    }
    public static void main(String[] args){
        new Client().start();
        //启动客户端
    }
}
```

服务器端程序实现：

```
public class Server extends Thread {
    //服务器端类定义
    private ServerSocket serverSocket;
    //定义服务器端监听端口的 ServerSocket 对象;
    public Server(){
        try {
            serverSocket=new ServerSocket(5555);
            //创建 ServerSocket 对象
        } catch(IOException e){
            e.printStackTrace();
        }
    }
    @Override
    public void run(){
        try {
            //每次接收到客户端的请求,创建好为客户端服务的线程对象后
            //继续监听端口等待其他客户端的请求
            while(true){
                System.out.println("服务器监听 5555 等待连接…");
                Socket socket=serverSocket.accept();
                System.out.println("服务器连接成功");

                //连接成功启动两个线程为连接成功的客户端服务
                new ServerThreadRead(socket).start();
                //创建接收客户端发送来数据的线程对象,并启动
                new ServerThreadWrite(socket).start();
                //创建向客户端发送数据的线程对象,并启动
            }
        } catch(IOException e){
            e.printStackTrace();
```

```java
            }
        }
        public static void main(String[] args){
            new Server().start();
            //启动服务器端
        }
    }
    class ServerThreadRead extends Thread {
        //读取客户端线程类的定义
        private Socket socket;
        private InputStream is;
        public ServerThreadRead(Socket socket){
            this.socket=socket;
            try {
                is=socket.getInputStream();
            } catch(IOException e){
                e.printStackTrace();
            }
        }
        @Override
        public void run(){
            DataInputStream br=new DataInputStream(is);
            try {
//此线程已启动不停地读取客户端发送过来的数据,并将读来的数据打印到控制台
                while(true){
                    String message=br.readUTF();
                    if(message !=null){
                        System.out.println(message);
                        if(message.equals("bye"))
                            break;
                    }
                }
                br.close();
                socket.close();
            } catch(IOException e){
                e.printStackTrace();
            }
        }
    }
    class ServerThreadWrite extends Thread {
        //向客户端发送数据的线程类定义
        private Socket socket;
        private OutputStream os;
        public ServerThreadWrite(Socket socket){
            this.socket=socket;
```

```
        try {
            os=socket.getOutputStream();
        } catch(IOException e){
            e.printStackTrace();
        }
    }
    @Override
    public void run(){
        DataOutputStream bw=new DataOutputStream(os);
        BufferedReader br=
            new BufferedReader(new InputStreamReader(System.in));
        try {
//此线程启动后不断地从控制台得到要发送给客户端的数据,并发送到客户端
            while(true){
                String message=br.readLine();
                if(message !=null){
                    bw.writeUTF(message);
                    bw.flush();
                    if(message.equals("bye")){
                        break;
                    }
                }
            }
            br.close();
            bw.close();
            socket.close();
        } catch(IOException e){
            e.printStackTrace();
        }
    }
}
```

程序运行的结果如图 16-3 和图 16-4 所示。

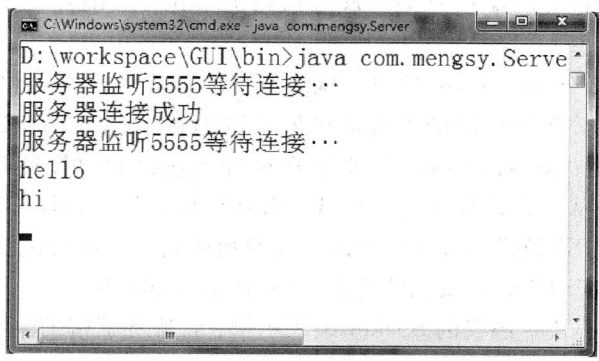

图 16-3　Socket 通信服务器端运行结果

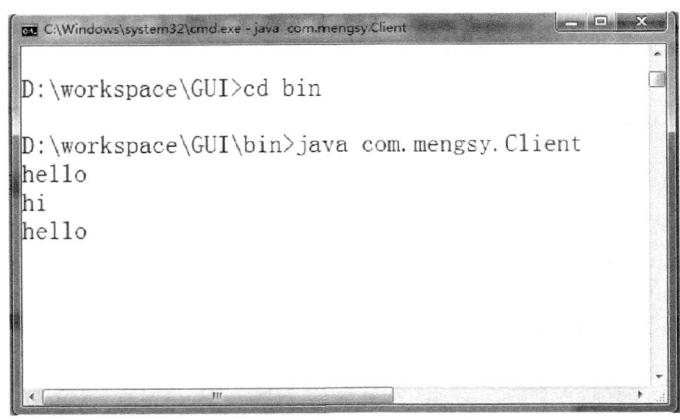

图 16-4　Socket 通信客户端运行结果

通过上面的程序可对 Java 中 Socket 与多线程结合的网络编程的思路有一个清楚的认识和全面的了解，其实上述程序在设计上并不是非常严谨，有兴趣，有精力的同学可以在此基础上发现问题并改进程序。

### 16.2.4　Socket 基于 UDP 协议的网络编程

UDP 也是传输层协议，相比 TCP 协议而言 UDP 不如 TCP 应用广泛，几个标准的应用层协议 HTTP、FTP、SMTP……使用的都是 TCP 协议。但是随着计算机网络的发展，UDP 协议正越来越显示出其威力，尤其是在需要很强的实时交互性的场合，如网络游戏、视频会议等。UDP 是一种无状态的协议，即 UDP 协议的服务器端运行之后，并不一定要等待客户端的连接才能通信，客户端可以直接和服务器端通信，发送信息。

下面简单介绍一下 Java 环境下如何实现 UDP 网络传输。

在 UDP 网络编程中，端口的监听需要用到 JDK 中 java.net 包下的 DatagramSocket 类，在程序中实例化 DatagramSocket 对象即可打开端口号并进行监听，例如，DatagramSocket ds＝new DatagramSocket(9999)。

在服务器端开启端口以及监听程序后，客户端要连接到服务器的某个端口上也需要用到 DatagramSocket 类，DatagramSocket dsClient＝new DatagramSocket()；但是客户端如何来定位服务器端的地址和端口号呢？ 这就用到了 InnetAddress 类封装服务器端的地址和端口号。

需要注意的是，虽然基于 UDP 协议的网络编程中也需要客户端和服务器端互相识别，但是服务器端不需要等待客户端的连接即可发送数据包，在基于 UDP 协议中客户端和服务器端之间用 java.net.socketPacket 类来实现这种无连接的包投递服务。每条报文仅根据该包中包含的信息从一台计算机路由到另一台计算机。从一台计算机发送到另一台计算机的多个包可能选择不同的路由，也可能按不同的顺序到达。不对包投递做出保证。

下面来看一个基于 UDP 协议完整的客户端/服务器端程序。

【例 16-3】　基于 UDP 协议的 Socket 编程示例：将服务器端的某个文本文件中的一部分字符串发送到客户端。

服务器端实现：

```java
import java.io.BufferedReader;
import java.io.FileReader;
import java.io.IOException;
import java.net.DatagramPacket;
import java.net.DatagramSocket;
import java.net.InetAddress;

public class UDPServer {

    public void serverWork() throws IOException {
        boolean m_q=true;
        DatagramSocket ds=new DatagramSocket(9999);
        //找到D://test.txt文件,将其中一部分字符串发送到客户端
        BufferedReader br=new BufferedReader(new FileReader("D:/test.txt"));
        while(m_q){
            byte[] buf=new byte[1024];
            DatagramPacket dp=new DatagramPacket(buf,buf.length);
            //创建接收数据包对象
            ds.receive(dp);                                 //接收数据包
            String str=br.readLine();                       //读取 test.txt 中的一行
            if(str==null){
                br.close();
                m_q=false;
                str="bye bye…";
            }
            buf=str.getBytes();                             //将数据存储在 buf 中
            InetAddress address=dp.getAddress();            //得到客户端的 IP 地址
            int port=dp.getPort();                          //得到客户端的端口号
            dp=new DatagramPacket(buf,buf.length,address,port);
            //构造要发送的数据包
            ds.send(dp);
        }
        ds.close();
    }

    public static void main(String[] args){
        UDPServer udpServer=new UDPServer();
        try {
            udpServer.serverWork();
        } catch(IOException e){
            //TODO Auto-generated catch block
            e.printStackTrace();
        }
    }
}
```

客户端实现：

```java
import java.io.IOException;
import java.net.DatagramPacket;
import java.net.DatagramSocket;
import java.net.InetAddress;

public class UDPClient {
    public static void main(String[] args) throws IOException {
        DatagramSocket ds=new DatagramSocket();
        InetAddress address=InetAddress.getByName("localhost");
        byte[] buf=new byte[1024];
        DatagramPacket dp=new DatagramPacket(buf,buf.length,address,9999);
        //创建要发送的数据包
        ds.send(dp);                                    //发送数据包
        dp=new DatagramPacket(buf,buf.length);          //创建接收的数据包
        ds.receive(dp);                                 //接收数据包
        String str=new String(dp.getData());           //封装成 String
        System.out.println("接收到服务器端发送来的数据:"+str);
        ds.close();                                     //关闭 socket

    }
}
```

例 16-3 的客户端/服务器端的实现也是单线程的通信,客户端和服务器端只能接收和发送一次,如果想连续通信则要用到多线程编程技术。此例的多线程实现留作练习给大家。

# 16.3　练　　习

1. 以下关于 URL 描述不正确的是(　　)。
   A. http://www.baidu.com 是一个典型的 URL 地址
   B. URL 是 Uniform Resource Locator 的缩写,称为统一资源定位符
   C. URL 由两部分组成:资源类型、存放资源的主机域名
   D. URL 是为了能够使客户端程序查询不同的信息资源时有统一访问方法而定义的一种地址标识方法

2. 以下关于 TCP 协议描述错误的是(　　)。
   A. TCP 协议是网络层协议
   B. TCP 协议是一种面向连接的、保证可靠传输的协议
   C. 与 TCP 协议对应的传输层协议还有 UDP 协议是一种无连接的协议,每个数据包都是一个独立的信息,包括完整的源地址和目的地址
   D. TCP/IP 是一个协议集,最重要的 TCP/IP 服务包括 FTP、Rlogin 等

3. 改造例 16-3,实现客户端和服务器基于 UDP 协议的连续通信。

4. 简述 TCP 和 UDP 协议各自的特点。

5. 课后学习:计算机网络中的七层协议是什么?

# 第 17 章　图形界面编程

本章学习目标：

（1）了解 GUI 的相关概念。

（2）了解 AWT 中常用的组件。

（3）掌握 AWT 生成用户图形化界面。

（4）掌握界面布局管理器的使用。

（5）掌握 AWT 事件处理模型。

（6）掌握 Swing 组件库的使用。

程序设计开发中一项重要的工作就是程序和用户的交互，图形用户界面使用图形的方式实现程序和用户的交互，它为用户提供了一个直观、方便、快捷的输入输出方式。Java 程序中提供了强大的图形用户包，开发人员可以方便地建立用户图形窗口的界面，并相应处理交互事件。

本章的重点是介绍 Java GUI 开发的基本流程，以及使用 AWT 和 Swing 生成图形化用户界面、AWT 的事件处理模型、AWT 常用组件。

## 17.1　Java GUI 编程简介

GUI(Graphics User Interface)是指用图形的方式，借助菜单、按钮等标准界面元素和鼠标操作，帮助用户方便地向计算机系统发出指令，启动操作，并将系统运行的结果以图形方式显示给用户的技术。

由于用户界面设计质量的好坏直接影响软件的使用，所以 Java 在这方面非常重视，在每个 JDK 版本更新时都会增加一些 GUI 程序设计的新的技术或者功能，使得 Java 的 GUI 程序设计一直保持着较好的连贯性和兼容性。

Java 的 GUI 主要组成如图 17-1 所示。

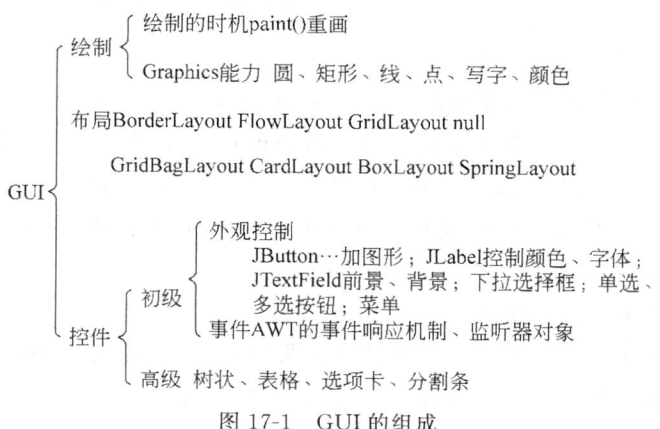

图 17-1　GUI 的组成

通过图 17-1 可以看出，Java 的 GUI 不仅可以用来设计漂亮的用户界面，还可以利用其强大的事件模型对用户的交互做相应处理。

目前，Java 主要提供了两个 GUI 的类库：java.awt 和 javax.swing。

java.awt 包中提供的类库称为抽象窗口工具集（Abstract Windows Toolkit，AWT），AWT 是最原始的 Java GUI 工具包，提供了创建基于窗口的图形用户界面的便利工具。它的内容相当丰富，共有 60 多个类和接口。利用 AWT 类库，用户可以方便地建立自己的窗口界面，响应并处理交互事件。AWT 是一个非常简单的具有有限 GUI 组件、布局管理器和事件的工具包，AWT 是线程安全的。Java 的 AWT 组件库依赖于具体平台上的组件，而不同平台的界面外观各有差异，所以 AWT 程序的图形用户界面在不同的平台上可能出现不同的运行效果，其外观取决于具体的平台。

java.swing 包中提供的类库称为 Swing，这个组件库是在 AWT 组件库的基础上构建的，它提供了比标准 AWT 组件更强大和灵活的组件。Swing 使用了 AWT 的事件模型和支持类。Swing 组件和 AWT 组件之间的异同体现如下。

（1）AWT 是依赖于平台的组件模型，Swing 是不依赖于平台的组件模型，Swing 是纯粹的 Java 代码实现的。

（2）Swing 在外观的控制上完全取代了 AWT，比 AWT 具有更灵活的组件设置和展示。Swing 并没有设计一套独立的事件模型，而是沿用 AWT 的事件模型。

除了 Java 官方提供的 AWT 和 Swing 两套 GUI 组件库之外，市面上还存在一些第三方公司开发的 GUI 组件库，比如 IBM 公司开发的一套 GUI 组件库 SWT（Standard Widget Toolkit），著名的集成开发工具 Eclipse 就是使用 SWT 组件开发完成的。

# 17.2  AWT 图形界面编程

AWT 是 JDK 为 Java 程序提供建立图形用户界面的工具集。其中包括用户界面组件、事件处理模型、图形和图像工具、布局管理器、数据传送类等部分。

java.awt 包中包含 AWT 中的界面组件、事件处理模型等所有的类。java.awt 包中的主要类及组件类的继承关系如图 17-2 所示。

## 17.2.1  AWT 中的容器组件

图形界面最基本的组成部分就是组件（Component）。在 java.awt 包中有一个专门的分支 Component 来表示图形界面中的组件。所谓的组件是指可以显示在屏幕上并能与用户进行交互的对象，比如按钮、下拉框、标签等。在 java.awt 包中所有的组件的父类是 java.awt.Component，Component 类中封装了组件通用的方法和属性，Component 中常用的方法和属性如表 17-1 所示。

更多的方法可以参考 API 文档。

在 AWT 所有的子组件中实际上可以分为两类，一类是容器（Container），另一类是普通的组件。普通的组件就是人们常看到的按钮、下拉框等，这些组件不能独立显示出来，即

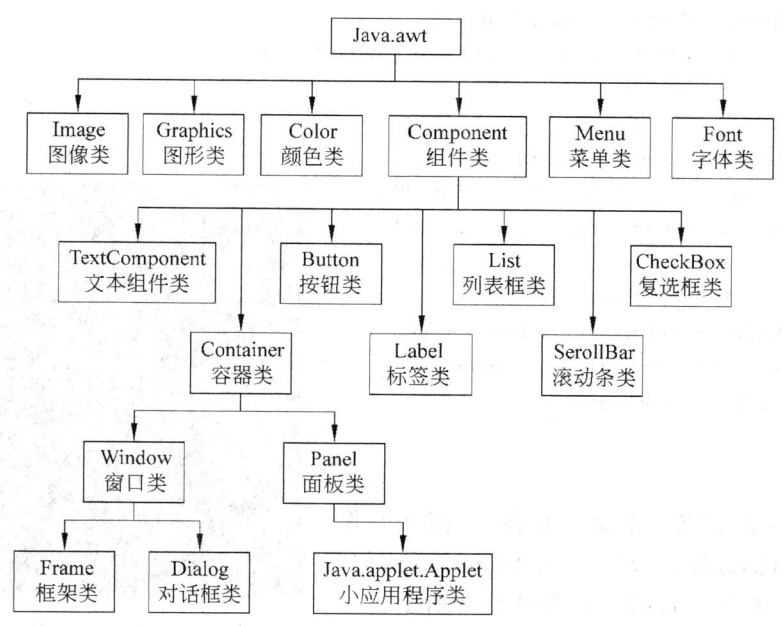

图 17-2 java.awt 包中主要类及类之间的继承关系

**表 17-1 Component 类中常用的方法说明**

| 方 法 | 方 法 说 明 |
|---|---|
| protected Component() | 构造一个新组件 |
| public String getName() | 获得组件的名称 |
| public String setName(String name) | 设置组件名称 |
| public void paint(Graphics g) | 绘制此组件 |
| public void repaint(Graphics g) | 重绘此组件 |
| public setVisible(boolean b) | 根据 b 的值显示或隐藏此组件 |
| public setSize(int width,int height) | 设置组件的宽和高 |
| public void update(Graphics g) | 更新组件 |

在程序中直接创建一个按钮组件是无法显示出来的,要想显示必须借助于另外的一类组件——容器(Container),这类组件可以独立显示,并且其主要的功能就是容纳其他组件的组件,并使它们成为一个整体,大大简化图形化界面的设计,以整体结构来布置界面。所有的容器都可以通过 add()方法向容器中添加组件。

容器(Container)中包含 3 种常用的组件:Frame、Panel、ScrollPane。

(1) Frame 类:Frame 类是 Container 类的间接子类,当在程序中需要一个窗口时可以使用 Frame 或者其子类。Frame 的直接父类是窗口(Window),窗口默认会被系统添加到显示器屏幕上,因此不允许将窗口添加到另外的容器中。要生成一个窗口通常是用 Window 的子类 Frame,而不是直接使用 Window 类,因为 Frame 的外观就像在 Windows 系统下见到的窗口一样,有标题、边框、菜单、大小等。

通过下面的例子来了解 Frame 的使用。

【例 17-1】 使用 Frame 容器的例子。

```
public class MyFrame extends Frame {
    private static final long serialVersionUID=1L;

    public MyFrame(){
        this.setSize(400,400);
        this.setTitle("My First Frame");
        this.setBackground(Color.blue);
    }
    public static void main(String[] args){
        MyFrame myFrame=new MyFrame();
        myFrame.setVisible(true);
        //设置窗体为显示状态
    }
}
```

图 17-3  Frame 程序运行结果

以上程序是生成一个宽 400 像素,高 400 像素,底色为蓝色,标题为"My Frist Frame"的窗体,并显示出来。程序运行的结果如图 17-3 所示。

（2）Panel 类：Panel 类是 Container 类的直接子类,Panel 及其子类的对象实例称为面板,可以在一个面板中添加若干个组件后再把面板放到另一个容器中。

【例 17-2】 Panel 使用示例。

```
public class MyFrame extends Frame {
    private Panel panel;
    private static final long serialVersionUID=1L;

    public MyFrame(){
        this.setLayout(null);                                    //取消布局
        this.setSize(400,400);
        panel=new Panel();
        panel.setBackground(Color.YELLOW);
        panel.setBounds(getWidth()/ 4,getHeight()/ 4,getWidth()/ 2,
            getHeight()/ 2);
                    //设置 panel 的位置为:左顶点在 Frame 的 1/4 处。宽和高为 Frame 的一半
        this.add(panel);
        this.setTitle("My First Frame");
        this.setBackground(Color.BLUE);
    }

    public static void main(String[] args){
        MyFrame myFrame=new MyFrame();
        myFrame.setVisible(true);
    }
}
```

图 17-4　Panel 程序运行结果

以上程序是基于例 17-1 的基础上，在 Frame 的中央添加一个黄色的 Panel 对象，需要注意的是，Frame 默认的布局是 BorderLayout，若想自定义组件的位置必须先取消默认布局。程序运行的结果如图 17-4 所示。

（3）ScrollPane 类。ScrollPane 也是 Container 的直接子类，ScrollPane 类的对象实例被称为滚动面板，在程序中可以在滚动面板中添加一个组件，并且可以通过滚动条来观察这个组件，与 Panel 不同的是 ScrollPane 带滚动条，而且 ScrollPane 中只能添加一个组件，在使用时经常将一系列组件放到一个面板（Panel）中，然后再将面板（Panel）放到滚动面板（ScrollPane）中。

【例 17-3】　ScrollPane 使用示例。

```
public class ScrollPaneFrame extends Frame {
    private static final long serialVersionUID=1L;
    Panel panel;
    ScrollPane scrollPane;
    public ScrollPaneFrame(){
        this.setSize(200,200);
        this.setVisible(true);
        panel=new Panel();
        panel.setLayout(new FlowLayout());
        panel.add(new Button("one"));
        panel.add(new Button("two"));
        panel.add(new Button("three"));
        panel.add(new Button("four"));
        panel.add(new Button("five"));
        panel.add(new Button("six"));
        scrollPane=new ScrollPane(ScrollPane.SCROLLBARS_ALWAYS);
        scrollPane.add(panel);
        this.add(scrollPane);
    }
    public static void main(String[] args){
        new ScrollPaneFrame();
    }
}
```

程序运行的结果如图 17-5 所示。

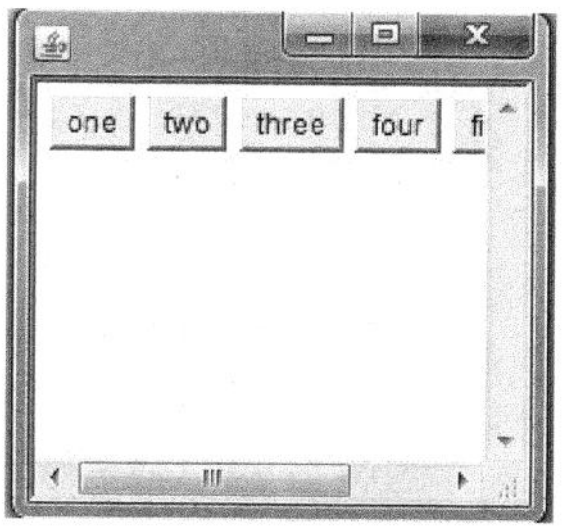

图 17-5　ScrollPane 程序运行结果

## 17.2.2　布局管理器

为了使生成的图形界面具有良好的平台无关性以及得到动态的布局效果，Java 的

AWT 中提供了布局管理器(LayoutManager)来管理组件在容器中的布局,比如排列顺序、组件大小、位置,以及窗口调整大小时组件如何变化等。

需要说明的是布局管理器只针对容器类型的组件,每一个容器类型都有一个布局管理器,不同的布局管理器使用不同的算法和策略,当容器需要对某个组件进行定位或者判断其尺寸时,就会调用其对应的布局管理器。容器可以选择不同的布局管理器来决定布局。

**注意**:容器中如果使用了布局管理器,则布局管理器会负责各个组件的大小和位置,因此在这种情况下用户就不能设置组件的大小和位置等属性(或者说设置也是无效的),如果用户想自己设置组件的大小和位置,则应调用容器的 setLayout(null);方法取消容器的布局管理器。

AWT 中的布局管理器主要分为以下 5 种。

(1) FlowLayout:流式布局管理器。它是 Panel 默认的布局管理器,其中组件放置的顺序是从上到下,从左到右,如果容器足够宽,第一个组件先添加容器的第一行的最左边,后一个组件依次加入到上一个组件的右边,如果当前行已经放置不下该组件,则放到下一行的最左边。

其构造方法有如下 3 个:

① FlowLayout(int align,int hgap,int vgap):第一个参数表示组件的对齐方式,取值可以有 3 个:FlowLayout. RIGHT、FlowLayout. LEFT、FlowLayout. CENTER。分别表示组件在同一行中是居右、居左、居中对齐。第二个参数代表组件之间的横向间隔;第三个参数代表组件之间的纵向间隔。

② FlowLayout(int align):同 FlowLayout(int laign,5,5),即表示构造一个 FlowLayout 对象的垂直和水平间距是 5 个单位。

③ FlowLayout():同 FlowLayout(FlowLayout. CENTER),即表示构造一个 FlowLayout 对象的垂直和水平间距是 5 个单位,组件之间是居中对齐。

【例 17-4】 FlowLayout 示例。

```
public class MyFrame extends Frame {
    private static final long serialVersionUID=1L;
    public MyFrame(){
        FlowLayout fl=new FlowLayout(FlowLayout.LEFT);
        //创建组件居左对齐,横纵间距为 5 个单位的流式布局对象
        this.setLayout(fl);
        this.setSize(400,400);
        this.setVisible(true);
        this.add(new Button("BUtton1"));
        this.add(new Button("BUtton2"));
        this.add(new Button("BUtton3"));
        this.add(new Button("BUtton4"));
    }
    public static void main(String[] args){
        new MyFrame();
    }
}
```

程序运行的结果如图 17-6 所示。

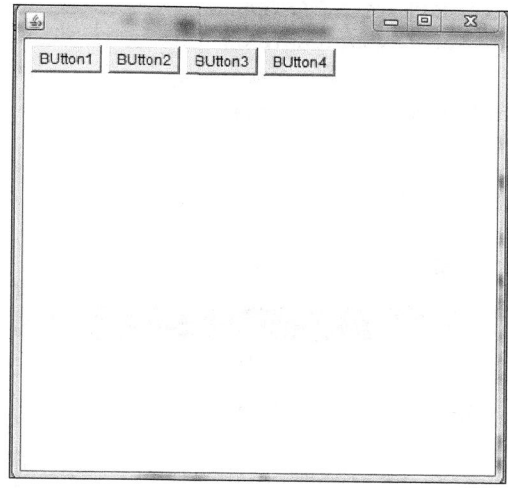

图 17-6　FlowLayout 布局结果

（2）BorderLayout：边界（边框）布局管理器。它是容器 Window、Frame、Dialog 的默认布局，BorderLayout 布局将容器分成 5 个区域：North、South、East、West 和 Center，每个区域只能放一个组件。其构造方法有两个。

① BorderLayout()：构造一个组件之间没有边距的边框布局。

② BorderLayout(int hgap,int vgap)：构造一个有指定间距的边框布局。

【例 17-5】　BorderLayout 布局示例。

```
public class MyFrame extends Frame {
    private static final long serialVersionUID=1L;

    public MyFrame(){
        BorderLayout bl=new BorderLayout(5,5);
        this.setLayout(bl);
        this.setSize(400,400);
        this.setVisible(true);
        Panel p1=new Panel();
        p1.add(new Button("North"));
        Panel p2=new Panel();
        p2.add(new Button("South"));
        Panel p3=new Panel();
        p3.add(new Button("West"));
        Panel p4=new Panel();
        p4.add(new Button("East"));
        Panel p5=new Panel();
        p5.add(new Button("Center"));
        this.add(p1,BorderLayout.NORTH);
        this.add(p2,BorderLayout.SOUTH);
```

```
        this.add(p3,BorderLayout.WEST);
        this.add(p4,BorderLayout.EAST);
        this.add(p5,BorderLayout.CENTER);
    }
    public static void main(String[] args){
        new MyFrame();
    }
}
```

程序运行结果如图 17-7 所示。

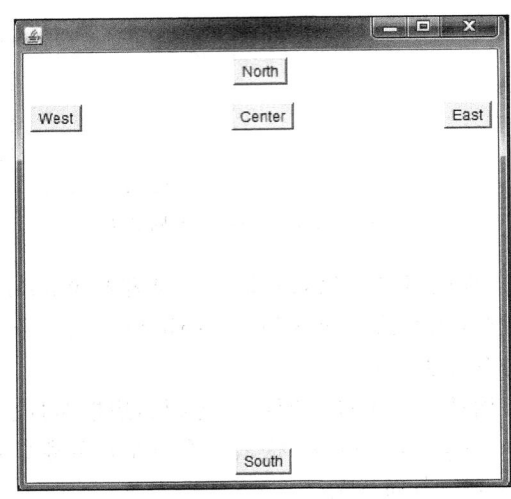

图 17-7　BorderLayout 布局结果

（3）GridLayout：网格布局管理器。它使容器中的各个组件呈网格状布局，每个组件平均占据容器的空间。其构造方法有 3 个。

GridLayout()：创建具有默认值的网格布局，即每个组件占据一行一列。

GridLayout(int rows,int cols)：创建具有指定行数和列数的网格布局。

GridLayout(int rows,int cols,int hgap,int vgap)：创建具有指定行数和列数的网格布局。

【例 17-6】　GridLayout 示例。

```
public class MyFrame extends Frame {
    private static final long serialVersionUID=1L;
    public MyFrame(){
        GridLayout gl=new GridLayout(3,2);
        this.setLayout(gl);
        this.setSize(400,400);
        this.setVisible(true);
        this.add(new Button("1"));
        this.add(new Button("2"));
        this.add(new Button("3"));
        this.add(new Button("4"));
```

```
        this.add(new Button("5"));
        this.add(new Button("6"));
    }
    public static void main(String[] args){
        new MyFrame();
    }
}
```

程序运行结果如图 17-8 所示。

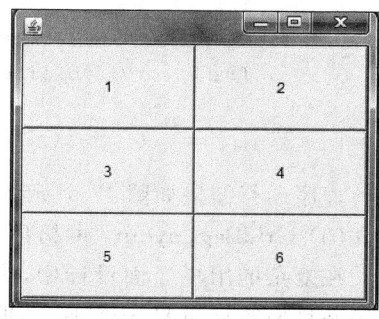

（4）CardLayout：卡片布局管理器，能帮用户处理
两个或者更多的组件共享同一显示空间，它把容器分成
许多层，每层显示空间占据整个容器的大小，但每层只
允许放置一个组件。人们可以把 CardLayout 理解为重叠的整整齐齐的扑克牌，不管有多少
张也只能看到最上面的一张，每张扑克牌就相当于 CardLayout 最后那个的一层。

图 17-8　GridLayout 布局结果

【例 17-7】　CardLayout 示例。

```
public class TestCardLayout {
    public static void main(String[] args){
        //TODO Auto-generated method stub
        Frame frame=new Frame("CardLayout");
        frame.setSize(500,600);
        final Panel panel=new Panel();
        final CardLayout mgr=new CardLayout();
        panel.setLayout(mgr);
        TextArea textArea1=new TextArea("文本域一");
        textArea1.setBackground(Color.RED);
        panel.add(textArea1,"Area1");                   //********重点不同
        TextArea textArea2=new TextArea("文本域二");
        textArea2.setBackground(Color.GREEN);
        panel.add(textArea2,"Area2");   //注意,用于 CardLayout 的 Add()方法,必须用标
                                        注将卡片名和卡片本身移到布局管理器中,然后
                                        就可以用卡片名代替
        TextArea textArea3=new TextArea("文本域三");
        panel.add(textArea3,"Area3");
        textArea3.setBackground(Color.BLUE);
        TextArea textArea4=new TextArea("文本域四");
        textArea4.setBackground(Color.YELLOW);
        panel.add(textArea4,"Area4");
        frame.add(panel,BorderLayout.CENTER);
        Button comp=new Button("next");
        comp.addActionListener(new ActionListener(){
            public void actionPerformed(ActionEvent e){
                //TODO Auto-generated method stub
                mgr.next(panel);
            }
```

```
        });
        frame.add(comp,BorderLayout.SOUTH);
        frame.setVisible(true);
    }
}
```

程序运行结果如图 17-9 所示。

（5）GridBagLayout：网格包布局管理器。

在复杂的用户界面设计中，为了达到显示的
效果并且使布局更易于管理，一般都会使用容器
中套用容器，把一些组件放到一个容器中，把一些
容器再放到一个容器中，这样就形成了容器的嵌
套，这种使用在程序中经常会用到。

图 17-9　CardLayout 布局结果

### 17.2.3　AWT 中的事件处理

在图形界面编程中，不但要有漂亮的界面还要能响应用户的操作，要让图形界面能接收
用户的操作就必须给各个组件加上事件处理机制。

在 AWT 中提供了一套完整的事件处理机制，在这套机制中主要涉及 3 类对象。

（1）事件：用户对界面的操作。它是在 Java 语言上以类的形式表示，例如键盘操作的
事件类是 KeyEvent。

（2）事件源：事件发生的场所。它通常就是各个组件，例如 TextField、Button 等。

（3）事件处理者：接收事件对象并对其进行处理的对象。

例如，一个用户用鼠标单击 Button，则该 Button 就是事件源，单击这个动作就是事件，
在 Java 中运行时系统会产生一个 ActionEvent 类的对象 actionEvent 来表示。事件处理者
会接收由 Java 运行时系统传递过来的事件对象 actionEvent 并进行相应事件处理。

由于一个事件源上可能发生多种事件，因此 Java 采取了授权处理机制，事件源可以把
在其自身所有可能发生的事件分别授权给不同的事件处理者来处理，如图 17-10 所示。

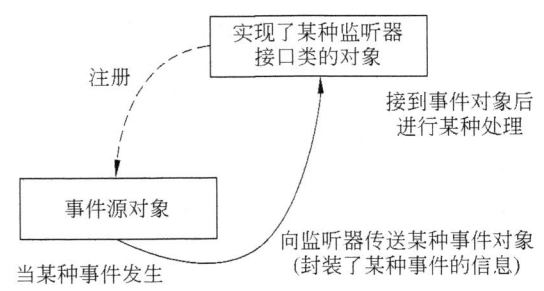

图 17-10　AWT 事件处理模式示意图

比如在 Canvas 对象上既可能发生鼠标事件，也可能发生键盘事件。该 Canvas 对象就
可以授权给事件处理者 1 来处理鼠标事件，同时授权事件处理者 2 来处理键盘事件。在开
发中有时也把事件处理者称为事件监听器，因为监听器时刻监听着事件源上所有发生的事
件类型，一旦发生的事件类型跟自己负责处理的事件类型一致，就马上进行处理。

**【例 17-8】** 注册一个事件处理者,处理按钮的单击事件。

```java
public class MyFrame extends Frame {
    private static final long serialVersionUID=1L;
    public MyFrame(){
        GridLayout gl=new GridLayout(3,2);
        this.setLayout(gl);
        this.setSize(400,400);
        this.setVisible(true);
        Button button1=new Button("1");
        button1.setName("button1");
        this.add(button1);
        Button button2=new Button("2");
        button2.setName("button2");
        this.add(button2);
        Button button3=new Button("3");
        button3.setName("button3");
        this.add(button3);
        Button button4=new Button("4");
        button4.setName("button4");
        this.add(button4);
        Button button5=new Button("5");
        button5.setName("button5");
        this.add(button5);
        Button button6=new Button("6");
        button6.setName("button6");
        this.add(button6);
        //注册事件的事件处理者
        button1.addActionListener(new ButtonHandler());
        button2.addActionListener(new ButtonHandler());
        button3.addActionListener(new ButtonHandler());
        button4.addActionListener(new ButtonHandler());
        button5.addActionListener(new ButtonHandler());
        button6.addActionListener(new ButtonHandler());
    }
    public static void main(String[] args){
        new MyFrame();
    }
}
//事件处理者的定义
class ButtonHandler implements ActionListener{
    @Override
    public void actionPerformed(ActionEvent arg0){
        //TODO Auto-generated method stub
        Button btn= (Button)arg0.getSource();
        //得到事件源,在控制台打印事件源的名字
```

```
        System.out.println(btn.getName());
    }
}
```

基于以上例子,可以总结基于授权模式进行事件处理的一般方法如下:

(1) 对于某种类型的事件 XXXEvent,要想接收并处理这类事件,必须定义相应的事件监听器类,该类需要实现与该事件对应的接口 XXXListener。

(2) 事件源实例化以后,必须进行授权,注册该类事件的监听器,注册时调用该事件源实例的 addXXXListener(XXXListener)方法。

在了解了 AWT 中的事件处理机制后,了解一下在 AWT 中都支持哪些事件。Java 中所有的事件类的父类是 java.util.EventObject 类,所有的事件类都是由它派生出来的。在 AWT 中相关的事件都继承于 java.awt.AWTEvent,AWT 中所有的事件可以分为两大类:低级事件,高级事件。

① 低级事件:低级事件实质是基于组件和容器的事件,如在一个组件上发生的鼠标进入、单击等,或者组件的窗口开关等。具体包括如下事件。

* 组件事件:组件尺寸的变化、移动。Java 中表示的类 ComponentEvent。
* 容器事件:组件增加、移动。Java 中表示的类 ContainerEvent。
* 窗口事件:关闭窗口,窗口闭合,图表化。Java 中表示的类 WindowEvent。
* 焦点事件:焦点的获得和丢失。Java 中表示的类 FocusEvent。
* 键盘事件:键按下、弹起。Java 中表示的类 KeyEvent。
* 鼠标事件:鼠标单击、移动。Java 中表示的类 MouseEvent。

② 高级事件。高级事件是基于语义的事件,它可以不和特定的动作相关联,而依赖于触发此事件的类,如 TextField 中按 Enter 键会触发的事件等。具体包括如下事件。

* 动作事件:按钮按下,TextField 中按下 Enter 键。Java 中表示的类 ActionEvent。
* 调节事件:在滚动条上移动滑块以调节数值。Java 中表示的类 AdjustmentEvent。
* 项目事件:选中项目。Java 中表示的类 ItemEvent。
* 文本事件:文本对象的内容发生变化。Java 中表示的类 TextEvent。

每一个事件类都会对应事件的处理者类即事件的监听器,在 Java 中所有的监听器都是接口,根据动作来定义方法。例如按钮按下事件 ActionEvent 相对应的监听器接口是 ActionListener,其中定义的方法如下:

public void actionPerformed(ActionEvent e)这个方法是当事件发生时执行,但具体的执行代码是需要程序员实现的,因为只有程序员才知道在程序中一旦用户触发了某一个事件程序需要做什么,怎么做。

在程序中声明了监听器之后,还需要为某一个组件注册监听器以及撤销注册。

(1) 注册监听器:public void addXXXListener(Listener listener)。

(2) 撤销注册(注销监听器):public void removeXXXListener(Listener listener)。

Java 语言中采用的是单继承机制,为了实现多重继承,Java 中设置了接口。在一个 Java 程序中一个监听器类可以实现多个监听器接口,从而实现一个对象监听一个事件源上发生的多种事件,例如一个监听器类实现了 MouseMotionListener、MouseListener 和 WindowListener 这 3 个接口,则对于同一个事件源实例就可以写成

```
f.addMouseMotionListener(this);
f.addMouseListener(this);
f.addWindowListener(this);
```

## 17.2.4　AWT 中的其他组件

前面介绍了 AWT 中常用的容器组件,下面将介绍 AWT 中的其他常用组件。

在 AWT 中除了容器组件以外,还有一些常用的其他组件,对于这些组件的掌握,做到使用各种组件构造图形化用户界面即可。

需要说明的是 AWT 中的非容器类组件一般的使用会结合着 AWT 中的事件处理一起来用,这里只对这些组件做一个简单的介绍,待学完 AWT 中的事件模型后再举例。

(1) 按钮。按钮是最常用的组件,java.awt 包中的 Button 类专门用来建立按钮,其构造方法有两个。

① public Button():创建一个没有名称的按钮对象。

② public Button(String s):创建一个指定名称 s 的按钮对象。

其实,对于 Button 的使用在前面的例子中已经涉及,在此不再举例。

(2) 单行文本输入框:专门用来创建文本框的组件,并且这个文本框只有一行,所以称为单行文本框组件。java.awt 包中的 TextField 类专门用来建立单行文本框,TextField 类的一个实例就是一个文本框,其构造方法如下。

① public TextField():构造新文本字段。

② public TextField(int columns):构造具有指定列数的新空文本字段。

③ public TextField(String text):构造使用指定文本初始化的新文本字段。

④ public TextField(String text,int columns):构造使用要显示的指定文本初始化的新文本字段,宽度足够容纳指定列数。

(3) 多行文本输入框。它可以显示多行多列的文本框。java.awt 包中的 TextArea 专门用来创建多行文本框。其构造方法如下。

① public TextArea():构造一个将空字符串作为文本的新文本区。

② public TextArea(int rows,int columns):构造一个新文本区,该文本区具有指定的行数和列数,并将空字符串作为文本。

③ public TextArea(String text):构造具有指定文本的新文本区。

④ public TextArea(String text,int rows,int columns):构造一个新文本区,该文本区具有指定的文本,以及指定的行数和列数。

⑤ public TextArea(String text,int rows,int columns,int scrollbars):构造一个新文本区,该文本区具有指定的文本,以及指定的行数、列数和滚动条可见性。

在程序中还可以调用其 setEditable(boolean b)将 TextArea 设置为只读的,在 TextArea 中可以显示水平或者垂直的滚动条。

(4) 复选框:复选框是一个可处于"开"(true)或"关"(false)状态的图形组件,单击复选框可将其状态从"开"更改为"关",或从"关"更改为"开"。java.awt 包中 Checkbox 类专门用来创建复选框。

```
setLayout(new GridLayout(3,1));
add(new Checkbox("one",null,true));
add(new Checkbox("two"));
add(new Checkbox("three"));
```

以上程序是设置一个网格布局,生成 3 个复选框对象,程序的运行结果如图 17-11 所示。

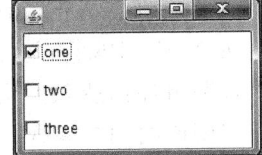

CheckBox 提供的构造方法如下。

① public Checkbox():使用空字符串标签创建一个复选框。

② public Checkbox(String label):使用指定标签创建一个复选框。

图 17-11 复选框示例结果

③ public Checkbox(String label,boolean state):使用指定标签创建一个复选框,并将它设置为指定状态。

④ public Checkbox(String label,boolean state,CheckboxGroup group):构造具有指定标签的 Checkbox,并将它设置为指定状态,使它处于指定复选框组中。

⑤ public Checkbox(String label,CheckboxGroup group,boolean state):创建具有指定标签的 Checkbox,并使它处于指定复选框组内,将它设置为指定状态。

(5) 下拉列表:下拉列表是弹出式选择菜单,在 java.awt 包中的 Choice 专门用来表示下拉列表,对于 Choice 组件每次只能选择其中的一项,它能节省显示空间,适用于大量选项。其构造方法如下。

public Choice():创建一个新的选择菜单。

例如:

```
Choice ColorChooser=new Choice();
ColorChooser.add("Green");
ColorChooser.add("Red");
ColorChooser.add("Blue");
```

程序所构造的界面效果如图 17-12 所示。

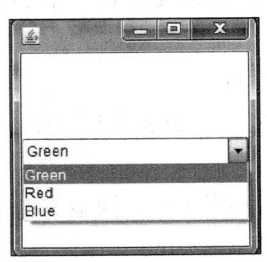

图 17-12 下拉列表示例结果

(6) 对话框:java.awt 包中的 Dialog 类专门用来表示对话框,它和窗口类(Frame)都是 Window 类的子类。对话框与一般窗口的区别在于它必须依赖于其他的窗口。对话框是带标题和边界的顶层窗口。对话框也是容器组件,它的默认布局是 BorderLayout。

对话框分为无模式(non-modal)和有模式(modal)两种。

① 无模式对话框处于激活状态时,程序仍然能激活所依赖的窗体,不堵塞线程的执行。

② 有模式对话框处于激活状态时,程序只能响应对话框内部的事件,不能再激活它所依赖的窗体。

对话框的无模式和有模式其实就是当弹出对话框后是否允许操作创建对话框的窗体,如果允许就是无模式,如果不允许就是有模式。

Dialog 类中的构造方法以及常用的方法如下。

① public Dialog(Dialog owner)：构造一个初始时不可见、无模式的 Dialog，带有空标题的指定的所有者框架。ower 指的是对话框的所有者。

② public Dialog(Dialog owner,String title)：构造一个初始时不可见、无模式的 Dialog，带指定的所有者 owner 和标题。

③ public Dialog(Dialog owner,String title,boolean modal)：构造初始时不可见的 Dialog，带有指定的所有者 owner、标题和模式。

- getTitle()：获得 Dialog 的标题。
- isModal()：指出 Dialog 是否是有模式的。
- setModal(boolean b)：指定 Dialog 是否应该是有模式的。

【例 17-9】 带模式对话框示例程序。

```
class MyDialog extends Dialog implements ActionListener {
    private static final long serialVersionUID=1L;
    static final int YES=1,NO=0;
    int message=-1;
    Button yes,no;
    public MyDialog(Frame f,String s,boolean b){
        super(f,s,b);
        yes=new Button("yes");
        yes.addActionListener(this);
        no=new Button("no");
        no.addActionListener(this);
        setLayout(new FlowLayout());
        add(yes);
        add(no);
        setBounds(60,60,100,100);
        addWindowListener(new WindowAdapter(){
            public void windowClosing(WindowEvent e){
                message=-1;
                setVisible(false);
            }
        });
    }
    @Override
    public void actionPerformed(ActionEvent arg0){
        //TODO Auto-generated method stub
        if(arg0.getSource()==yes){
            message=YES;
            setVisible(false);
        } else if(arg0.getSource()==no){
            message=NO;
            setVisible(false);
        }
```

```java
        }
        public int getMessage(){
            return message;
        }
    }
class Dwindow extends Frame implements ActionListener {
    TextArea text;
    Button button;
    MyDialog dialog;
    public Dwindow(String s){
        //TODO Auto-generated constructor stub
        super(s);
        text=new TextArea(5,22);
        button=new Button("打开对话框");
        button.addActionListener(this);
        setLayout(new FlowLayout());
        add(button);
        add(text);
        dialog=new MyDialog(this,"我有模式",true);
        setBounds(60,60,300,300);
        setVisible(true);
        addWindowListener(new WindowAdapter(){
            public void windowClosing(WindowEvent e){
                System.exit(0);
            }
        });
    }
    @Override
    public void actionPerformed(ActionEvent arg0){
        //TODO Auto-generated method stub
        if(arg0.getSource()==button){
            dialog.setVisible(true);
            if(dialog.getMessage()==MyDialog.YES){
                text.append("\n 你单击了对话框的 Yes 按钮");
            } else if(dialog.getMessage()==MyDialog.NO){
                text.append("\n 你单击了对话框的 No 按钮");
            }
        }
    }
}
public class TestMyDialog {
    public static void main(String[] args){
        //TODO Auto-generated method stub
        new Dwindow("带对话框的窗口");
    }
}
```

程序运行的结果如图 17-13 所示。

程序运行的结果中,若不关闭模式对话框是不能操作生成对话框的 window 窗口的。

菜单、菜单栏、菜单项:java. awt 包中的 MenuBar 专门用来表示菜单栏,MenuBar 对象只能添加到 Frame 对象中,作为整个菜单树的根基。

例如:

图 17-13　带模式的对话框演示结果

```
Frame fr=new Frame("MenuBar");
Menubar mb=new MenuBar();
fr.setMenuBar(mb);
fr.setSize(150,100);
fr.setVisible(true);
```

java. awt 包中的 Menu 专门用来表示菜单,菜单无法直接添加到容器的某一位置,只能添加到菜单栏 MenuBar 或者其他的菜单中。

例如:

```
Frame fr=new Frame("MenuBar");
MenuBar mb=new MenuBar();
Menu m1=new Menu("File");
Menu m2=new Menu("Edit");
Menu m3=new Menu("Help");
mb.add(m1);
mb.add(m2);
mb.setHelpMenu(m3);
fr.setSize(200,200);
fr.setVisible(true);
```

java. awt 包中的 MenuItem 专门用来表示菜单项,所谓的菜单项就是菜单树中的"叶子结点"。菜单项通常添加到一个 Menu 中。对于 MenuItem 对象可以添加 ActionListener,使其能够完成相应的操作。

MenuBar 和 Menu 没必要注册监听器,只需要对 MenuItem 添加监听器 ActionListener 即可。单击某个菜单项可以发生 ActionEvent 事件,因此可以通过处理 ActionEvent 事件来完成想要进行的操作。

下面来看一个完整的程序。

【例 17-10】　菜单栏、菜单、菜单项示例程序。

```
class WindowExit extends Frame implements ActionListener {
    MenuBar menuBar;
    Menu menu;
    MenuItem menuItem;
    public WindowExit(){
        //TODO Auto-generated constructor stub
        menuBar=new MenuBar();
```

```
        menu=new Menu("File");
        menuItem=new MenuItem("Exit");
        menuItem.setShortcut(new MenuShortcut(KeyEvent.VK_E));
        menu.add(menuItem);
        menuBar.add(menu);
        setMenuBar(menuBar);
        menuItem.addActionListener(this);
        setBounds(100,100,150,150);
        setVisible(true);
        validate();
    }
    @Override
    public void actionPerformed(ActionEvent arg0){
        //TODO Auto-generated method stub
        System.exit(0);
    }
}
public class MyMenuBar {
    public static void main(String[] args){
        //TODO Auto-generated method stub
        new WindowExit();
    }
}
```

程序运行结果如图 17-14 所示。

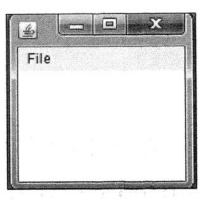 

(a) 菜单栏、菜演示结果　　　(b) 菜单栏、菜演示结果

图 17-14　菜单栏、菜单演示结果

单击菜单项 Exit 或者按 Ctrl+E 键程序结束,效果等同于退出。

## 17.3　Swing 组件

在 Java 的图形界面编程中的另外一套组件库就是 Swing 组件库,这套组件库位于
javax.swing 包中,也是 JDK 基础类库的一部分。

Swing 组件是用纯的 Java 语言编写而成的,不依赖于本地系统的组件库,所以 Swing
组件库具有更好的跨平台性。

Swing 组件库中包括的组件大致的类结构如图 17-15 所示。

在 Swing 组件库中只提供了一些组件类型,对于布局管理、事件处理机制都是沿用

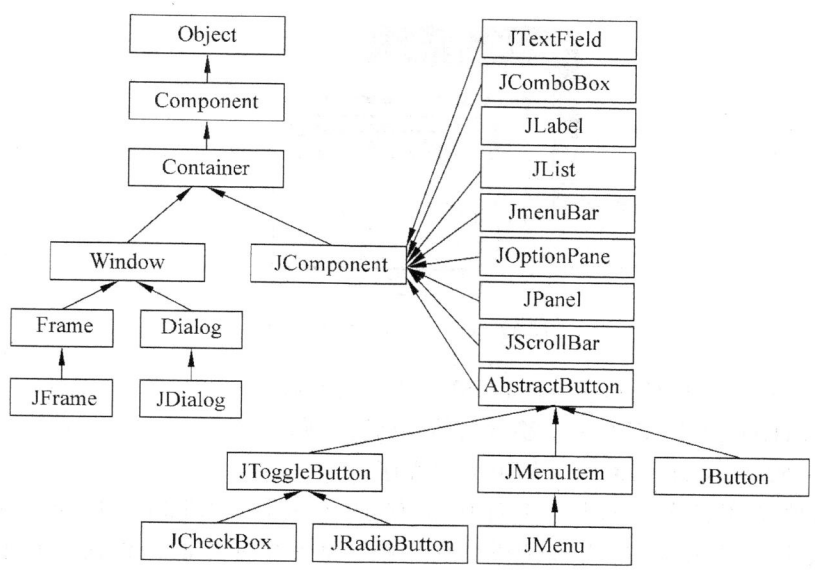

图 17-15　Swing 组件库的类图结构

AWT 中的机制。

Swing 组件库中所有组件的根父类是 javax. swing. JComponent，Swing 组件库是一套与 AWT 对应的组件库，即在 AWT 中有的一些组件的构造型，在 Swing 中也有。下面简单介绍一些常用的组件。

（1）JFrame：是 Swing 界面的最顶层元素，即顶层容器类，与 AWT 中的 Frame 类似，与 AWT 中 Frame 的最大区别在于 JFrame 不能通过 add()方法直接添加组件，也不能直接通过 setLayout()方法设置窗口的布局。例如以下非法代码：

```
JFrame jFrame=new JFrame("Hello");
jFrame.setLayout(new GridLayout(2,1));
jFrame.add(jLabel);
jFrame.add(jButton);
```

原因就在于每个 JFrame 都有一个与之关联的内容面板（contentPane），设置 JFrame 的布局或者给 JFrame 添加组件都要操作其内容面板才可以，例如：

```
JFrame jFrame=new JFrame("Hello");
//获得与 JFrame 关联的 contentPane,
//contentPane 默认的布局管理器为 BorderLayout
Container contentPane=jFrame.getContentPane();
contentPane.setLayout(new GridLayout(2,1));
contentPane.add(jLabel);
contentPane.add(jButton);
```

JFrame 的基本层次结构如图 17-16 所示。

JFrame 与 Frame 的另一个区别是，JFrame 可以直接调用 setDefaultCloseOperation
(int operation)方法来设定如何响应用户关闭窗体的操作，其中参数可选值：

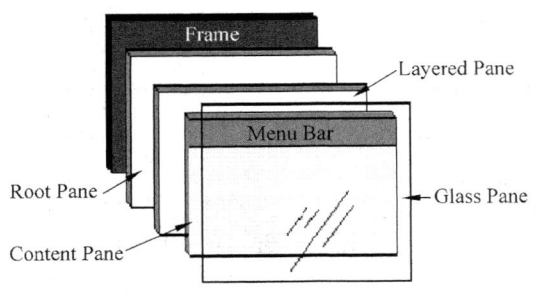

图 17-16　JFrame 层次结构

JFrame. DO_NOTHING_ON_CLOSE：什么也不做。

JFrame. HIDE_ON_CLOSE：隐藏窗体，默认选项。

JFrame. EXIT_ON_CLOSE：结束应用程序。

（2）其他常用组件：Swing 组件中还有 JPanel、JTextField、JButton、JComboBox、JCheckBox、JRadioButton 等，这些组件的使用跟 AWT 中对应的组件使用基本一致，每个组件的详细使用可以参考 API，这里不再赘述。

关于布局管理器以及事件模型在前面都已介绍过，在此也不再赘述。

【例 17-11】　Swing 构造登录界面示例程序。

```java
public class LoginFrame extends JFrame {
    private static final long serialVersionUID=1L;
    private JButton loginButton;
    private JButton resetButton;
    private JLabel userNameLabel;
    private JLabel passwordLabel;
    private JTextField userNameText;
    private JTextField passwordText;
    public LoginFrame(){
        Container contentPane=this.getContentPane();
        contentPane.setLayout(new GridLayout(3,2));
        setVisible(true);
        loginButton=new JButton("login");
        resetButton=new JButton("reset");
        userNameLabel=new JLabel("userName:");
        passwordLabel=new JLabel("password:");
        userNameText=new JTextField();
        passwordText=new JTextField();
        contentPane.add(userNameLabel);
        contentPane.add(userNameText);
        contentPane.add(passwordLabel);
        contentPane.add(passwordText);
        contentPane.add(loginButton);
        contentPane.add(resetButton);
        this.setSize(200,200);
```

```
        this.setContentPane(contentPane);
        this.setDefaultCloseOperation(JFrame.EXIT_
        ON_CLOSE);
    }
    public static void main(String[] args){
        //TODO Auto-generated method stub
        new LoginFrame();
    }
}
```

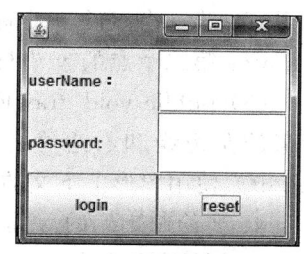

图 17-17　Swing 简单程序示例

程序运行的结果如图 17-17 所示。

# 17.4　Java 中的 AWT 绘图

在上面章节中介绍的都是 Java 提供的现成的图形类库,只需要借助这些类库就可以构造比较精致的图形界面,但在有些情况下还需要一些特殊的图形,Java 中提供了专门的 AWT 绘图功能,使用图形环境可以在屏幕上绘图,图形对象通过控制如何绘制图形来管理图形环境。图像对象包含绘图、字体控制、颜色控制等方法。

Java 中用来实现绘图的类主要是 Graphics,Graphics 类是所有图形上下文的抽象基类,Graphics 类实例化的对象代表画笔,封装了 Java 支持的基本呈现操作所需的状态信息,提供了绘制各种图形的方法,可以在组件的坐标系内绘制图形、图像等。

Graphics 提供的基本的绘制文本和图形的方法如下。

(1) public void drawstring(String str,int x,int y)。使用此图形上下文的当前字体和颜色绘制由指定 string 给定的文本。最左侧字符的基线位于此图形上下文坐标系的(x,y)位置处。参数含义如下。

str:要绘制的 string。

x:x 坐标。

y:y 坐标。

(2) public drawChars(char[] data,int offset,int length,int x,int y)。使用此图形上下文的当前字体和颜色绘制由指定字符数组给定的文本。首字符的基线位于此图形上下文坐标系的（x,y）位置处。参数含义如下。

data:要绘制的字符数组。

offset:数据的初始偏移量。

length:要绘制的字符数。

x:文本基线的 x 坐标。

y:文本基线的 y 坐标。

(3) public void setFont(Font font)。将此图形上下文的字体设置为指定字体。使用此图形上下文的所有后续文本操作均使用此字体。忽略 null 参数。

(4) public void drawLine(int x1,int y1,int x2,int y2)。在此图形上下文的坐标系中,使用当前颜色在点（x1,y1）和（x2,y2）之间画一条线。参数含义如下。

x1:第一个点的 x 坐标。

y1：第一个点的 y 坐标。

x2：第二个点的 x 坐标。

y2：第二个点的 y 坐标。

（5）public void drawRect(int x,int y,int width,int height)。绘制指定矩形的边框。矩形的左边缘和右边缘分别位于 x 和 x＋width。上边缘和下边缘分别位于 y 和 y＋height。使用图形上下文的当前颜色绘制该矩形。参数含义如下。

x：要绘制矩形的 x 坐标。

y：要绘制矩形的 y 坐标。

width：要绘制矩形的宽度。

height：要绘制矩形的高度。

（6）public void fillRect(int x,int y,int width,int height)。填充指定的矩形。该矩形左边缘和右边缘分别位于 x 和 x＋width－1。上边缘和下边缘分别位于 y 和 y＋height－1。得到的矩形覆盖 width 像素宽乘以 height 像素高的区域。使用图形上下文的当前颜色填充该矩形。参数含义如下。

x：要填充矩形的 x 坐标。

y：要填充矩形的 y 坐标。

width：要填充矩形的宽度。

height：要填充矩形的高度。

（7）public void drawRoundRect(int x, int y, int width, int height, int arcWidth, int arcHeight)。用此图形上下文的当前颜色绘制圆角矩形的边框。矩形的左边缘和右边缘分别位于 x 和 x ＋ width。矩形的上边缘和下边缘分别位于 y 和 y ＋ height。参数含义如下。

x：要绘制矩形的 x 坐标。

y：要绘制矩形的 y 坐标。

width：要绘制矩形的宽度。

height：要绘制矩形的高度。

arcWidth：4 个角弧度的水平直径。

arcHeight：4 个角弧度的垂直直径。

（8）public void fillRoundRect(int x, int y, int width, int height, int arcWidth, int arcHeight)。用当前颜色填充指定的圆角矩形。矩形的左边缘和右边缘分别位于 x 和 x＋width－1。矩形的上边缘和下边缘分别位于 y 和 y＋height－1。

x：要填充矩形的 x 坐标。

y：要填充矩形的 y 坐标。

width：要填充矩形的宽度。

height：要填充矩形的高度。

arcWidth：4 个角弧度的水平直径。

arcHeight：4 个角弧度的垂直直径。

（9）public void drawOval(int x,int y,int width,int height)。绘制椭圆的边框。得到一个圆或椭圆,它刚好能放入由 x、y、width 和 height 参数指定的矩形中。椭圆覆盖区域的

宽度为 width+1 像素,高度为 height+1 像素。参数含义如下。

  x：要绘制椭圆的左上角的 x 坐标。

  y：要绘制椭圆的左上角的 y 坐标。

  width：要绘制椭圆的宽度。

  height：要绘制椭圆的高度。

  (10) public viod fillOval(int x,int y,int width,int height)。使用当前颜色填充外接指定矩形框的椭圆。参数含义如下。

  x：要填充椭圆的左上角的 x 坐标。

  y：要填充椭圆的左上角的 y 坐标。

  width：要填充椭圆的宽度。

  height：要填充椭圆的高度。

  (11) public void drawArc(int x, int y, int width, int height, int startAngle, int arcAngle)。绘制一个覆盖指定矩形的圆弧或椭圆弧边框。参数含义如下。

  x：要绘制弧的左上角的 x 坐标。

  y：要绘制弧的左上角的 y 坐标。

  width：要绘制弧的宽度。

  height：要绘制弧的高度。

  startAngle：开始角度。

  arcAngle：相对于开始角度,弧跨越的角度。

  (12) public void fillArc(int x, int y, int width, int height, int startAngle, int arcAngle)。填充覆盖指定矩形的圆弧或椭圆弧。参数含义如下。

  x：要填充弧的左上角的 x 坐标。

  y：要填充弧的左上角的 y 坐标。

  width：要填充弧的宽度。

  height：要填充弧的高度。

  startAngle：开始角度。

  arcAngle：相对于开始角度,弧跨越的角度。

  (13) public void drawPolygon(int[] xPoints,int[] yPoints,int nPoints)。绘制一个由 x 和 y 坐标数组定义的闭合多边形。每对 (x,y) 坐标定义一个点。参数含义如下。

  xPoints：x 坐标数组。

  yPoints：y 坐标数组。

  nPoints：点的总数。

  (14) public void fillPolygon(int[] xPoints,int[] yPoints,int nPoints)。填充由 x 和 y 坐标数组定义的闭合多边形。参数含义如下。

  xPoints：x 坐标数组。

  yPoints：y 坐标数组。

  nPoints：点的总数。

  (15) public void clearRect(int x,int y,int width,int height)。通过使用当前绘图表面的背景色进行填充来清除指定的矩形。此操作不使用当前绘图模式。参数含义如下。

x：要清除矩形的 x 坐标。

y：要清除矩形的 y 坐标。

width：要清除矩形的宽度。

height：要清除矩形的高度。

Graphics 能绘制这么多形状，那么在程序中如何获得 Graphics 对象呢？

AWT 中所有组件的父类是 Component，在 Component 类中定义了一个 paint()方法，此方法有一个参数为 Graphics 类型。当程序中构建组件时会自动调用 Component 的 paint()方法，所以只需要在 paint 方法中调用 Graphics 对象绘制想要的图形即可。

【例 17-12】 绘制圆角矩形、椭圆形和多边形等基本图形，并使用填充圆弧技术绘制一个太极图。

```java
public class MyPaint extends Frame {
    public MyPaint(){
        //TODO Auto-generated constructor stub
        this.setSize(200,200);
        this.setVisible(true);
    }
    public void paint(Graphics g){
        g.drawOval(15,30,100,100);
        g.drawRoundRect(120,40,90,60,50,30);
        g.setColor(Color.BLACK);
        g.fillArc(15,30,100,100,-90,-180);
        g.setColor(Color.WHITE);
        g.fillArc(15,30,100,100,-90,180);
        g.fillArc(40,30,50,50,-90,-180);
        g.setColor(Color.BLACK);
        g.fillOval(55,45,20,20);
        g.fillArc(40,80,50,50,90,-180);
        g.setColor(Color.WHITE);
        g.fillOval(55,95,20,20);
        g.setColor(Color.BLACK);
        int[] px={ 80,85,170 };
        int[] py={ 170,200,60 };
        g.drawPolygon(px,py,3);
    }
    public static void main(String[] args){
        //TODO Auto-generated method stub
        new MyPaint();
    }
}
```

图 17-18　Graphics 绘图示例结果

程序运行的结果如图 17-18 所示。

# 17.5 练 习

1. Java 中最初的 GUI 组件名称是_____。

2. Java 中的 AWT 组件库按照组件是否可以容纳其他组件可以分为_____和_____。

3. 从 JButton 继承编写一个新的按钮。每当按钮按下时,弹出一个选择颜色的对话框(参考 JDK 中的 JColorChooser 类的使用)。

4. 使用 Swing 组件库设计一个如图 17-19 所示的界面。

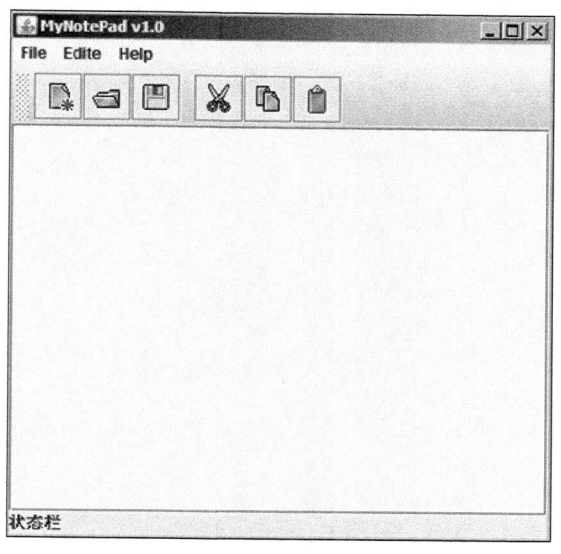

图 17-19 第 4 题运行界面

5. 拓展练习:创建一个骰子类,创建 5 个骰子并重复掷骰子,使用 Java 的 AWT 绘图机制绘制出一条表示每次掷骰子的点数综合的曲线,然后动态地展示这条曲线。

6. 课后阅读:由于在使用图形界面编程时最容易犯的错误之一就是意外地使用了时间分发线程来运行长任务。学有余力的同学可以研究一些 Swing 与并发编程相结合的知识。

扩 展 篇

# 第 18 章 反　　射

本章学习目标：

(1) 了解什么是动态编程语言。

(2) 掌握 Java 反射机制的原理。

(3) 掌握 Java 反射机制中核心的类及其使用。

(4) 了解 Java 反射的应用场景。

## 18.1　Java 反射机制的基本原理

在程序开发语言中，一般认为：程序运行时，允许改变程序结构或变量类型的语言称为动态语言，从这个观点看 Perl、Python、Ruby 是动态语言，C++、Java、C♯ 不是动态语言。尽管从这个意义上说 Java 不属于动态语言，但是"动态"一词其实没有绝对而普遍适用的严格定义，有时甚至像当初对象被导入编程领域一样，"一人一把号，各吹各的调"。所以有的人也喜欢把 Java 称为动态编程语言。Java 的动态性主要体现在它特有的一种动态机制——反射机制(Reflection)。

在运行状态中，对于任意一个类，都能够知道其所有属性和方法；对于任意一个对象，都能够调用其任意一个方法，这种动态获取信息以及动态调用对象的方法的功能称为 Java 语言的反射机制。

从 Java 反射的定义里可以提炼出 Java 反射提供的功能：

(1) 在运行时判断任意一个对象所属的类型。

(2) 在运行时构造任意一个类的对象。

(3) 在运行时判断任意一个类所具有的成员变量和方法。

(4) 在运行时调用任意一个对象的方法。

Java 的反射提供了这么多的功能，那么 Java 的反射是如何实现的呢？这就涉及 JVM 在运行时对内存的分配和管理，Java 程序运行时数据区可以分为 5 个部分：程序计数器、Java 虚拟机栈区、本地方法栈区、堆区和方法区。

(1) 程序计数器。程序计数器是一块较小的内存空间，它的作用可以看作是当前线程所执行的字节码的行号指示器。如执行字节码指令、分支、循环、跳转、异常处理、线程恢复等基础功能。

(2) Java 虚拟机栈区。JVM 中的每个线程在创建的时候，都会创建一个栈。一个栈包含很多栈桢。栈帧用来存储局部变量表(存放编译器的各种基本数据类型，如 boolean、byte、char、short、int、float、long、double；对象引用——不同虚拟机存储的不同——如指向对象起始地址的引用指针或者是代表对象的句柄；returnaddress 类型)、操作栈、动态链接、方法出口等信息。

在 Java 虚拟机规范中，对这个区域规定了两种异常状况。

① 如果线程请求的栈深度大于虚拟机所允许的深度,将抛出 StackOverflowError 异常。

② 如果 JVM 栈可以动态扩展,当扩展时无法申请到足够内存(或者在初始化新线程时没有足够内存再创建栈),则抛出 OutOfMemoryError 异常。

(3) 本地方法栈区。本地方法栈和 Java 虚拟机栈的作用类似。只是 Java 虚拟机栈是为执行 Java 方法(也就是字节码)服务,本地方法栈则为虚拟机使用到的 native 方法服务。

(4) 堆区。JVM 有一个在所有线程内共享的堆。堆是给所有类的实例和数组分配内存的运行时数据区。堆在虚拟机启动的时候创建,堆中储存的对象通过一个自动存储管理系统(垃圾回收器)进行回收。Java 的堆区是垃圾收集器管理的主要区域,也称为"GC 堆"。

当 Java 虚拟机装载某类型时,类装载器会定位相应的 class 文件,然后将其读入到虚拟机中,并提取 class 中的类型信息,信息会存储到方法区中。正是由于有了方法区存储的类型信息,所以在程序运行时就可以动态地获取类型的信息,调用类中的方法,并可以动态地创建某类型的实例。

(5) 方法区。JVM 的方法区是所有线程共享的,方法区类似于传统语言编译代码时的存储区域或类似于操作系统进程的文本段。方法区中存储的主要内容包括每一个类的结构,如运行时常量池,属性和方法的数据;方法和构造器的代码,如用于类和接口实例初始化的特殊方法。这个方法区在 JVM 启动的时候被创建,一般情况下 JVM 不会选择对方法区进行垃圾回收或者压缩。JVM 运行时会调用类加载器加载每一个类的信息,并将这些信息存储在方法区内,即 JVM 每加载一个类信息会创建一个 Class 类的实例,并将其存储在方法区。有了类型的信息,在程序运行时就可以动态地创建类的对象,动态地调用对象的属性和方法。

除了 Class 类以外,Java 反射机制中还涉及的类有 Field、Constructor、Method。下面就对这些类做一个简单说明。

① Class:表示正在运行的 Java 应用程序中的类和接口。

如果想获得一个类型(或者一个对象所属类型)的 Class 对象,可以通过以下方法:

通过调用对象的 getClass()方法(此方法从 Object 类继承,所有的类和对象都有此方法);通过 Class 的 getSuperClass()方法(通过子类的 Class 对象获得父类的 Class 对象);通过 Class 的静态 forName("类名")方法(通过类名获得类型的 Class 对象)。

对于包装器类型,通过类名.TYPE 属性。

只要能获得类型对应的 Class 对象,即可以动态地调用此类中的所有的方法和属性,也可以动态地创建类型的实例。

Class 类中常用的方法如下。

- public static Class forName(String className):返回与带有给定字符串名的类或接口相关联的 Class 对象。
- public Constructor[] getConstructors():返回一个包含某些 Constructor 对象的数组,这些对象反映此 Class 对象所表示的类的所有公共构造方法。
- public Constructor getConstructor(Class<?> … parameterTypes):返回一个 Constructor 对象,它反映此 Class 对象所表示的类的指定公共构造方法。
- public Method[] getMethods():返回一个包含某些 Method 对象的数组,这些对象

反映此 Class 对象所表示的类或接口（包括那些由该类或接口声明的以及从超类和超接口继承的那些类或接口）的公共 member 方法。

- public Method getMethod(String name，Class＜？＞⋯ parameterTypes)：返回一个 Method 对象，它反映此 Class 对象所表示的类或接口的指定公共成员方法。
- public String getName()：以 String 的形式返回此 Class 对象所表示的实体（类、接口、数组类、基本类型或 void)名称。
- public Class getSuperclass()：返回表示此 Class 所表示的实体（类、接口、基本类型或 void)的超类的 Class。
- public Field[] getFields()：返回一个包含某些 Field 对象的数组，这些对象反映此 Class 对象所表示的类或接口的所有可访问公共字段。
- public Field getField(String name)：返回一个 Field 对象，它反映此 Class 对象所表示的类或接口的指定公共成员字段。
- public T newInstance()：创建此 Class 对象所表示的类的一个新实例。

② Field：提供有关类或接口的属性的信息，以及对它的动态访问权限。某类型中的一个属性在方法区被表示为一个 Field 类型的对象，要想获得一个类型所有的属性对应的 Field 对象需要通过 Class 对象的 getFields()方法，返回值是一个 Field 数组，其中每一个元素代表类型中的一个属性。

Field 类中常用的方法如下。

- public Object get(Object obj)：返回指定对象上此 Field 表示的字段的值。
- public String getName()：返回此 Field 对象表示的字段的名称。
- public Class getType()：返回一个 Class 对象，它标识了此 Field 对象所表示字段的声明类型。

③ Constructor：提供关于类的单个构造方法的信息以及对它的访问权限。某类型中定义的一个构造方法在方法区被表示为一个 Constructor 类型的对象，要想获得一个类型所有的构造方法对应的 Constructor 对象，需要通过 Class 对象的 getConstructors()方法，返回值是一个 Constructor 数组，其中每一个元素代表类型中的一个构造方法。

Constructor 中常用的方法如下。

- public String getName()：以字符串形式返回此构造方法的名称。
- public Class[] getParameterTypes()：按照声明顺序返回一组 Class 对象，这些对象表示此 Constructor 对象所表示构造方法的形参类型。
- public T newInstance(Object⋯initargs)：使用此 Constructor 对象表示的构造方法来创建该构造方法的声明类的新实例，并用指定的初始化参数初始化该实例。

④ Method：提供关于类或接口上某个方法的信息。某类型中定义的一个方法在方法区被表示为一个 Method 类型对象，要想获得一个类型所有的方法对应的 Method 对象需要通过 Class 对象的 getMethods()方法，返回值是一个 Method 数组，其中每一元素代表类型中定义的一个方法。

Method 类中常用的方法如下。

- public String getName()：以 String 形式返回此 Method 对象表示的方法名称。
- public Class getReturnType()：返回一个 Class 对象，该对象描述了此 Method 对

象所表示的方法的正式返回类型。

- public Class[] getParameterTypes()：按照声明顺序返回一组 Class 对象，这些对象表示此 Method 对象所表示的方法的形参类型。
- public Object invoke(Object obj, Object…args)：对指定对象调用由此 Method 对象表示的底层方法，并传递方法所需参数。

# 18.2 Java 反射机制的应用

程序开发中有时候会碰到这样的情况，在写程序的时候并不知道需要调用对象的哪个方法，只有程序运行后才能够知道。或许需要根据客户端传过来的某个 String 参数的值来判断应该执行哪个方法。在这种情况下 Java 的反射执行就可以帮上忙了。

在第 17 章所述 JDBC 数据库访问技术中就使用 Java 的反射机制动态加载数据库驱动。使用 Java 的反射机制动态加载数据库驱动的好处就在于，当更换数据库的类型和品牌时，程序不需要做任何的修改，从而增加代码的可重用性和易维护性。

Java 的反射机制的特性决定了它主要应用在通用编程（框架编程）中。所谓的通用编程就是在程序开发中很多地方为了开发的快捷，总工程师会要求尽量为一组功能相仿的模块写通用的代码，这样可以最大程度地减少工作量。通用程度高，可复用程度高的代码写起来会很耗时耗力，但这是一劳永逸的事情。

在动态代理设计模式中大量地使用了 Java 的反射，目前比较流行的 Java 企业应用开发的框架 Struts、Hibernate、ibatis、Spring 等无不使用了 Java 的反射。

下面列举几个使用 Java 反射实现的通用编程的例子。

【例 18-1】 使用 Java 的反射实现动态创建 SQL 语句的通用程序。

要求：给定数据库连接信息，写一个通用的类，调用此类可以对数据库中任意表进行增删改查，并能将结果以对象形式返回。

数据源类代码如下：

```
public class ConnectionManager {
    private Properties properties;
    public Connection getConnection(){
        init();
        Connection connection=null;
        try {
            Class.forName(properties.getProperty("dbDriver"));
            connection=DriverManager.getConnection(properties
                    .getProperty("dbURL"),properties.getProperty("user"),
                    properties.getProperty("password"));
        } catch(ClassNotFoundException e){
            e.printStackTrace();
        } catch(SQLException e){
            e.printStackTrace();
        }
        return connection;
```

```
        }
        private void init(){
            InputStream is=
                        getClass().getResourceAsStream("/db.properties");
            properties=new Properties();
            try {
                properties.load(is);
            } catch(Exception e){
                e.printStackTrace();
            }
        }
    }
```

db.properties 属性文件的内容如下：

```
dbDriver=com.mysql.jdbc.Driver
dbURL=jdbc:mysql://127.0.0.1:3306/02-02?useUnicode=true&characterEncoding=UTF-8
user=root
password=
```

使用 Java 的反射机制实现通用生成 SQL 语句，完成数据库操作并得到返回结果的类
代码如下：

```
public class Dao {
    ConnectionManager cm=new ConnectionManager();
    //select 语句的生成和执行
    public List select(String className){
        List list=new ArrayList();
        int lastIndexOf=className.lastIndexOf(".");
        //通过类名得到表名,动态生成查询的 SQL 语句
        String sql =" select  *  from " + className. substring (lastIndexOf + 1).
        toLowerCase();
        Connection connection=cm.getConnection();
        Field[] fields=null;
        Class forName=null;
        Method[] methods=null;
        try {
            forName=Class.forName(className);
            fields=forName.getDeclaredFields();
            //得到类中所有的属性
        } catch(ClassNotFoundException e1){
            e1.printStackTrace();
        }
        try {
            PreparedStatement ps=connection.prepareStatement(sql);
            ResultSet res=ps.executeQuery();
                //检索的结果封装成一个一个的类对象
```

```java
        while(res.next()){
            Object o=forName.newInstance();
            //反射机制创建对象
            //封装对象的属性
            for(int i=0; i<fields.length; i++){
                Class type=fields[i].getType();
                String fileName=fields[i].getName();
                String name="set"
                        +fileName.substring(0,1).toUpperCase()
                        +fileName.substring(1);
                Method m=forName.getDeclaredMethod(name,type);
                String typename=type.getName();
                int lastIndexOf2=typename.lastIndexOf(".");
                if(typename.substring(lastIndexOf2+1).equals("String")){
                    m.invoke(o,res.getString(fileName));
                }else if(typename.substring(lastIndexOf2+1).equals("Integer")){
                    m.invoke(o,res.getInt(fileName));
                }
            }
            list.add(o);
        }
    } catch(SQLException e){
        e.printStackTrace();
    } catch(InstantiationException e){
        e.printStackTrace();
    } catch(IllegalAccessException e){
        e.printStackTrace();
    } catch(IllegalArgumentException e){
        e.printStackTrace();
    } catch(InvocationTargetException e){
        e.printStackTrace();
    } catch(SecurityException e){
        e.printStackTrace();
    } catch(NoSuchMethodException e){
        e.printStackTrace();
    }
    return list;
}
//insert 语句的生成和执行
    public boolean insert(String className){
        int lastIndexOf=className.lastIndexOf(".");
        Connection connection=cm.getConnection();
        String sql="insert into "+className.substring(lastIndexOf+1).toLowerCase
        ()+"(";
        Field[] fields=null;
```

```
        Class forName=null;
        try {
            forName=Class.forName(className);
            //得到类所有的属性,并动态拼装 SQL 语句
            fields=forName.getDeclaredFields();
            System.out.println(fields.length);
            for(int i=0; i<fields.length; i++){
                sql+="'"+fields[i].getName()+"',";
            }
        } catch(ClassNotFoundException e1){
            e1.printStackTrace();
        }
        sql=sql.substring(0,sql.length()-1);
        sql+=")values(";
        for(int i=0; i<fields.length; i++){
            sql+="?,";
        }
        sql=sql.substring(0,sql.length()-1);
        sql+=")";
        System.out.println(sql);
        PreparedStatement ps;
        try {
            ps=connection.prepareStatement(sql);
        } catch(SQLException e){
            e.printStackTrace();
        }
        return false;
    }
}
//update 语句的生成和执行,读者自己实现
//delete 语句的生成和执行,读者自己实现
```

【例 18-2】 使用 Java 的反射实现解析 XML 动态生成对象的程序。

要求:实现一个类,此类对任意给出的 XML 格式的数据进行解析,并能动态生成对象以及设置对象的属性。

```
public class ParseXMLToObject {
    @SuppressWarnings("unchecked")
public List getObject(String name,String path,String className){
        DocumentBuilderFactory dbf=
                DocumentBuilderFactory.newInstance();
        dbf.setIgnoringElementContentWhitespace(true);
        DocumentBuilder db=null;
        Document doc=null;
        InputStream is=null;
        try {
```

```
            List list=new ArrayList();
            db=dbf.newDocumentBuilder();
            is=
              new FileInputStream(this.getClass().getResource(path)
                    .getPath());
            doc=db.parse(is);
            //根据要取的对象名称获取相应的结点列表
            NodeList nodes=doc.getElementsByTagName(name);
            if(nodes==null){
            System.out.println("null nodes with tagName"+name);
        }

            for(int i=0; i<nodes.getLength(); i++){
                Element node=(Element)nodes.item(i);
                Class cls=Class.forName(className);
                Object obj=cls.newInstance();
                //获取结点下的所有子结点
                NodeList childs=node.getChildNodes();
                if(childs==null){
                    System.out.println("null childs");
                }
                for(int j=0; j<childs.getLength(); j++){
                    if(!childs.item(j).getNodeName().equals("#text")){
                        Element child=(Element)childs.item(j);
                        String childName=child.getNodeName();
                        String type=child.getAttribute("type");
                        String value=child.getAttribute("value");
                        Object valueObj=typeConvert(type,value);
                        String methodName="set"
                                +Character.toUpperCase(childName.charAt(0))
                                +childName.substring(1);
                        System.out.println("methodName="+methodName
                                +",class="+Class.forName(type));
                        Method method=cls.getMethod(methodName,
                                Class.forName(type));
                        method.invoke(obj,new Object[] { valueObj });
                    }
                }
                list.add(obj);
            }
            return list;
    } catch(Exception e){
        //TODO Auto-generated catch block
        e.printStackTrace();
        return null;
    }
}
```

```
        }
        //此方法用于将一个字符串转换为相应的数据类型
        @SuppressWarnings("deprecation")
        public Object typeConvert(String className,String value){
            if(className.equals("java.lang.String")){
                return value;
            } else if(className.equals("java.lang.Integer")){
                return Integer.valueOf(value);
            } else if(className.equals("java.lang.Long")){
                return Long.valueOf(value);
            } else if(className.equals("java.lang.Boolean")){
                return Boolean.valueOf(value);
            } else if(className.equals(" java.util.Date")){
                return new Date(value);
            } else if(className.equals("java.lang.Float")){
                return Float.valueOf(value);
            } else if(className.equals("java.lang.Double")){
                return Double.valueOf(value);
            } else
                return null;
        }
}
```

测试程序：创建 Subject 类，以及对应的 subjects.xml 文件，具体内容如下。
Subject.java 文件：

```
public class Subject {
    private String port;
    private String servletName;
    public String getPort(){
        return port;
    }
    public void setPort(String port){
        this.port=port;
    }
    public String getServletName(){
        return servletName;
    }
    public void setServletName(String servletName){
        this.servletName=servletName;
    }
    public Subject(){
    }
    @Override
    public String toString(){
        //TODO Auto-generated method stub
```

```
        return port+" ,"+servletName;
    }
}
```

Subjects. xml 文件：

```
<?xml version="1.0" encoding="UTF-8"?>
<xml-body>
    <subject>
        <port type="java.lang.String" value="4587" />
        <servletName type="java.lang.String"
                        value="com.sp.servlets.Route" />
    </subject>
    <subject>
        <port type="java.lang.String" value="5687" />
        <servletName type="java.lang.String"
                        value="com.sp.servlets.Route" />
    </subject>
    <security>
        <userName type="java.lang.String" value="gogo" />
        <password type="java.lang.String" value="gogo" />
    </security>
</xml-body>
```
测试类：
```
public class Test {
    /**
     * @param args
     */
    public static void main(String[] args){
        ParseXMLToObject pxt=new ParseXMLToObject();
        List list=(List)pxt.getObject("subject","/subjects.xml",
                "com.mengsy.test.Subject");
        Iterator it=list.iterator();
        while(it.hasNext()){
            System.out.println(it.next());
        }
    }
}
```

在 Java 程序中要慎重使用 Java 的反射，因为任何事物都具有两面性，已经体会到了 Java 反射机制的诸多优点，但是它也有缺点，Java 的反射基本上是一种解释操作，即要实时告诉 JVM 做什么，然后 JVM 再执行操作满足要求，这就比直接执行操作慢很多，所以它的执行效率比普通 Java 程序低，在使用时要考虑到它对系统性能的影响，慎重使用。

# 第 19 章　javac、java 命令的使用

本章学习目标：
（1）掌握 Java 编译时源文件的查找路径。
（2）掌握 Java 运行时类的查找路径。
（3）掌握 javac、java 命令的常用参数。

在第 1 章介绍了 Java 的编译时环境和运行时环境，一个 Java 源程序要想运行必须经历编译和运行两步，JDK 提供了编译和运行 Java 程序的工具——javac 和 java。

编译源文件使用 javac 源文件名称.java 空格命令，运行编译生成的字节码文件须使用 java 类名命令。

在本章中作为扩展知识，将介绍 javac、java 两个工具更详细的使用。

## 19.1　JDK 环境配置中的环境变量

在 JDK 的安装过程中有一个步骤是设置环境变量，在第 1 章中已经介绍过，其中设置的环境变量包括 path 和 classpath，path 变量是给操作系统用的，path 的设置是告诉操作系统 javac 和 java 工具的位置所在，所以 path 环境变量中要设置 JDK 的 bin 目录（javac、java 工具都在 bin 目录下）。而 classpath 是给 javac 和 java 工具用的，classpath 的设置是告诉 javac、java 工具编译和运行时需要的类所在的位置，所以 classpath 变量中设置的值为 JDK 的 lib 目录以及当前路径（.）。

也就是说，在执行 javac HelloWorld.java 命令时，javac 会去 classpath 指定的路径中寻找 HelloWorld.java 中用到的类。如果在路径中找到则会编译通过，如果没有找到则会报错。同样，在执行 java HelloWorld 命令时，java 会去 classpath 指定的路径中寻找 HelloWorld 类以及它所用到的其他的类，如果在路径中找到，则运行程序并显示结果；如果没找到，则会报错。

注意：classpath 是 javac、java 工具寻找类时所查找的路径，而并不是寻找源文件（.java）的路径（这个很重要，后面小节中要用到）。

## 19.2　javac 命令

javac 命令是 JDK 中的编译工具，最基本的使用是 javac 后面直接跟源文件名称（包括扩展名）。但是 javac 工具的使用还可以携带一些特殊的参数来表达特殊的含义，生成特殊的效果。javac 常用的参数如下。

（1）- help：javac 命令的帮助信息。在命令窗口输入 javac - help，回车，命令窗口中会列出所有 javac 命令的使用以及帮助信息，如图 19-1 所示。

（2）-d：指定生成类文件的目录，格式 javac - d ＜目录＞。通过 javac - help 的帮助

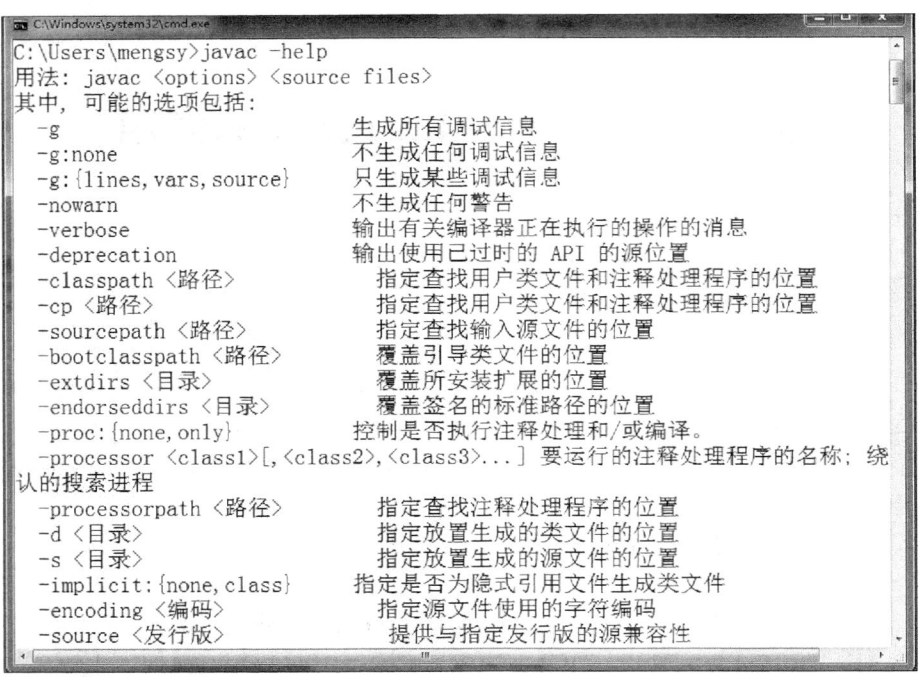

图 19-1　javac -help 显示结果

信息也可以看到-d 参数的基本使用规则。javac 命令编译生成的字节码文件默认会与源文件在同一目录下,但为了利于代码的维护和管理,一般开发中会将源文件与字节码文件分开放置,包括集成开发工具 Eclipse 也是将源文件和字节码文件分别放在不同的文件夹中(源文件在 src 目录下,字节码文件在 bin 目录下)。

若想把生成的字节码文件放在不同于源文件的目录下则可以使用 javac -d 命令。

【例 19-1】　将第 1 章中的 HelloWorld 源程序编译,并将生成的字节码文件放置在 bin 目录下。

使用的命令是 javac -d bin HelloWorld. java。

(3) -cp(或者-classpath):指定查找用户类文件的位置(目录)。这里将用到第 1 节中介绍的 classpath 环境变量的知识,这里的-cp 参数的使用与环境变量中的 classpath 的配置作用是一致的。若当前编译的 Java 源文件中所需要的类在 classpath 环境变量指定的路径中找不到,则可以通过-cp 参数重新指定地址来寻找。例如:javac -cp D:/demo HelloWorld. java 所代表的含义是,编译 HelloWorld. java 源文件,并在 D:/demo 路径下寻找 HelloWorld. java 文件中用到的 Java 类。需要注意的是,-cp 参数的设定会覆盖掉 classpath 环境变量的值。

## 19.3　java 命令

java 命令是 JDK 中的运行工具,最基本的使用格式是 java 后面直接跟需要运行的类名。java 命令也可以使用一些特殊的参数来达到特殊的效果。java 命令中常用的一些参数如下:

（1）-help：java 命令的帮助信息。在命令窗口中输入 java -help，回车，命令窗口中会列出所有 java 命令的使用以及帮助信息，如图 19-2 所示。

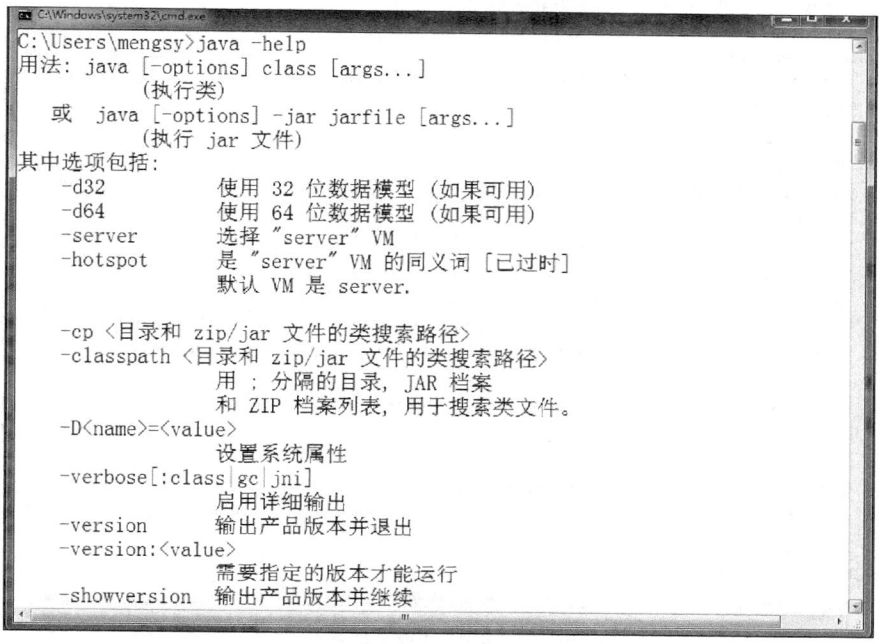

图 19-2　java -help 显示结果

（2）-D：用来设置系统的属性值。通过图 19-2 也可以看到-D 命令的使用信息，基本语法是，java -D 属性名＝属性值 类名。-D 参数主要是给运行某些类时需要的特殊的系统参数赋值。需要特别注意的是-D 参数的格式，-D 与后面跟的属性名＝属性值之间是没有空格的，即是连在一起的。在 SUN 认证的 SCJP 考试中经常会将 java -D 与 javac -d 两个混合起来考查。

【例 19-2】　在程序中获得程序运行所设置的系统属性值。

```java
import java.util.*;
public class HelloWorld{
  public static void main(String[] args){
    Properties p=System.getProperties();
    p.setProperty("myProp","myValue");
    p.list(System.out);
  }
}
```

使用 javac 命令编译源程序，javac -d bin HelloWorld.java。
使用 java 命令运行程序，并设置新的系统属性值：

```
java -DcmpProp=cmpValue   HelloWorld
```

运行的结果如图 19-3 所示。
（3）-cp（或-classpath）：指定查找用户类文件的位置（目录）。这里的-cp 参数与 javac

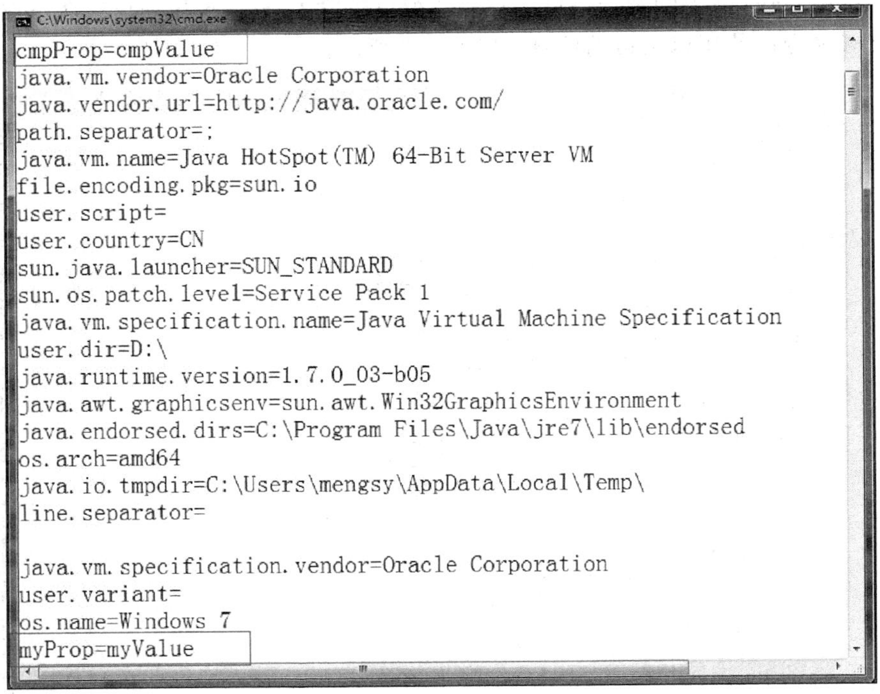

图 19-3　java -D 设置系统属性结果

的-cp 参数的意义是相同的。

它们的区别如下：

javac -cp D:/bin HelloWorld. java 是在 D:/bin 目录下查找 HelloWorld. java 中使用到的类。

java -cp D:/bin HelloWorld 是在 D:/bin 目录下查找 HelloWorld 以及 HelloWorld 中使用到的类。代表的含义是,运行 D：/bin 目录下的 HelloWorld 类文件,并在 D:/bin 路径下寻找 HelloWorld 类中用到的 Java 类。

关于 javac 和 java 工具中的参数-cp 的使用是非常头疼的事情,尤其是结合上源文件的分包,以及挎包调用时,更是让初学者理不清头绪。但是只要能把-cp 的真正含义理解透彻,使用中就会游刃有余。

下面结合几个例子帮助读者进一步理解 javac 和 java 命令。

【例 19-3】　给出如下目录结构：

x-|
　|-FindBaz. class
　|-test-|
　　　　|-Baz. class
　　　　|-myApp-|
　　　　　　　|-Baz. class

以下是 FindBaz 的源文件内容：

```
public class FindBaz{
    public static void main(String[] args){
    new Baz();
  }
}
```

test 目录下的 Baz 源文件内容：

```
public class Baz{
    static {
        System.out.println("test/Baz");
    }
}
```

myApp 目录下的 Baz 源文件内容：

```
public class Baz{
    static {
        System.out.println("myApp/Baz");
    }
}
```

如果当前路径是 x，以下命令中哪个命令会让程序的输出结果为"test/Baz"？

```
A .java FindBaz
B.java - classpath test FindBaz
C.java - classpath .;test FindBaz
D.java - classpath .;test/myApp FindBaz
E.java - classpath test;test/myApp FindBaz
F.java - classpath test;test/myApp;. FindBaz
G.java - classpath test/myApp:test;. FindBaz
```

分析程序中的目录结构：java 命令必须同时找到 FindBaz 和位于 test 目录下的 Baz 的版本。"."代表当前路径能找到 FindBaz，而 test 路径必须出现在 test/myApp 之前，否则 java 找到的是另一个版本的 Baz。故正确答案是 C 和 F。

【例 19-4】 给出如下目录结构：

```
test-|
     |-GetJar.java
     |-myApp-|
             |-Foo.java
```

GetJar.java 源文件的内容如下：

```
3.  public class GetJar{
4.    public static void main(String[] args){
5.      System.out.println(Foo.d);
6.    }
7.  }
```

Foo.java 源文件的内容如下：

4.    public class Foo{public static int d=8; }

如果当前路径是 test，以下哪组命令能正确地编译、运行 GetJar 程序，并且运行结果输出"8"？

    A. javac myApp GetJar.java

       java GetJar

    B. javac – classpath myApp GetJar.java

       java-classpath myApp GetJar

    C. javac myApp GetJar.java

       java-classpath myApp GetJar

    D. javac – classpath myApp GetJar.java

       java-classpath myApp；. GetJar

程序分析：从语法上可以排除 A 和 C 是错误的。

当前路径是 test，javac 命令要想编译成功必须能同时找到 GetJar.java 文件和其中用到的 Foo 类，故必须使用 javac myApp GetJar.java 命令。Java 命令要想运行成功必须能找到 GetJar 类以及其中用到的 Foo 类，答案 B 中的 java 命令只能保证找到 Foo 类，而找不到 GetJar 类。故答案 D 正确。

# 第 20 章　JDBC 数据库连接技术

本章学习目标：

（1）理解 JDBC 的概念。

（2）掌握 JDBC 中主要的接口和类。

（3）掌握 JDBC 操作数据库的步骤。

（4）能够使用 JDBC 进行常用的数据库操作。

JDBC(Java DataBase Connectivity)意为 Java 数据库连接技术，是 Java 存取数据库系统的解决方案，是由一组 Java 语言编写的类和接口组成的，是一种用于执行 SQL 语句的 API。

实际上数据库存取是非常复杂的问题，在本章中主要学习 JDBC 的基本 API 的概念和使用。

## 20.1　JDBC 的概念和类型

JDBC 是 Sun 公司提供的一套 Java 程序连接数据库的解决方案，用户可以通过 Java 程序执行几乎所有的数据库操作，JDBC 只提供接口，具体类的实现是用户自己完成的。JDBC 是一种平台无关的设计，所以使用 JDBC 编程的时候不需要关心使用的是什么数据库产品。

JDBC 是由一组 Java 的类库和接口库组成的，如图 20-1 所示。

（1）开发人员遵守 JDBC 规范和接口使得程序能够进行数据库连接，执行 SQL 语句，并得到返回结果。

（2）数据库厂商应该遵循这些规范和接口开发数据库的驱动程序来简化开发。

也就是说，JDBC 编程包括两类：一类是数据库厂商按照 JDBC 的标准编写操作数据库

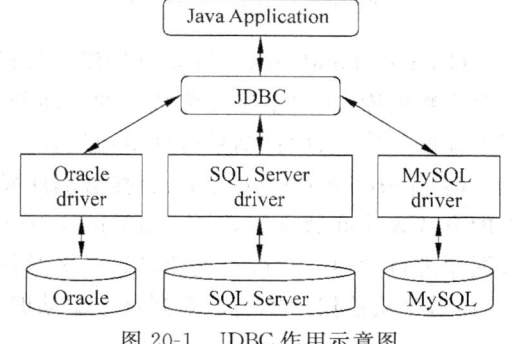

图 20-1　JDBC 作用示意图

的驱动程序，二是由 Java 程序设计人员调用 JDBC 的 API 执行 SQL 操作数据库。

实际上 Java 程序员所写的程序是调用 JDBC 的驱动程序间接操作了数据库，直接操作数据库的是各个厂商提供的 JDBC 的驱动程序。如果要更换数据库基本上只要更换驱动程序，Java 程序重新加载驱动程序即可。

简单地说，JDBC 希望达到的目的是让 Java 程序设计人员在编写数据库操作程序的时候，有个统一的操作接口，无须依赖于特定的数据库 API。

JDBC 的驱动包括 4 种类型：

（1）Jdbc-odbc bridge jabc-odbc 桥驱动模式：这种模式通过将 JDBC 操作转换为 ODBC 操作来实现，对 ODBC 而言，它像普通的应用程序，桥为所有对 ODBC 可用的数据库实现

JDBC,它是由 intersolv 与 Java Soft 联合开发的。由于 ODBC 被广泛使用,该桥的优点是让 JDBC 能够访问几乎所有的数据库。

通过 ODBC 自协议,使用 URL 打开 JDBC 连接即可使用桥。建立连接前,必须将桥驱动程序类 sun.jdbc.odbc.jdbcodbcdriver 添加到名为 jdbc.driver 的 java.lang.system 属性中,或者使用 Java 的类加载器将其显示地加载。

Class.forName("sun.jdbc.odbc.jdbcodbcdriver");加载时,ODBC 驱动程序将创建它自己的实例,同时在 JDBC 驱动程序管理器上注册。

桥驱动程序使用 ODBC 的子协议:jdbc:odbc:[=]*,例如 jdbc:odbc:sybase,并且用户的计算机上必须事先安装好 ODBC 的驱动程序,JDBC-ODBC 桥接驱动程序利用桥接方式将 JDBC 的调用方式转换为 ODBC 驱动程序的调用方式,如图 20-2 所示。

(2) native-API-bridge java 本地 API 模式:这种驱动模式将 JDBC 调用转为本地(Native)程序代码的调用,驱动程序上层封装 Java 程序与 Java 应用程序作沟通,下层以本地语言与数据库进行沟通。下层的函数库是针对特定的数据库设计的,如图 20-3 所示。

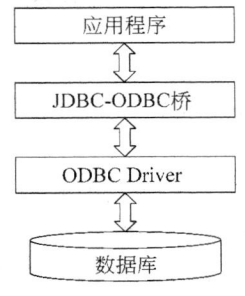

图 20-2　JDBC-ODBC 桥

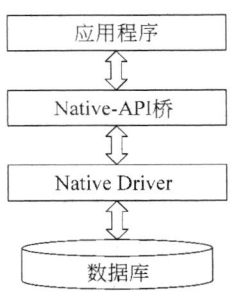

图 20-3　Native-API 桥

(3) java-middleware jdbc 到网络协议模式:这种驱动模式是通过中间件(middleware)来存取数据库,用户不必安装特定的驱动程序,而是调用中间件,由中间件来完成所有的数据库存取动作,然后将结果返回给应用程序,如图 20-4 所示。

(4) pure java driver jdbc 直接数据库模式(重点):前 3 种模式都是通过桥接或者中间件的方式来访问数据库,只有 pure java driver jdbc 驱动使用纯 Java 语言来编写驱动程序与数据库进行沟通。一般这类驱动都是由数据库厂商负责编写的,在程序中需要访问数据库时,只需要从数据库厂商那拿到这个驱动即可,如图 20-5 所示。

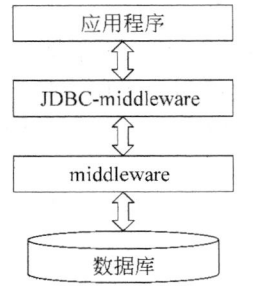

图 20-4　JDBC-middleware 示意图

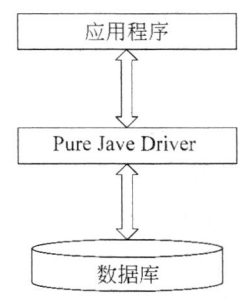

图 20-5　pure Java Driver 示意图

# 20.2　JDBC中主要的类和接口

JDBC中核心的类和接口包括 Driver 接口、DriverManager 类、Connection 类、Statement 类、PreparedStatement 类以及 ResultSet 类等。

(1) Driver 接口：每个 JDBC 数据库驱动程序都会提供 Driver 接口的具体实现，供用程序调用，在 Java 程序开发中如果想连接数据库，必须先加载数据库厂商提供的数据库驱动程序，不同类型的 JDBC 数据库驱动程序在编程时的加载方法也不同。

JDBC 驱动程序加载方法：

```
Class.forName("jdbcdriver_classname").newInstance();
```

对于 MySQL 数据库 jdbcdriver_classname＝com. mysq. jdbc. Driver。

(2) DriverManager 类：是驱动程序的管理类，负责管理 JDBC 驱动程序，使用 JDBC 驱动程序之前必须先将驱动程序加载并向 DriverManager 注册后才可以使用，同时提供方法来建立与数据库的连接。DriverManager 类提供的 getConnection（）函数所返回的 Connection 接口类十分重要，大部分数据库编程工作都要通过 Connection 接口类中提供的各类函数才能进行。Connection 对象代表与指定数据库的连接，即在已经加载的 Driver 驱动和指定的数据库之间建立连接。获得 Connection 对象的示例程序如下：

```
String url="jdbc:mysql://localhost/databaseName";
Connection connection=DriverManager.getConnection(url,username,password);
```

getConnection（）有 3 个重载的方法：

① static Connection getConnection(String url)：和一个通过 URL 指定的数据库建立连接。

② static Connection getConnection(String url,Properties info)：和一个通过 URL 指定的数据库建立连接。Info 提供了一些属性，这些属性里包括 user 和 password 等属性。

static Connection getConnection(String url,String user,String password)：和一个通过 URL 指定的数据库建立连接。传入参数用户名为 user，密码为 password。

(3) Connection 类：主要作用负责维护 Java 应用程序和数据库之间的联机。Connection 类经常使用的函数如下：

public Statement createStatement（）：建立一个 Statement 对象来执行 SQL。

public Statement createStatement(int resultSetType,int resultSetConcurrency)：建立一个 Statement 类实例，并产生指定类型的结果集 ResultSet。

resultSetType 的取值范围如下。

TYPE_FORWARD_ONLY：结果集不可滚动。

TYPE_SCROLL_INSENSITIVE：结果集可滚动，不反映数据库的变化。

TYPE_SCROLL_SENSITIVE：结果集可滚动，反映数据库的变化。

resultSetConcurrency 取值范围如下。

CONCUR_READ_ONLY：不能用结果集更新数据。

CONCUR_UPDATABLE：能用结果集更新数据。

public PreparedStatement preparedStatement(String sql)：建立 PrepareStatement 类对象。

public int getTransactionIsolation()：获取当前 Connection 对象的事务隔离级别。

public void setTransaction()：设置当前 Connection 对象的事务隔离级别。

public void rollback()：取消在当前事务中进行的所有更改，并释放此 Connection 对象当前持有的所有数据库锁。

public void commit()：使所有上一次提交/回滚后进行的更改成为持久更改，并释放此 Connection 对象当前持有的所有数据库锁。

public void close()：关闭连接。

public boolean isClose()：判断连接是否关闭。

public boolean getAutoCommit()：返回 Connection 对象的当前自动提交模式。

public void setAutoCommit(boolean autoCommit)：设定 Connection 对象的自动提交模式设置为给定状态。

设置自动提交模式主要是为了保证事务的原子性，如果将自动提交模式设置为 false，则在程序中需要显示调用 commit()或者 rollback()来进行事务的提交或回滚。具体的操作代码如下所示：

```
conn.setAutoCommit(false);
    try {
        Statement stmt=conn.createStatement();
        stmt.execute(sql1);
          stmt.execute(sql2);
          ⋮
        conn.commit();                          //SQL 执行正常提交事务
    } catch(SQLException e1){
        conn.rollback();                        //SQL 执行异常,回滚事务
    }
```

public DatabaseMetaData getMetaData()：建立 DatabaseMetaData 类对象,该对象包含关于此 Connection 对象所连接的数据库的元数据。

（4）Statement 接口：对数据库的具体操作需要通过 Statement 类或者其子类 PrepareStatement、CallableStatement 来完成。Statement 提供了具体执行 SQL 语句的方法。通过 Connection 对象调用其 createStatement()方法可以获得 Statement 类的实例。

Statement 类提供的常用方法如下。

public ResultSet executeQuery(String sql)：使用 select 命令对数据库进行查询,并返回 ResultSet 结果集。

public int executeUpdate(String sql)：使用 insert/delete/update 命令对数据库进行增、删、改操作。返回结果为命令所影响的数据库的行数。

public boolean execute(String sql)：执行给定的 SQL 语句,该语句可能返回多个结果。如果第一个结果为 ResultSet 对象,则返回 true;如果其为更新计数或者不存在任何结果,则返回 false。

public void close()：结束 Statement 对象和数据库之间的连接。

public int getFetchSize()：获得结果集合的行数。

public int getQueryTimeout：获取驱动程序等待 Statement 对象执行的秒数。

（5）PreparedStatement 接口：是 Statement 的子接口，与 Statement 不同之处在于 PreparedStatement 对象会将传入的 SQL 命令有限编译好等待使用，当有单一的 SQL 命令多次执行时，用 PreparedStatement 类效率会更高。使用 PreparedStatement 有很多优势，总结如下：

① 防止 SQL 注入攻击（使用占位符"?"）。

② 提高 SQL 的执行性能（在执行之前有预处理）。

③ 避免使用 SQL 方言，提高 JDBC 中有关 SQL 代码的可读性。

PreparedStatement 实例要通过 Connection 对象调用 prepareStatement(String sql)方法获得，PreparedStateme 中常用的一些方法（包括 Statement 中的常用方法）如下。

public ResultSetMetaData getMetaData()：获取包含有关 ResultSet 对象列信息的 ResultSetMetaData 对象，ResultSet 对象将在执行此 PreparedStatement 对象时返回。

public void setInt(int parameterIndex, int x)：设定整数类型数值给 PreparedStatement 类对象的 IN 参数。

public void setFloat(int parameterIndex, float x)：设定浮点数类型数值给 PreparedStatement 类对象的 IN 参数。

public void setString(int parameterIndex, String x)：设定字符串类型数值给 Prepared-Statement 类对象的 IN 参数。

public void setDate(int parameterIndex, Date x)：设定日期类型数值给 PreparedStatement 类对象的 IN 参数。

Statement 另外一个子接口 CallableStatement 不仅继承了 Statement 接口，还继承了 PreparedStatement，它是用于执行 SQL 存储过程的接口，但由于存储过程的执行效率问题，在 Java 中已经很少使用存储过程了。

（6）ResultSet 类：负责存储查询数据库的结果，并提供一系列的方法对数据库进行新增、修改或者删除操作。它也负责维护一个记录指针，记录指针指向数据表中的某个记录，通过适当地移动记录指针，可以随心所欲地存取数据库，提高程序的效率。ResultSet 中常用的方法如下。

public boolean absolute(int row)：移动记录指针到指定的记录。

public void beforeFirst()：移动记录指针到第一条记录之前。

public void afterLast()：移动记录指针到最后一条记录之后。

public boolean first()：移动记录指针到第一条记录。

public boolean last()：移动记录指针到最后一条记录。

public boolean isFirst()：判断当前是否第一条记录。

public boolean islast()：判断当前指针是否指向最后一条记录。

public boolean next()：移动记录指针到下一条记录。

public boolean previous()：移动记录指针到上一条记录。

public void deleteRow()：删除记录指针指向的记录。

（7）ResultSetMetaData 接口：可用于获取关于 ResultSet 对象中列的类型和属性信息

的对象。

以下代码片段创建 ResultSet 对象 rs,创建 ResultSetMetaData 对象 rsmd,并使用 rsmd 查找 rs 有多少列,以及 rs 中的第一列是否可以在 WHERE 子句中使用。

ResultSet rs＝stmt. executeQuery("SELECT a,b,c FROM TABLE2");

ResultSetMetaData rsmd＝rs. getMetaData();

int numberOfColumns＝rsmd. getColumnCount();

boolean b＝rsmd. isSearchable(1);

ResultSetMetaData 中常用的方法如下。

public int getColumnCount():获取 ResultSet 对象的字段个数。

public int getColumnName(int column):取得 ResultSet 类对象的字段名称。

public String getColumnTypeName(int column):取得 ResultSet 类对象的字段类型的名称。

public String getTableName(int column):取得 ResultSet 类对象的字段所属数据表的名称。

(8) DatabaseMetaData 接口:保存关于数据库所有的元数据信息。此接口由驱动程序供应商实现。常用方法如下:

public String getDatabaseProductName():获得数据库名称。

public String getDatabaseProductVersion():获得数据库版本代号。

public String getDriverName():获得 JDBC 驱动程序的名称。

public String getURL():获得连接数据库的 JDBC 的 URL。

public String getUserName():获得登录数据库使用的账号。

更多的方法请参考 JDK 的 API。

## 20.3　用 JDBC 进行数据库操作

使用 JDBC 访问数据库是现在 Java 开发企业应用和网站中不可缺少的环节和技术。下面来介绍具体使用 JDBC 的步骤,在今后的程序开发中只要涉及 JDBC 访问数据库就可以套用这一系列步骤。

(1) 利用 JDBC 访问数据,首先要导入数据库的驱动,通过前面章节的介绍可知,不同的数据库所提供的驱动程序是不同的,所以在导入驱动时必须要明确数据库品牌,然后在数据库厂商的官网上下载相应的驱动程序。所有数据库厂商提供的 JDBC 驱动程序都是一个.jar 的压缩文件,只需要将此驱动程序导入到项目的 lib 目录即可。以 MySQL 数据库为例,驱动程序的导入如图 20-6 所示。

(2) 在程序中加载数据库的驱动程序。在程序中为了实现更好的通用性,一般使用 Java 的反射来加载数据库驱动程序类。具体的实现代码如下:

Class. forName ( " com. mysql. jdbc. Driver ").

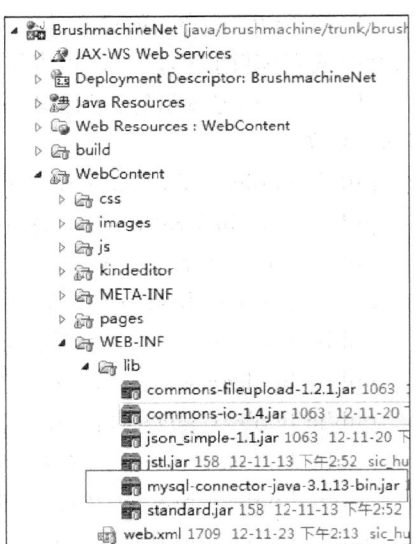

图 20-6　导入数据库驱动示意图

```
newInstance();
```

（3）建立数据库 Connection 对象。数据库 Connection 对象的获得需要通过驱动管理器类（DriverManager）来实现。具体的代码如下：

```
String url="jdbc:mysql://127.0.0.1:3306/"+dbName;
Connection connection=
DriverManager.getConnection(url,username,password);
```

其中 dbName 代表连接的数据库名称。userName 代表连接数据库所需的用户名，password 代表连接数据库所需的密码。

（4）建立 PreparedStatement 对象。PreparedStatement 对象的获取需要通过 Connection 对象。具体的代码如下：

```
PreparedStatement ps=connection.prepareStatement(sql);
```

其中 sql 参数代码需要执行的 SQL 语句。

（5）执行 SQL 语句：通过 PreparedStatement 对象可以执行 SQL 语句，具体代码如下：

```
ps.executeQuery();
```

或者

```
ps.executeUpdate();
```

或者

```
ps.execute();
```

具体调用 PreparedStatement 的哪个方法要依据所执行的 SQL 语句的类型，如果是查询语句则执行 executeQuery（）方法，如果是删除、修改、插入语句则执行 execute（）或 executeUpdate（）方法。如果是查询语句需要通过 ResultSet 对象得到查询结果，代码如下：

```
ResultSet rs=ps.executeQuery();
```

通过 ResultSet 中的方法对结果进行处理。

（6）关闭 Connection 对象。数据库操作结束后需要关闭 Connection 对象，具体代码如下：

```
connection.close();
```

【例 20-1】 使用 JDBC 对 test 数据库中的 User 表进行操作。

（1）向 User 表中插入一条记录。

```
public static void main(String[] args){
        String dbName="test";
        try {
            Class.forName("com.mysql.jdbc.Driver").newInstance();
            String url="jdbc:mysql://127.0.0.1:3306/"+dbName;
            Connection connection=DriverManager
                    .getConnection(url,"root","");
```

```
            String sql="INSERT INTO 'user'('uID','uName','uNickName','uPassword',
            'uGender','uType','uInfo','uPic')VALUE(?,?,?,?,?,?,?,?);";
            PreparedStatement ps=connection.prepareStatement(sql);
            ps.setInt(1,12);
            ps.setString(2,"testUser");
            ps.setString(3,"测试用户");
            ps.setString(4,"123456");
            ps.setString(5,"F");
            ps.setString(6,"admin");
            ps.setString(7,"我是管理员");
            ps.setString(8,"头像地址");
            ps.execute();
            System.out.println("插入成功");
            connection.close();
        } catch(ClassNotFoundException e){
            //TODO Auto-generated catch block
            e.printStackTrace();
        } catch(InstantiationException e){
            //TODO Auto-generated catch block
            e.printStackTrace();
        } catch(IllegalAccessException e){
            //TODO Auto-generated catch block
            e.printStackTrace();
        } catch(SQLException e){
            //TODO Auto-generated catch block
            e.printStackTrace();
        }
    }
```

（2）删除 User 表中 ID 等于 1 的记录。

```
public static void main(String[] args){
        String dbName="test";
        try {
            Class.forName("com.mysql.jdbc.Driver").newInstance();
            String url="jdbc:mysql://127.0.0.1:3306/"+dbName;
            Connection connection=DriverManager
                    .getConnection(url,"root","");
            String sql="DELETE FROM 'user'WHERE 'uID'=?; ";
            PreparedStatement ps=connection.prepareStatement(sql);
            ps.setInt(1,1);
            ps.execute();
            System.out.println("删除成功");
            connection.close();
        } catch(ClassNotFoundException e){
            //TODO Auto-generated catch block
```

```
                e.printStackTrace();
            } catch(InstantiationException e){
                //TODO Auto-generated catch block
                e.printStackTrace();
            } catch(IllegalAccessException e){
                //TODO Auto-generated catch block
                e.printStackTrace();
            } catch(SQLException e){
                //TODO Auto-generated catch block
                e.printStackTrace();
            }
    }
```

（3）查询出 User 表中所有的记录并打印到控制台。

```
public static void main(String[] args){
        String dbName="yuntao";
        try {
            Class.forName("com.mysql.jdbc.Driver").newInstance();
            String url="jdbc:mysql://127.0.0.1:3306/"+dbName;
            Connection connection=DriverManager
                    .getConnection(url,"root","");
            String sql="select * from user ";
            PreparedStatement ps=connection.prepareStatement(sql);
            ResultSet rs=ps.executeQuery();
            while(rs.next()){
                System.out.println(rs.getInt("uID")+"/"
                        +rs.getString("uName")+"/"
                        +rs.getString("uNickName")+"/"
                        +rs.getString("uPassword"));
            }
            connection.close();
        } catch(ClassNotFoundException e){
            //TODO Auto-generated catch block
            e.printStackTrace();
        } catch(InstantiationException e){
            //TODO Auto-generated catch block
            e.printStackTrace();
        } catch(IllegalAccessException e){
            //TODO Auto-generated catch block
            e.printStackTrace();
        } catch(SQLException e){
            //TODO Auto-generated catch block
            e.printStackTrace();
        }
    }
```

从程序中可以看出,对数据库的增删改查都需要用到连接数据库的前 3 个步骤,所有对数据库的操作唯一不同的是所执行的 SQL 语句以及对语句执行结果的处理,为了提高代码的重用性,使得代码易于维护,需要将加载数据库驱动,获得数据库连接等操作提取出来封装到单独的类文件中,一般把这样一个类称为数据源类。并且对于不同品牌的数据库来说,驱动的名称、连接的 URL、用户名、密码等信息都是不同的,所以将这些配置信息提取到一个. properties 的配置文件中,作为参数传递给数据源类。配置数据源类的简单示例代码如下:

```
public class SimpleSBSource {
    private Properties props;
    private String url;
    private String user;
    private String password;

    public SimpleSBSource(String configFile)
    throws FileNotFoundException,IOException,InstantiationException,
        IllegalAccessException,ClassNotFoundException {
        props=new Properties();
        props.load(new FileInputStream(configFile));
        url=props.getProperty("url");
        user=props.getProperty("user");
        password=props.getProperty("password");
        Class.forName(props.getProperty("driverName")).newInstance();
    }
    public Connection getConnection()throws SQLException {
        return DriverManager.getConnection(url,user,password);
    }
    public void closeConnection(Connection connection)throws SQLException {
        connection.close();
    }
}
```

这样在程序中需要访问数据库时,只要调用 SimpleDBSource 类,调用其 getConnection 方法即可得到与数据库的连接对象。

【例 20-2】 使用 SimpleDBSource 实现例 20-1 中的查询操作。

```
public static void main(String[] args){
    try {
        SimpleSBSource simpleSBSource=
            new SimpleSBSource("mysql.properties");
        Connection connection=simpleSBSource.getConnection();
        String sql="select * from user ";
        PreparedStatement ps=connection.prepareStatement(sql);
        ResultSet rs=ps.executeQuery();
        while(rs.next()){
```

```
                System.out.println(rs.getInt("uID")+"/"
                        +rs.getString("uName")+"/"
                        +rs.getString("uNickName")+"/"
                        +rs.getString("uPassword"));
            }
            connection.close();
        } catch(ClassNotFoundException e){
            //TODO Auto-generated catch block
            e.printStackTrace();
        } catch(InstantiationException e){
            //TODO Auto-generated catch block
            e.printStackTrace();
        } catch(IllegalAccessException e){
            //TODO Auto-generated catch block
            e.printStackTrace();
        } catch(SQLException e){
            //TODO Auto-generated catch block
            e.printStackTrace();
        } catch(FileNotFoundException e){
            //TODO Auto-generated catch block
            e.printStackTrace();
        } catch(IOException e){
            //TODO Auto-generated catch block
            e.printStackTrace();
        }
    }
```

其中 mysql.properties 文件的格式如下所示:

```
driverName=com.mysql.jdbc.Driver
url=jdbc:mysql://127.0.0.1:3306/test?useUnicode=true&characterEncoding=utf-8
username=root
password=
```

## 20.4　数据库连接池技术

在多用户的 B/S 结构的应用程序中,数据库连接是一种关键的有限的并且消耗性能的资源,对数据库连接管理的好与不好能显著影响到整个应用程序的伸缩性和健壮性,影响程序的性能指标。数据库连接池正是针对这一问题而提出的。数据库连接池负责分配、管理和释放数据库连接,在数据库连接池技术中允许应用程序重复使用一个现有的数据库连接,并且可以释放掉超过最大空闲时间的数据库连接,从而避免没有释放连接引起的数据库连接遗漏。数据库连接池技术能明显提高数据库操作的性能。

数据库连接池的基本思想是,在系统初始化时,将若干个数据库连接对象存储在特定的内存中,当程序需要访问数据库时,从连接池中取出一个已建立的空闲连接对象。使用完毕后,将连接再放回特定的内存中,以供下一个请求访问使用。而连接的建立、断开都由连接池自身来管理。数据库连接池可以通过设置一些参数来控制系统初始化时的连接数以及连接的上下限数和每个连接的最大使用次数、最大空闲时间等。还可以通过其自身的管理机制来监视数据库连接的数量、使用情况等,如图20-7所示。

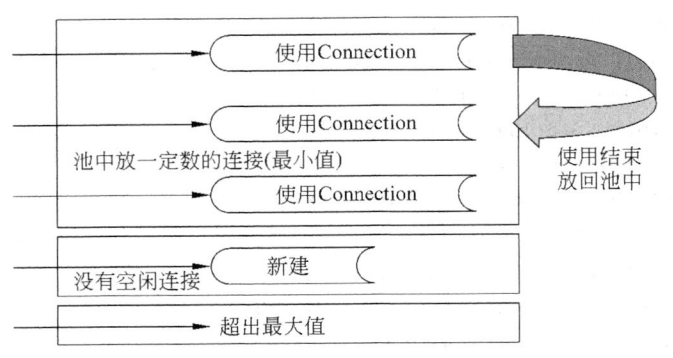

图 20-7　数据库连接池

设计数据库连接池的几个关键参数如下。

(1)最小连接数:是连接池一直保持的数据库连接的最小数目,如果应用程序对数据库连接的使用量不大,此参数值不宜过大。

(2)最大连接数:是连接池能申请(或者存放)的最大连接数,如果数据库连接请求超过此数,后面的数据库连接请求将被加入到等待队列中,这会影响之后的数据库操作。

当请求数据库连接的数量小于最小连接数时,数据库连接池会将其中的空闲连接直接给应用程序使用;当请求数据库连接数在最小连接数和最大连接数之间时,数据库连接池会创建新的数据库连接,将其放入数据库连接池并给应用程序使用;如果请求数据库连接数大于最大连接数,则数据库连接池不会再创建新的连接,而是将请求加入到等待队列中,直到数据库连接池中的占用连接数小于最大连接数时才会再将连接分配给等待队列中的应用程序。所以在设计数据库连接池时,最小连接数与最大连接数的差值应该大一些,这样最先的连接请求将会获利,之后超过最小连接数量的连接请求等价于建立一个新的数据库连接,不过,这些大于最小连接数的数据库连接在使用完不会马上被释放,它将被放到连接池中等待重复使用或是空闲超时后被释放,从而提高数据库连接池的性能。

【例 20-3】　数据库连接池实现示例程序。

```java
import java.sql.Connection;
import java.sql.DriverManager;
import java.sql.SQLException;
import java.util.HashMap;
import java.util.Map;

/**
 * 简单的数据库连接池示例
 *
 * @author mengshuangying
 *
 */
```

```
*/
public class DatabasePool {
    private final  static  Map < Connection,  Boolean >  connPool = new  HashMap
    <Connection,Boolean>();                              //用来存放数据库连接的"池"
    private final static int MINI_POOL_SIZE=3;           //最小的连接数
    private final static int MAX_POOL_SIZE=10;           //最大的连接数
    private static int currentConnNum=0;                 //当前连接数

    private static DatabasePool instance=new DatabasePool();
    //数据库连接池的唯一实例

    /**
     * 构造方法,因为数据库连接池是个单例,所以不允许外界任意的 new 对象,构造方法设
     *   置为私有
     */
    private DatabasePool(){
        init();
    }

    /**
     * 获取这个实例的唯一方式
     *
     * @return 唯一的池对象
     */
    public static DatabasePool getInstance(){
        return instance;
    }

    /**
     * 初始化连接池,在创建这个池实例时执行
     */
    private void init(){
        for(int i=0; i<MINI_POOL_SIZE; i++){
            connPool.put(createConnection(),true);
        }
    }

    /**
     * 创建连接对象,外界获取连接是从池里获取,该方法由类本身使用,所以该方法为私有
     *
     * @return 数据库连接对象
     */
    private Connection createConnection(){
        Connection conn=null;
```

```java
        try {
            Class.forName("com.mysql.jdbc.Driver");
        } catch(ClassNotFoundException e1){
            e1.printStackTrace();
        }
        String url = " jdbc: mysql://127. 0. 0. 1: 3306/em? useUnicode =
true&characterEncoding=UTF-8";
        try {
            conn=DriverManager.getConnection(url,"root","");
        } catch(SQLException e){
            e.printStackTrace();
        }
        return conn;
    }

    /**
     * 外界获得一个数据库的连接
     * @return 数据库连接
     */
    public Connection getConnection(){
        Connection conn=null;
        if(currentConnNum<MINI_POOL_SIZE){
            for(Connection con : connPool.keySet()){
                if(connPool.get(con)){
                    conn=con;
                    connPool.put(con,false);
                    break;
                }
            }
            currentConnNum++;
            return conn;
        } else if(currentConnNum<MAX_POOL_SIZE){
            conn=createConnection();
            connPool.put(conn,false);
            currentConnNum++;
            return conn;
        } else
            return getConnection();
    }

    /**
     * 当使用完连接后,要把连接放回池中,或者销毁连接并从池中移掉
     * @param conn
     */
    public void close(Connection conn){
```

```
if(currentConnNum>MINI_POOL_SIZE){
    try {
        conn.close();
    } catch(SQLException e){
        //TODO Auto-generated catch block
        e.printStackTrace();
    } finally {
        connPool.remove(conn);
    }
}else{
    connPool.put(conn,true);
}
            }
        }
    }
```

设计数据库连接池是一件非常耗时耗力的工作,并且设计的数据库连接池没有经过大量的实践验证,不好说其性能的优劣,所以,在实际的应用开发中,开发团队很少自己设计数据库连接池,而是使用第三方的现成的数据库连接池产品。

第三方的数据库连接池产品有很多,开源免费的居多。

(1) C3P0:C3P0是一个开放源代码的JDBC连接池,它在lib目录中与Hibernate[1]一起发布,包括实现jdbc3和jdbc2扩展规范说明的Connection和Statement池的DataSources对象。

(2) Proxool:Proxool是一个Java SQL Driver驱动程序,提供了对所选择的其他类型的驱动程序的连接池封装。可以非常简单地移植到现存的代码中。完全可配置。快速,成熟,健壮。可以透明地为现存的JDBC驱动程序增加连接池功能。

(3) Jakarta DBCP:DBCP是一个依赖Jakartacommons-pool对象池机制的数据库连接池,DBCP可以直接地在应用程序中使用。

(4) SmartPool:SmartPool是一个连接池组件,它模仿应用服务器对象池的特性。SmartPool能够解决一些临界问题,如连接泄漏(connection leaks)、连接阻塞,打开的JDBC对象如Statements、PreparedStatements等。SmartPool的特性包括支持多个pools,自动关闭相关联的JDBC对象,在所设定time-outs之后察觉连接泄漏,追踪连接使用情况,强制启用最近最少用到的连接,把SmartPool"包装"成现存的一个pool等。

(5) BoneCP:BoneCP是一个快速,开源的数据库连接池,比C3P0/DBCP连接池快25倍。

除了以上列举的数据库连接池产品之外,还有很多其他的,读者可以从网络上或者其他途径了解。关于各数据库连接池产品的配置和使用,每个产品的官方网站或者官方文档中都提供了详细的说明,在此不再一一赘述,因为根据产品的不同配置的方式也不同。

# 附录 A   JavaBeans 命名规则

任何一种编程语言都有一些命名规则,在 Java 程序中也存在一些基本的命名规范。

JavaBeans 是一个特殊的 Java 类,是一个公共的、具体的(public、非抽象的)类,具有无参数的构造方法,每个 JavaBean 都是一个独立的.java 文件。

JavaBeans 是一种规范,所有的属性都是 private 的,写属性值的方法称为 setter,读属性值的方法称为 getter。

下例中,Student 类便是一个符合 JavaBeans 规范的类:

```
public class Student {
    private int sno;                    //实例变量都是 private 的
    private String name;
    public int getSno(){                //为 private 的实例变量建立 public 的 getter 方法
        return sno;
    }
    public void setSno(int sno){       //为 private 的实例变量建立 public 的 setter 方法
        this.sno=sno;
    }
    public void setName(String name){
        this.name=name;
    }
    public String getName(){
        return this.name;
    }
}
```

JavaBeans 规范如下:

(1) 所有属性都是 private 的。

(2) 如果属性不是布尔型,那么 getter 方法的前缀必须是 get,setter 方法的前缀必须是 set。

(3) 将属性名的首字母改成大写,添加合适的前缀作为 getter 和 setter 方法的名字,例如属性名为 name,其 getter 方法的名字应为 getName,其 setter 方法的名字应为 setName。

(4) getter 方法和 setter 方法必须都是 public 的,而且 setter 方法具有 void 返回类型、一个表示属性类型的参数。getter 方法不带参数并且具有一个该属性类型的返回值类型。

(5) 如果属性是布尔型,那么 getter 方法的前缀既可以是 get 也可以是 is。例如,在 Student 类中增加一个布尔型的属性 urban:如果为 true,则表示是城市户口;如果为 false,则表示为农村户口:

```
public class Student {
    private int sno;
```

```java
    private String name;
    private boolean urban;              //布尔型的属性
    public int getSno(){
        return sno;
    }
    public void setSno(int sno){
        this.sno=sno;
    }
    public void setName(String name){
        this.name=name;
    }
    public String getName(){
        return this.name;
    }
    public void setUrban(boolean urban){
        this.urban=urban;
    }
    public boolean isUrban(){
                //布尔型属性,getter 方法既可以是 getUrban 也可以是 isUrban
        return this.urban;
    }
}
```

# 附录 B  Eclipse 的安装和使用

Eclipse 是一个开放源代码的、基于 Java 的可扩展开发平台。就其本身而言,它只是一个框架和一组服务,用于通过插件组件构建开发环境。幸运的是,Eclipse 附带了一个标准的插件集,包括 Java 开发工具(Java Development Kit,JDK)。

Eclipse 最初是由 IBM 公司开发的替代商业软件 Visual Age for Java 的下一代 IDE 开发环境,2001 年 11 月贡献给开源社区,现在它由非营利软件供应商联盟 Eclipse 基金会(Eclipse Foundation)管理。

Eclipse 的发行版本如表 B-1 所示。

表 B-1  Eclipse 版本

| 版本代号 | 平台版本 | 主要版本发行日期 | SR1 发行日期 | SR2 发行日期 |
|---|---|---|---|---|
| Callisto | 3.2 | 2006 年 6 月 26 日 | N/A | N/A |
| Europa | 3.3 | 2007 年 6 月 27 日 | 2007 年 9 月 28 日 | 2008 年 2 月 29 日 |
| Ganymede | 3.4 | 2008 年 6 月 25 日 | 2008 年 9 月 24 日 | 2009 年 2 月 25 日 |
| Galileo | 3.5 | 2009 年 6 月 24 日 | 2009 年 9 月 25 日 | 2010 年 2 月 26 日 |
| Helios | 3.6 | 2010 年 6 月 23 日 | 2010 年 9 月 24 日 | 2011 年 2 月 25 日 |
| Indigo | 3.7 | 2011 年 6 月 22 日 | 2011 年 9 月 23 日 | 2012 年 2 月 24 日 |
| Juno | 3.8 及 4.2 | 2012 年 6 月 27 日 | 2012 年 9 月 28 日 | 2013 年 2 月 22 日 |
| Kepler | 4.3 | 2013 年 6 月 26 日 | 2013 年 9 月 27 日 | 2014 年 2 月 28 日 |

Eclipse 采用的技术是 IBM 公司开发的(SWT),这是一种基于 Java 的窗口组件,类似 Java 本身提供的 AWT 和 Swing 窗口组件;不过,IBM 声称 SWT 比其他 Java 窗口组件更有效率。Eclipse 的用户界面还使用了 GUI 中间层 JFace,从而简化了基于 SWT 的应用程序的构建。

## 1. Eclipse 的安装和配置

首先,从 Eclipse 官网官方网站上获得: http://www.eclipse.org/找到合适自己计算机的 Eclipse 版本,并下载 Eclipse 压缩包,如图 B-1 所示。

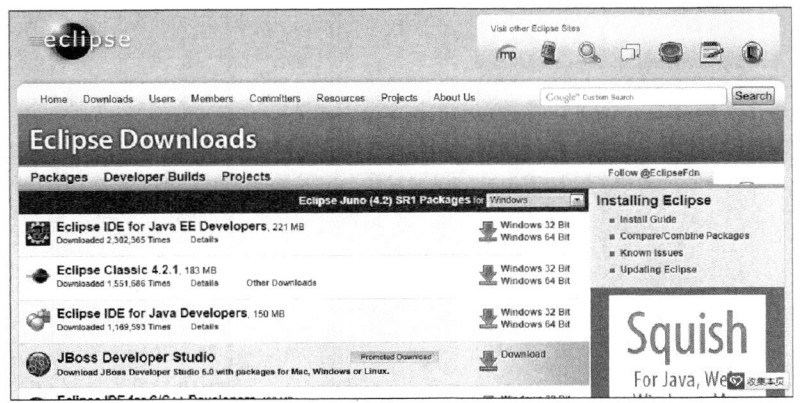

图 B-1  Eclipse 下载界面

Eclipse 安装步骤如下：

步骤1：Eclipse 安装前保证配置好 Java 环境（JDK 开发环境），参照第 1 章中 JDK 配置。安装 Eclipse 时直接将下载的 Eclipse 压缩文件解压缩到某一目录下（如 C:\Eclipse，将该目录称为 Eclipse 的安装目录）即可。

步骤2：通过 Eclipse 安装目录下的 eclipse.exe 文件启动 Eclipse，会弹出一个对话框，让用户选择 workspace（工作目录，即源文件所在目录，一个 workspace 下是一个完整的配置环境，在其中可以有多个 Project），如图 B-2 所示。

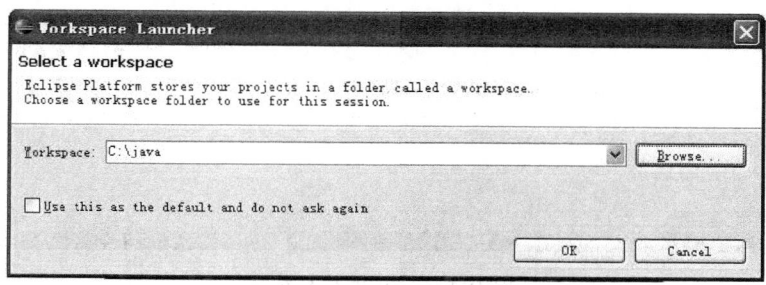

图 B-2　启动 Eclipse 选择 workspace

步骤3：请选择自己的工作目录（例如选择 C:\java），单击 OK 按钮进入 Eclipse 开发环境的 Welcome 界面，如图 B-3 所示。

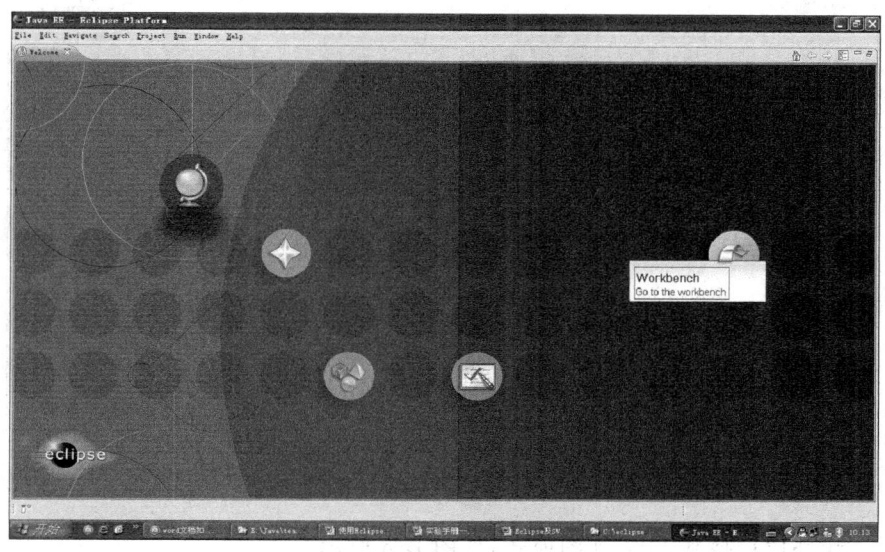

图 B-3　Eclipse 的 Welcome 界面

步骤4：单击 Welcome 界面中的 Workbench 图标或者关掉 Welcome 界面，即可进入 Eclipse 的开发环境界面，如图 B-4 所示。

步骤5：在 Eclipse 中开发 Java 程序。

在 Eclipse 中，程序必须通过项目（project）来组织，由于目前所学的是 Java SE 基础，开发的程序也都是基本的 Java 应用程序，所以为了适应需求，要创建一个 Java Project。

将 Eclipse 工作环境的视图改为 Java 视图。

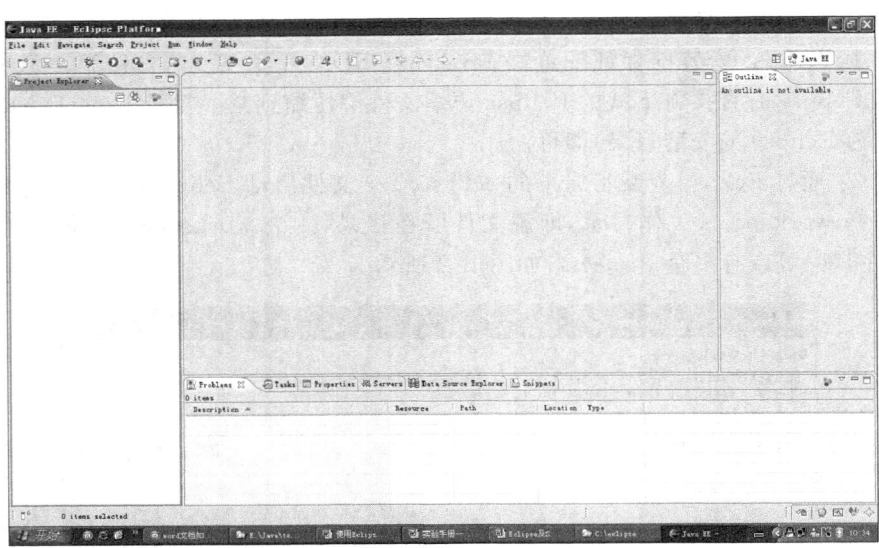

图 B-4　Eclipse 开发界面

单击工作环境右上角的视图选择图标,选择 Java,如图 B-5 所示。

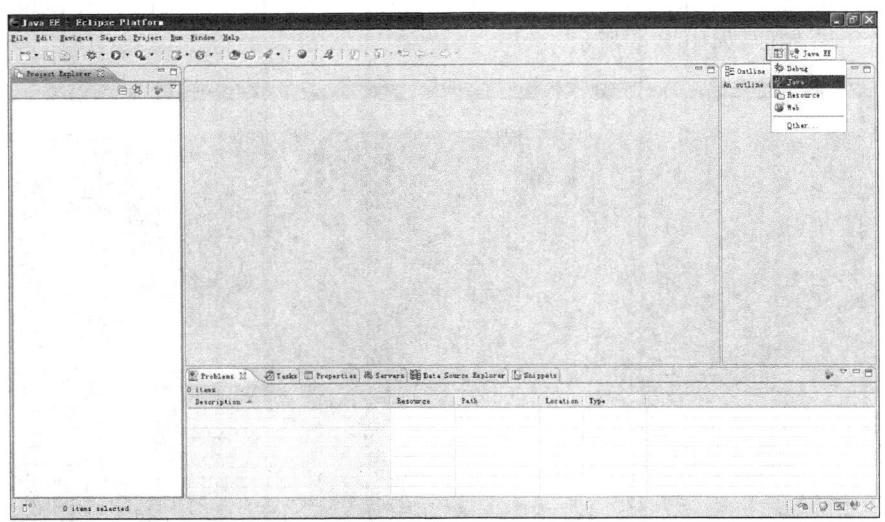

图 B-5　Eclipse 选择视图

此时工作环境切换到 Java 视图模式,如图 B-6 所示。

**2. 新建一个 Java Project 项目**

选择 File|New|Java Project 菜单命令,进入项目创建导航页面,如图 B-7 所示。

在 Project name 中输入项目名称,比如 OneProject,其他配置不用修改,直接单击 Next 按钮进入 Project 编译设置页面,如图 B-8 所示。

上面的界面中不用修改任何配置(如有需要,以后可以在建好的项目中修改),当前设置中的源文件存放在 OneProject/src 下,class 文件存放在 OneProject/bin 下,直接单击 Finish 按钮,此时在工作空间的 Package Explorer 窗口中新建了一个名为 OneProject 的项目,如图 B-9 所示。

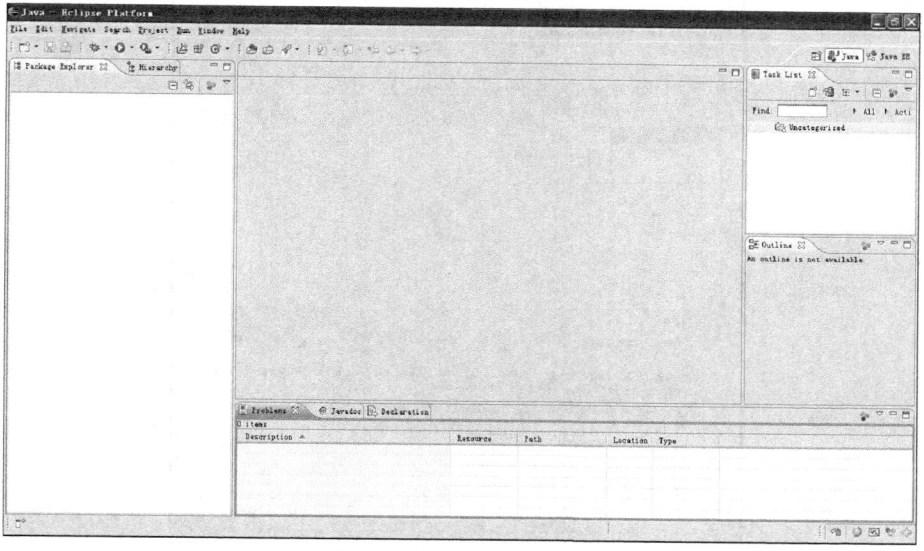

图 B-6　Eclipse Java 视图

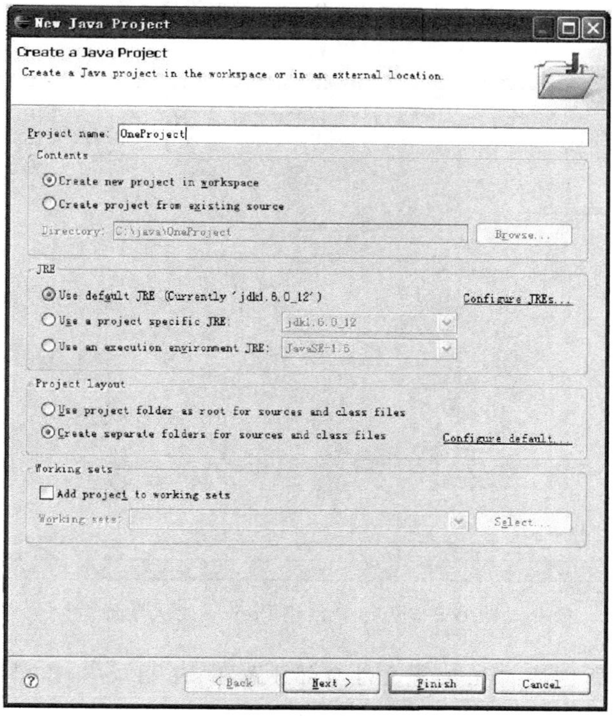

图 B-7　Eclipse 创建 Project 导航

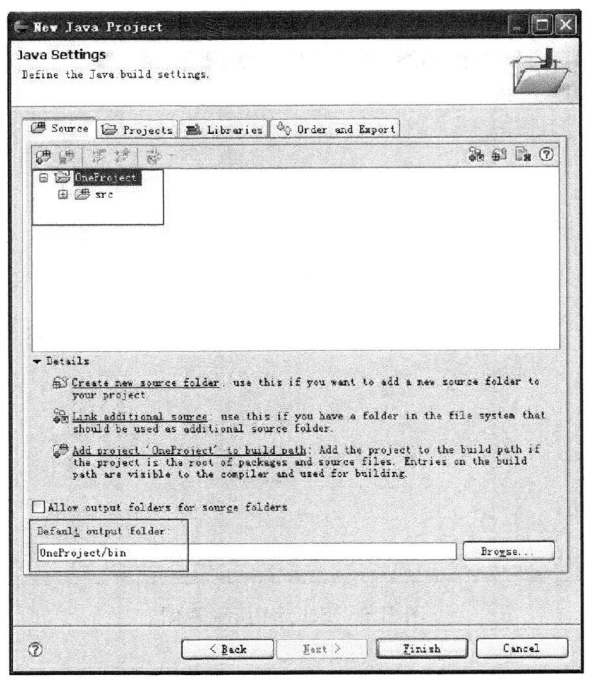

图 B-8　Eclipse Project 编辑设置界面

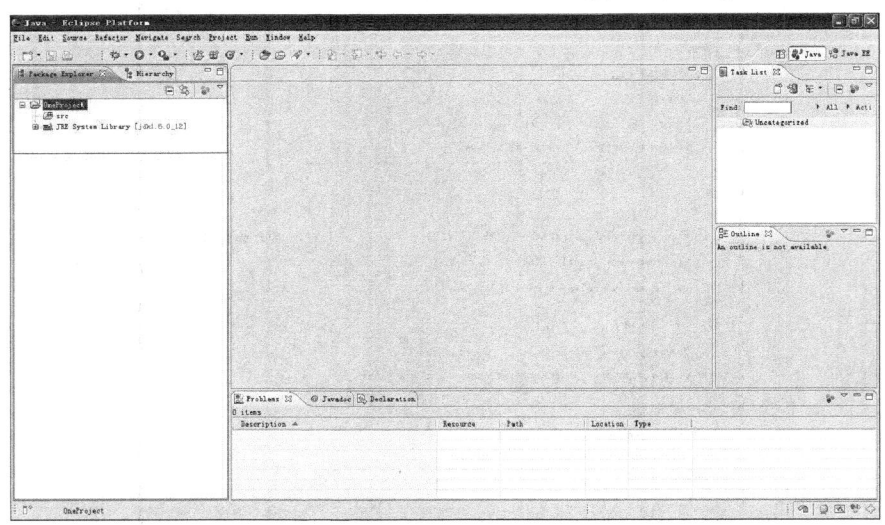

图 B-9　Eclipse 创建 Project 成功界面

　　项目创建好后,所创建的 Java 源文件全部放置在 src 目录中,也可以对源文件进行分包管理。

　　关于 Eclipse 更多的使用技巧,请参考 Eclipse 使用手册。

# 参 考 文 献

[1] 张孝祥,徐明华. Java 基础与案例开发详解[M]. 北京:清华大学出版社,2009.

[2] 刘亚宾.精通 Eclipse——Java 技术大系[M]. 北京:电子工业出版社,2005.

[3] ECKEL B. Java 编程思想[M].4 版.陈昊鹏,译.北京:机械工业出版社,2007.

[4] 周丽娟.基于 UDP 协议的 Socket 网络编程[OL]. http://www.docin.com/p-77081015.html.

[5] 施铮.Java 5 国际认证 SCJP 应试指南[M]. 北京:科学出版社,2007.